わかる実験医学シリーズ

脂質生物学がわかる

脂質メディエーターの機能から
シグナル伝達まで

編集／清水孝雄（東京大学大学院医学系研究科 教授）

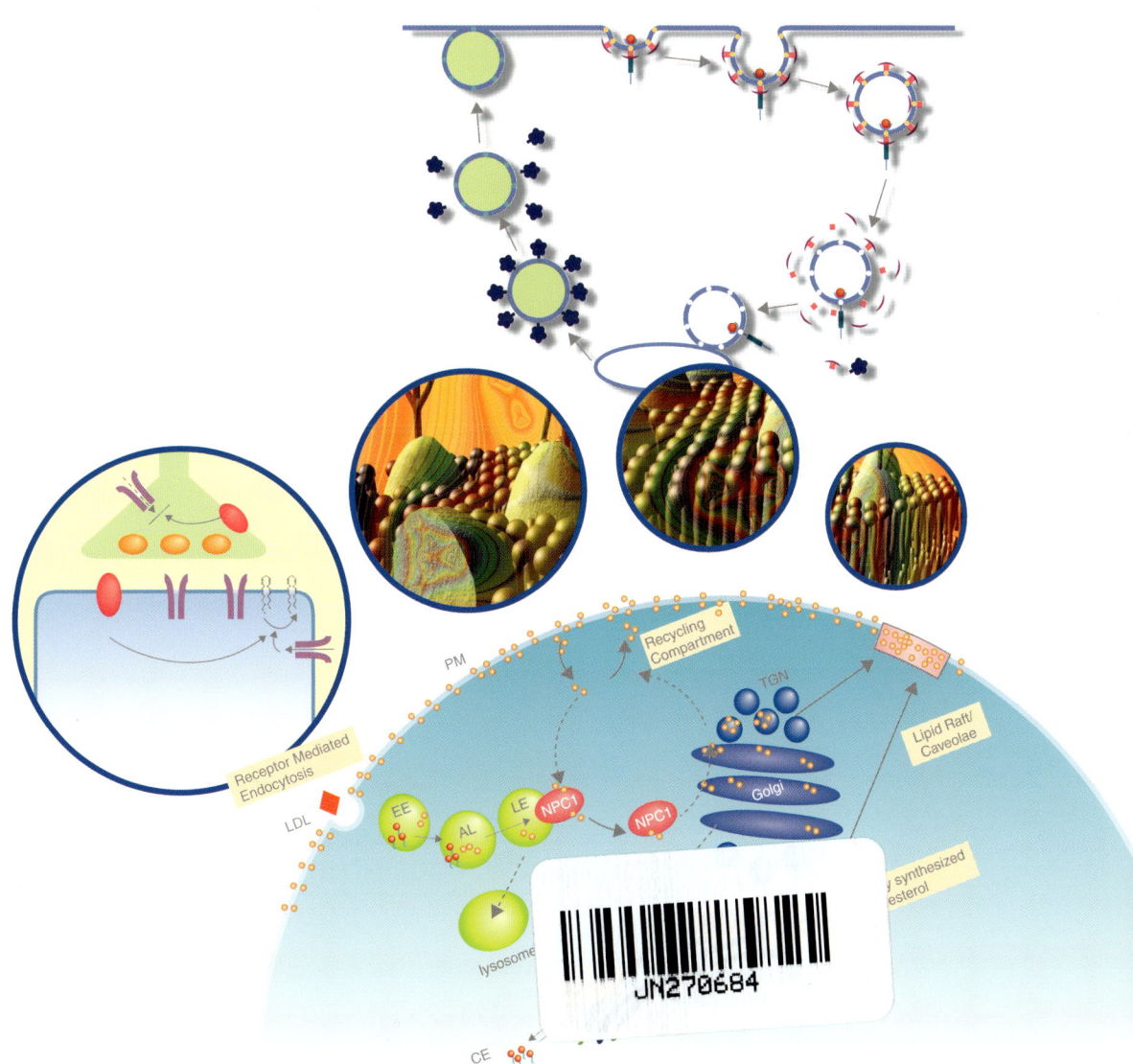

羊土社

URL ☞ http://www.yodosha.co.jp/

羊土社ホームページのご案内

○書籍の情報量が充実．新刊情報もいち早く掲載．欲しい本がすぐに見つかります！
○希望書籍を簡単な手続きで購入できます！翌日までに発送しますので，
　すぐお手元に届きます！（土日祝祭日など弊社休業日を除きます）
○人材募集・学会・シンポジウム情報など役立つ情報満載！
○ホームページでしか読めない連載が充実！

　　　　　　　　　　　　　　　　　　　　　　　ぜひご活用ください！！

序

脂質生物学の魅力をさぐる

　各種の生物のゲノム配列が急速に明らかになりつつあり，ついで，タンパクの網羅的解析（プロテオミクス）が進みつつある現在，次の時代に来るべき研究の1つが「脂質生物学」であることに疑問を挟む人はほとんどいないと思う．脂質は水に溶けず，不安定である（光や酸素で容易に構造変化を起こす）ことがこの分野の研究を難しくした．生体膜は脂質二重層でできているので，これの重要性は認識されていても，どのように研究を進めたらよいか，何に注意すべきかがわからずに遠ざけられてきた面もある．あるいは，溶けないものを無理矢理水に懸濁させて反応させたり，多価不飽和脂肪酸を含む溶液を光や高濃度酸素に晒したり（過酸化物の産生や二重結合の異性化が起こる！）というような大胆すぎる危険な実験が行われている．近年，実験試薬などのキット化や外注が進み，「生化学」を知らない「分子生物学者」が多数登場してきたが，脂質研究をするに当たって重要なことは脂質の化学，脂質の物理化学を熟知することであろう．

　「脂質生物学」とは何か，と考えたとき，編者は脂質のもつ3つの機能（生体膜構成成分，エネルギー源，シグナル分子）に立ち返り，それぞれの研究課題を考えてみた．詳細は概論を参照されたい．多くの文献を読む中で，実に重要な多くのことが未解決であることに気づいた．同時に，先駆的な仕事の多くが日本人研究者によって進められていることも再認識した．考えてみれば，細胞の分裂，顆粒放出（ホルモンや神経伝達物質），さらに貪食作用とか，またタンパクの小器官への輸送も脂質のダイナミックな構造と曲率の変化なしには起こり得ない機能である．

　本書では，「脂質」の定義，分類，定量法などの基礎的なことから，その生合成，受容体，シグナル伝達，さらに免疫や神経，癌，動脈硬化との関連など，最新のトピックスまで総括した．本書は基礎的であり，かつ高度である．この分野になじみのない方でも読みやすいよう，用語の説明やメモが書かれている．執筆者はいずれもこの分野で世界をリードしている第一人者であり，多忙な中労を執ってくださったことに御礼申し上げたい．本書があらゆる生物系研究者にとって無視できない「脂質に関する基礎技術と考え方」の「古典的教科書」といつかいわれることを願っている．

2004年9月

清水 孝雄

Color Graphics（巻頭カラー）

A）粘液細胞レクチン染色

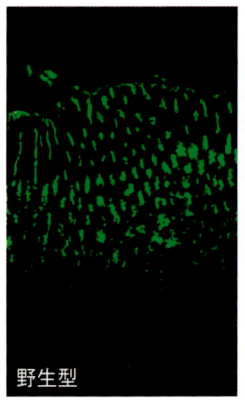 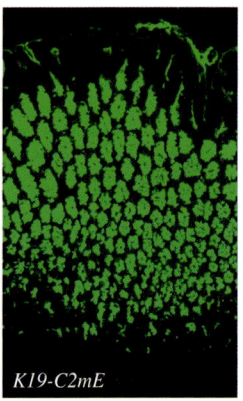

B）H⁺K⁺ATPase 抗体染色

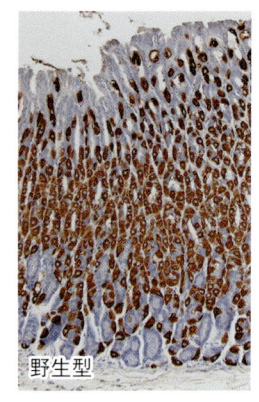 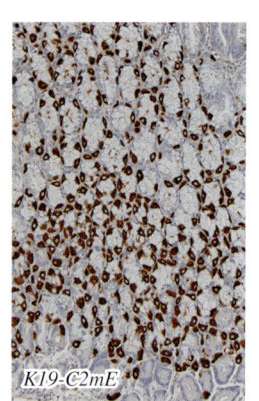

C）BrdU取り込み細胞抗体染色

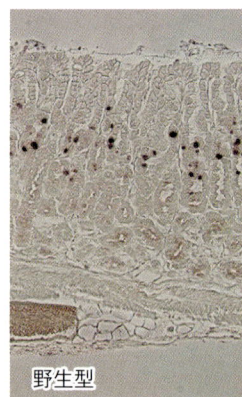 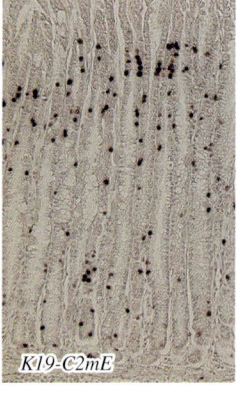

D）48週齢 K19-C2mE マウスの胃病変

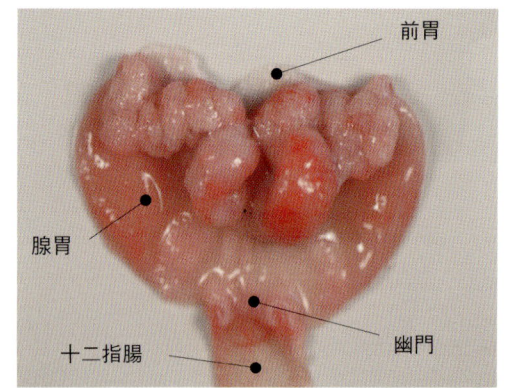

●PGE_2産生亢進による胃粘膜上皮の分化増殖異常（119ページ図2参照）

K19-C2mEトランスジェニックマウスの胃粘膜病変と野生型マウスとの比較．A）頸部粘液細胞の粘液に特異的なレクチンによる染色．K19-C2mEマウスは野生型に比較して粘液細胞（緑色）が著しく増加している．B）H⁺K⁺ATPase（プロトンポンプ）特異的抗体による免疫染色．野生型に比較してK19-C2mEでは壁細胞（茶色）への分化が抑制されている．C）BrdUで標識される分裂期の細胞（黒色）はK19-C2mEで有意に多く，過形成になっていることを示す．D）増殖性病変が成長し，48週齢では大きな腫瘍として認められる（Oshima, H. et al.: EMBO J., 23 : 1669-1678, 2004 より転載）

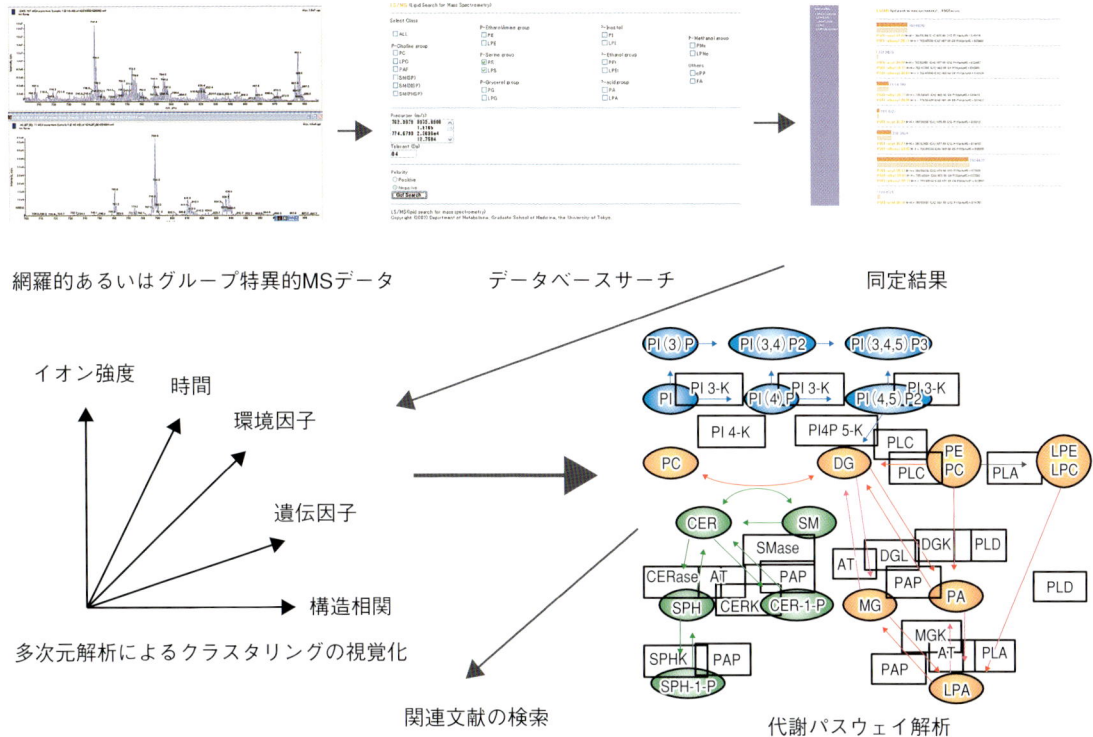

❷ "Lipid Search" によるリン脂質の同定（130ページ図1参照）
田口ら（トピックス編-4，参照）のホームページから利用可能なリン脂質検索ツールLipid Searchの中の検索画面の一例．ここでは3種類の理論的データベースと，3種類の異なる検索ウィンドウが用意されている

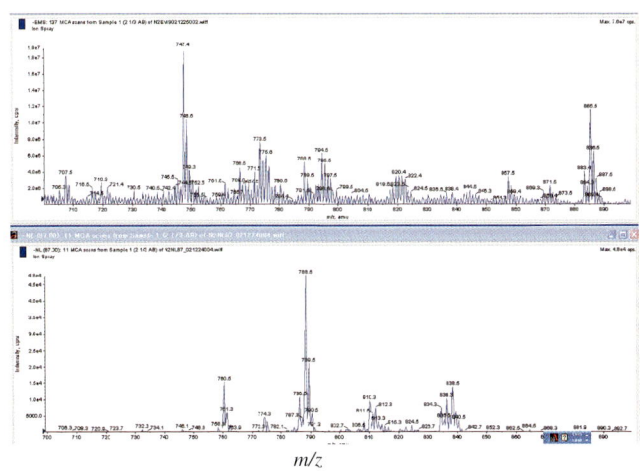

❸ ニュートラルロススキャンによるホスファチジルセリンの選択的同定（130ページ図2参照）
リン脂質の特異的同定法の1つであるニュートラルロススキャンにより，87ユニットの質量数の特異的ロスをもつ分子イオンからホスファチジルセリンを特異的に同定したもの．上は全リン脂質のネガティブでの分子イオンを，下はニュートラルロスにより検出されたホスファチジルセリンのマススペクトラムを示す

わかる実験医学シリーズ

脂質生物学がわかる
脂質メディエーターの機能からシグナル伝達まで

目次

序 　　　　　　　　　　　　　　　　　　　　　　　　　　　清水孝雄

概論　脂質生物学の新しい展開
いま，とけはじめた脂質の謎　　　　　　　　　　（清水孝雄）　14

- 1. 脂質とは何かという難問 14
- 2. 脂質は生命の起源！ 15
- 3. 我が国の脂質研究の伝統 16
- 4. ポストゲノム時代の脂質生物学 17
    - 1）膜合成と脂質輸送 17
    - 2）脂質データベースと検索エンジンの開発
       （脂質メタボローム解析） 21
    - 3）脂質代謝とメタボリックシンドローム 22
    - 4）脂溶性シグナル分子 23

[基本編]
第1章　脂質の分類と分離・精製技術の基礎
　　　　　　　　　　　　　　　　　　　　　　　　（西島正弘）　28

- 1. 脂質の分類 28
    - 1）単純脂質 28

　　　　2）複合脂質 29
　　　　3）その他 31
　2. 脂質研究のための溶媒，器具，機器 32
　　　　1）溶媒 32
　　　　2）ガラス器具 33
　　　　3）機器 34
　3. 脂質の抽出 34
　4. 脂質の分離・精製 34
　　　　1）溶媒分画法 34
　　　　2）クロマトグラフィー法 35
　　　　　　i）カラムクロマトグラフィー法　ii）薄層クロマトグラフィー法
　　　　　　iii）高速液体クロマトグラフィー法　iv）ガスクロマトグラフィー法

第2章　生理活性脂質の同定と定量

（和泉孝志　中根慎治）39

　1. 同定と定量の方法 39
　2. 試料の採取に関して 40
　3. 抽出法と精製法 41
　4. 薄層クロマトグラフィー 42
　5. 高速液体クロマトグラフィー 42
　6. ガスクロマトグラフィー 43
　7. 質量分析計 44
　8. バイオアッセイ 44
　9. 免疫測定法 44

第3章　脂質メディエーターの生合成と調節

（村上　誠）47

　1. ホスホリパーゼA_2（PLA_2）の基礎と最近の動向 48
　2. シクロオキシゲナーゼ（COX）経路の基礎と最近の動向 50
　　　　1）COX-1とCOX-2 50
　　　　2）最終PG合成酵素 53

3. リポキシゲナーゼ（LOX）経路の基礎と最近の動向 55
　　1) 5-LOXとその他のLOX分子種 55
　　2) 最終LT合成酵素 56
4. リゾリン脂質性メディエーターの生合成経路 56

第4章　脂質メディエーターの細胞膜受容体
（青木淳賢　濱 弘太郎）59

1. GPCRのリガンドは？ 60
2. 生理活性脂質とそのターゲット分子 61
3. GPCRをターゲットとする生理活性脂質 61
　　1) さまざまなリガンド 61
　　2) GPCRの同定 62
　　3) 生理活性脂質に対するGPCRはgene clusterを形成する 62
　　4) GPCRからみた生理活性脂質の機能 63
4. 追試されていないGPCR 66

第5章　脂溶性ビタミン/ホルモンの分子作用機構
（加藤茂明）68

1. 核内レセプターリガンドとしての脂溶性ビタミンA，Dおよび
　ステロイドホルモン群の生理作用機構 70
　　1) 脂溶性ホルモン群とビタミンA，Dの生理作用発現様式 70
　　2) 生体内転送 71
　　3) 核内レセプターの構造と機能 71
　　4) 転写共役因子複合体を介した核内レセプターの転写制御機構 ... 72
　　5) 核内レセプターによるリガンド依存的なクロマチン構造修飾と
　　　転写制御 73
2. 脂溶性ビタミンE，Kの作用機構 74
　　1) ビタミンE 74
　　　　i）性状　ii）生体内転送　iii）作用機序
　　2) ビタミンK 75
　　　　i）性状　ii）生体内転送　iii）作用機序

基本編

Contents

第6章　細胞内イノシトールリン脂質の極性とシグナル伝達物質
（伊集院 壮　竹縄忠臣）78

1. イノシトールリン脂質代謝経路 ... 79
2. 細胞運動とPI3キナーゼシグナリング ... 83
3. 細胞内小胞輸送・細胞骨格制御とイノシトールリン脂質結合ドメイン ... 84
4. これからのイノシトールリン脂質代謝研究 ... 88

第7章　脂質メディエーターと炎症・免疫
（横溝岳彦）90

1. 炎症・免疫と脂質メディエーター ... 90
2. PGE_2と免疫反応：受容体による役割分担 ... 91
3. Th1/Th2型免疫反応の両者に関与するLTB4受容体 ... 94
4. 抗炎症脂質：リポキシン（LX）... 94
5. 免疫抑制剤FTY720とスフィンゴシン1リン酸（S1P）... 95
6. 血小板活性化因子（PAF）と免疫・炎症反応 ... 96

第8章　コレステロールホメオスタシス
（酒井寿郎）98

1. LDL受容体とコレステロール合成系酵素の発現を制御する転写因子 sterol regulatory element binding protein（SREBP）... 98
2. 核内受容体とコレステロール排出 ... 101
3. 転写因子間ネットワークと脂質ホメオスタシス －SREBP-1cによる同化作用と，PPARδによる異化作用 ... 102
4. ステロールセンシングドメイン（SSD）... 104
5. LDL受容体ファミリーとLDL受容体類似タンパク5型 ... 104

基本編

[トピックス編]

1 アディポネクチンと脂質代謝　　（山内敏正　門脇 孝）108

1. 肥満によるインスリン抵抗性・脂質代謝異常惹起メカニズム 108
2. インスリン感受性・脂質代謝制御に関わる因子 108
    1) レプチン 108
    2) アディポネクチン 109
    3) 日本人2型糖尿病 109
3. アディポネクチンの機能解析 110
    1) 脂肪萎縮性糖尿病との関わり 110
    2) 肥満との関わり 111
    3) アディポネクチンホモ欠損マウス 111
4. アディポネクチンによる脂肪酸燃焼促進メカニズム 111
5. アディポネクチンによる血管壁に対する直接的抗動脈硬化作用 112
6. アディポネクチン受容体の同定とその機能解析 112

2 シクロオキシゲナーゼ-2と発癌　　（大島正伸　武藤 誠）115

1. 腸管ポリープ発生に関わる遺伝子変異 115
2. 腸ポリープ発生とCOX-2の関係 116
3. COX-1，COX-2そしてmPGES-1 118
4. PGE_2による胃粘膜上皮の分化増殖への影響 118
5. PGE_2とマクロファージそして炎症 118
6. 胃癌発生とCOX-2，そして今後の展望 119

3 脂質メディエーターの神経機能　　（伊藤誠二）122

1. 痛覚や記憶にみられる神経可塑性 122
2. 神経機能に関与する脂質メディエーター 124

3 痛覚伝達における脂質メディエーターの役割 125
4 順行性メディエーターと逆行性メディエーター 125

4 脂質メタボローム （田口 良） 127

1 脂質メタボローム解析の特徴 127
2 脂質メタボローム解析の手法 128
3 MSデータからのリン脂質の同定について 129
4 脂質メタボローム解析の実験例 129

5 セラミドの細胞内選別輸送 （花田賢太郎） 132

1 タンパク質だけでなく膜脂質もオルガネラ間輸送されている 132
2 セラミド輸送が欠損した動物培養細胞変異株 132
3 小胞体ーゴルジ体セラミド選別輸送を司る分子装置CERT 133

● 索引 137

執筆者一覧

編集

清水孝雄（Takao Shimizu）　東京大学大学院医学系研究科分子細胞生物学専攻生化学分子生物学

執筆者 （掲載順）

清水孝雄（Takao Shimizu）
東京大学大学院医学系研究科分子細胞生物学専攻生化学分子生物学

西島正弘（Masahiro Nishijima）
国立感染症研究所細胞化学部

和泉孝志（Takashi Izumi）
群馬大学大学院医学系研究科

中根慎治（Shinji Nakane）
群馬大学大学院医学系研究科

村上 誠（Makoto Murakami）
昭和大学薬学部衛生化学教室

青木淳賢（Junken Aoki）
東京大学大学院薬学系研究科

濱 弘太郎（Kotaro Hama）
東京大学大学院薬学系研究科

加藤茂明（Shigeaki Kato）
東京大学分子細胞生物学研究所／ERATO・JST

伊集院 壮（Takeshi Ijuin）
東京大学医科学研究所癌・細胞増殖大部門腫瘍分子医学研究分野

竹縄忠臣（Tadaomi Takenawa）
東京大学医科学研究所癌・細胞増殖大部門腫瘍分子医学研究分野

横溝岳彦（Takehiko Yokomizo）
東京大学大学院医学系研究科分子細胞生物学専攻生化学分子生物学／科学技術振興機構・さきがけ研究21研究者

酒井寿郎（Juro Sakai）
東京大学先端科学技術研究センターシステム生物医学ラボラトリー内分泌代謝医学分野

山内敏正（Toshimasa Yamauchi）
東京大学大学院医学系研究科糖尿病・代謝内科

門脇 孝（Takashi Kadowaki）
東京大学大学院医学系研究科糖尿病・代謝内科

大島正伸（Masanobu Oshima）
京都大学大学院医学研究科遺伝薬理学

武藤 誠（Makoto Taketo）
京都大学大学院医学研究科遺伝薬理学

伊藤誠二（Seiji Ito）
関西医科大学医化学教室

田口 良（Ryo Taguchi）
東京大学大学院医学系研究科分子細胞生物学専攻メタボローム講座

花田賢太郎（Kentaro Hanada）
国立感染症研究所細胞化学部

概論

脂質生物学の新しい展開

いま，とけはじめた脂質の謎

概　論

脂質生物学の新しい展開
いま，とけはじめた脂質の謎

清水 孝雄

　脂質は生命の起源といってもオーバーではない．水や水溶性分子を通しにくい脂質二重膜ができて，初めて細胞が誕生したからである．脂質が水に溶けにくいという本質的な性質は，脂質研究や脂質を用いた諸分野の研究を非常に難しくした．この結果，多くの間違った結論が発表されてきた．脂質の重要性が指摘されている現在，脂質の分類，構造の特徴や解析法などの基礎的事柄を知り，さらに脂質のもつ3つの基本的機能（膜構成成分，エネルギー源，シグナル分子）を把握することが重要であろう．脂質分子が関与する高次機能（神経，免疫，細胞増殖）を俯瞰すれば，脂質代謝や輸送の異常が，メタボリックシンドローム，癌，アレルギーなど多くの疾患と関わることも想像できる．ポストゲノムの時代，脂質研究の重要性がますます高まっている．

【 キーワード&略語 】
グリセロリン脂質，脂質二重膜，顆粒放出，脂質メディエーター，メタボリックシンドローム，脂質メタボローム

LPA：lysophosphatidic acid（リゾホスファチジン酸）
CoA：coenzyme A（補酵素A）
GPCR：G-protein coupled receptor
　　　（Gタンパク共役型受容体）

1　脂質とは何かという難問

　脂質の定義は非常に難しい．Bloorは「水に不溶で，エーテル，ベンゼン，クロロホルムのような有機溶媒に溶ける」ことを必要条件にあげている．しかし，有機溶媒という言葉の定義も曖昧だし，後述するリゾホスファチジン酸（lysophosphatidic acid：LPA）や糖脂質などは水に溶けるが逆にエーテルなどには溶けない．核酸，タンパク，糖質と並べたときに，比較的水に溶け難く，長鎖あるいは環状構造の炭化水素を含み，生体の重要構成成分である「脂質」の概要がみえてくるように思われる．脂質の分類については，西島（基本編‐第1章，参照）の概略図が一般的であり，わかりやすい．脂質の役割という点からみると，生体膜の重要な成分である脂質，エネルギー源として重要な脂質，そして生理活性シグナル分子（脂溶性シグナル分子）としての脂質という大きな3つの概念があり（概略図），お互いに重なりあっているというところがおもしろいところである．すなわち，生体膜の構成成分の1つであるグリセロリン脂質から，ホスホリパーゼA2の働きで脂肪酸とリゾリン脂質が合成され，それぞれからエイコサノイドやリン脂質性シグナル分子が産生される．ホスホリパーゼCが働くと，カルシウム代謝に結びつく．コレステロールからは胆汁酸やステロイドホルモンができる．シグナル分子のうちエイコサノイドはβ酸化されエネルギー源となる．という具合である．脂質の構造と分類は西島（基本編‐第1章，参照）が，また，脂質メディエーターの同定と定量については和泉ら（基本編‐第2章，参照）が，詳細に述べている．まず，ここで基礎を学ぼう．

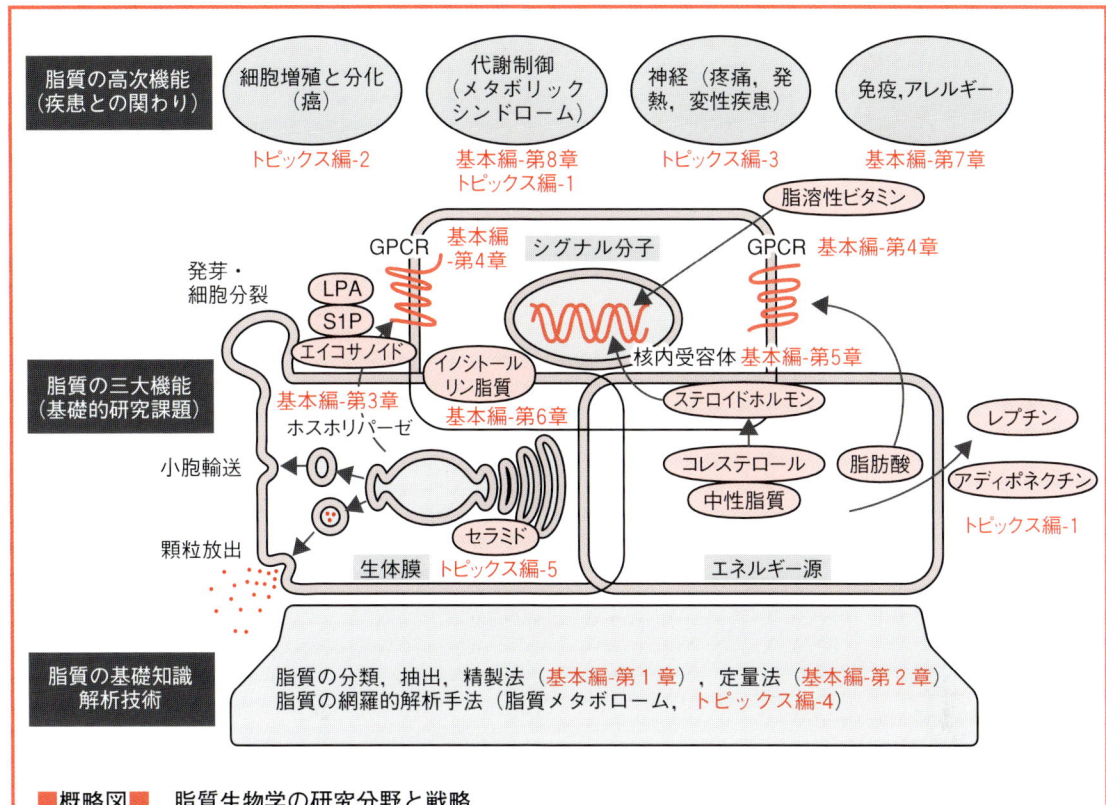

■概略図　脂質生物学の研究分野と戦略

脂質は生体膜成分，エネルギー源，シグナル分子という3つの重要な機能を果たしている．しかもそれが相互に重なっている．すなわち，生体膜グリセロリン脂質から種々のシグナル分子が産生され，また，エネルギー源であるコレステロールや中性脂質からもシグナル分子は産生される．脂質研究は3つの階層に分けて考えることができる．すなわち，三大生物機能に関する研究，それを支える基礎知識，基礎技術，さらに，三大機能の生理意義，疾病との関連である．それぞれの章の位置づけを示した

2　脂質は生命の起源！

　　生命体は一千万年あるいは十億年前に誕生したといわれている．DNAとRNAのどちらが先かの長年の論争は1970年代のRNA自己触媒能の発見により，ほぼ決着がついた．RNA自身の自己複製は40億年も昔にあったとの説もあり，やがてその不安定性を克服すべく，しだいにDNAが遺伝情報の主役となった．しかし，アメーバなどの単細胞から，10^{13}個の多細胞からなるヒトに至るまでおよそあらゆる生命体にとって，細胞は必須であり，細胞膜をつくる主成分が脂質であることは当然すぎることであった．細胞膜に囲まれ，水などを容易に通過させない独自の環境をつくることで，生命は誕生し，また，効率のよいエネルギー産生やDNA複製，タンパク合成を可能とした．生体膜をつくるのに脂質が使われたのは，多くの脂質がもつ「両親媒性」（amphipathic = amphiphilic，amphiphobicともいう）という化学的特徴による #メモ1．両親媒性とは名のごとく，水溶性と脂溶性の両方の性質をもつことを意味し，それは分子の中にそれぞれの性質をもつ構造が両方あることを示している．グリセロリン脂質を例にあげると，セリンやコリンなどの水溶性頭部（polar head group）とそれ以外のグリセロール骨格と脂肪

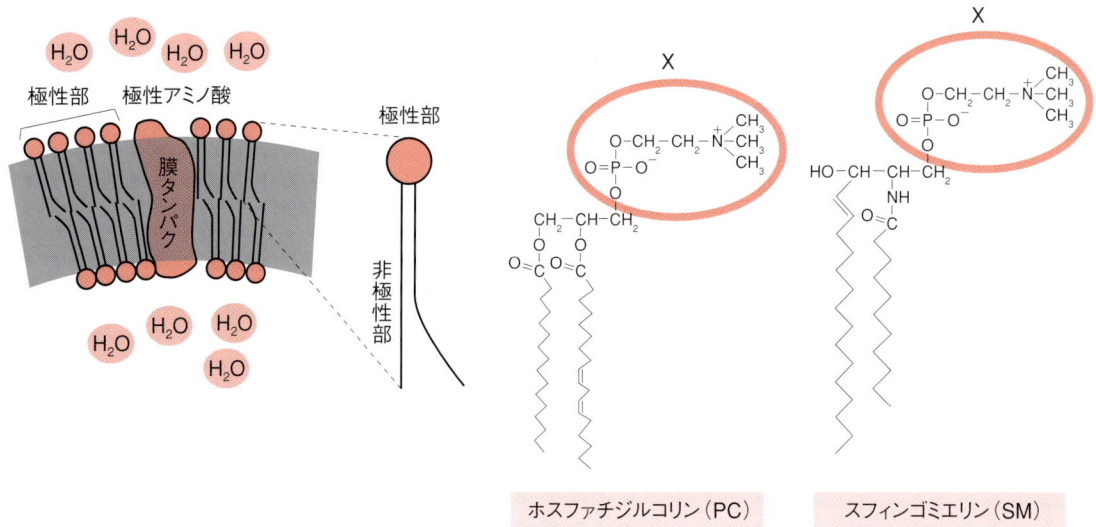

図1 ◆ 脂質分子の両親媒性と生体膜の組成

大きな水溶液の中で，固有の環境をつくるには水などを通さない膜が必要で，生物はその大部分を脂質のもつ両親媒性に託した．脂質分子（スフィンゴ脂質やグリセロ脂質）は図に示すような疎水性部分と親水性の部分（極性基X）をもっている．X部分に水溶性の糖がつくと，スフィンゴ糖脂質（グルコシルセラミドなど），グリセロ糖脂質（ガラクトシルグリセリド）となる．あるいは，図示したようにリン酸基を挟んで，極性基がつくとスフィンゴミエリンやホスファチジルコリンなどとなる．

酸エステルによる脂溶性部分に分けられる．生体膜では水溶性部分を両側に，脂溶性部分を内側に置く二重膜構造が熱力学的に最も安定した構造であり，これを脂質二重膜（lipid bilayer）と呼ぶ（図1）．もちろん，脂質分子は熱，光や酸素などの単純な化学反応でできるものではない．これは酵素的に規則正しく生合成されるものであり，その酵素はタンパクであり，さらにその情報はDNAの塩基配列に組込まれている．したがって，高分子の起源はRNAにあるが，生命体の起源は脂質の誕生を待たねばならなかったというのが正確な表現であろう．ちなみにウイルスは生命体ではないが，脂質二重膜をもつ種も多く（エンベロープウイルス），RNAの誕生と生命の誕生の中間に発生したと考えられる．脂質膜をもたないウイルス（アデノウイルス，ポリオ，レノウイルスなど）は脂質の代わりにコアタンパクの疎水性部分を利用して，宿主細胞に結合すると考えられている．

3　我が国の脂質研究の伝統

脂質は水に溶け難い．このことが研究を難しくした．もともと生化学や生理学はタンパク，

＃メモ１：ミセル（micelle）とリポソーム（liposome）

水の中での両親媒性脂質分子の存在の仕方は2通りある．1つは左の形で中央に脂溶性部分を包み込み，外側を極性基が覆うものでこれをミセルと呼ぶ．これに対して，リン脂質などを水の中で超音波破砕などすると人工的な脂質二重膜ができる．これをリポソームと呼ぶ．1930年代から薬剤のデリバリーなどに用いられた．

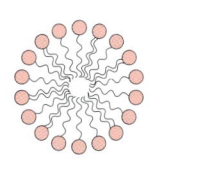
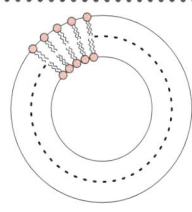

ミセル　　　リポソーム

アミノ酸といった水溶性の分子を扱うのに適した学問であるからだ．しかし，我が国では脂質の研究が地味ではあるが，着実に進められてきた．日本の脂質科学の大先達は北大の安田守雄（脂肪酸，コレステロールの研究など，明治34年生まれ）で日本脂質生化学会の初代会長を務めた．その後，糖脂質は山川民夫（東大），シアトル在住の箱守仙一郎（ワシントン大）らを中心に展開し，また，リン脂質は野島庄七（東大）や沼 正作（京大）が，また，脂質メディエーターについては早石 修，山本尚三（京大）が端緒を開いた．イノシトールリン脂質の代謝回転とシグナル伝達の関連では西塚泰美（神戸大），竹縄忠臣（東大）らの先駆的業績がある．コレステロールやリポタンパクの仕事は米国のグループ（ブロック，ブラウン，ゴールドスタインなど13名がコレステロールでノーベル賞を受賞した）が先駆的な仕事をしたが，遠藤 章と三共（株）の研究者がメバロチン®を合成したような特筆すべき成果もあった．こうした先駆者の末裔たちにより，我が国では脂質代謝に関連する酵素の多くが単離，クローニングされ，また，コレステロール代謝の研究が「アディポサイトカイン」の研究へと発展した．また，脂質メディエーターの受容体の多くが世界に先駆けて我が国の研究者により単離されたことも注目すべき点である．イノシトールリン脂質の研究は，細胞内シグナル伝達やタンパク-脂質の相互作用の研究へと発展した．丹念に時間をかけて脂質を精製してきたどろどろした時代の貴重な遺産を土台に，今，脂質を巡る学問はライフサイエンスの中心課題の1つとなろうとしている．

4 ポストゲノム時代の脂質生物学

以上のような脂質研究全体の流れの中で，今後の脂質生物学の課題は何か，考えてみる．

1）膜合成と脂質輸送

脂質はどこでつくられるか．脂肪酸合成酵素は細胞質の酵素であり，脂肪酸は細胞質でつくられ，目的に応じて各小器官で働く．この際，重要な役割を果たすのが，**脂肪酸活性化酵素**＊（acyl-CoA synthetase：別名，acyl-CoA ligase）であり，さまざまなアイソザイムにより活性化された脂肪酸をミトコンドリア，小胞体，ペルオキシゾームに運搬する[1]．小胞体に運搬された脂肪酸はトリグリセリドとなり，あるいはグリセロリン脂質に変換される（図2）．コレステロールやスフィンゴ糖脂質なども基本的には小胞体で合成され，小胞体膜に組込まれる．こうした膜脂質はどのようなしくみで個々のオルガネラの膜へ移行するのであろうか．セラミドの非小胞輸送を明らかにした花田らの画期的な研究（**トピックス編-5，参照**）はNature誌のarticleに掲載された[2]．これを契機に多くの糖脂質やリン脂質がどのようなメカニズムで協調的につくられ，また，どのように区分されて目的地に輸送されるかが解明されていくこと

＊**脂肪酸活性化酵素（アシルCoA合成酵素）**
文献1にあるように，リン脂質の合成に脂肪酸の活性化（エネルギー的に高い状態にする）が必要なことを最初にみつけたのは，かのKornbergとPricerであった．この反応は次式のようになる．

脂肪酸（RCOOH）＋ CoA ＋ ATP
$\rightleftharpoons$ アシルCoA（RCO-CoA）＋ AMP ＋ PPi

合成酵素のうち，ATPを必要とするものをsynthetaseと呼び，それ以外のsynthaseと区別している．脂肪酸とCoAを結合するのでacyl CoA ligaseとも呼ぶ．略称もACS, ACLで現在，十数種類が知られている．最初の精製は沼 正作らであり，cDNAクローニングは東北大の山本らによる．この反応はアミノ酸の活性化であるアミノアシルtRNA合成酵素（aminoacyl-tRNA synthetase）と類似の反応である．

アミノアシルtRNA合成酵素

アミノ酸 ＋ tRNA ＋ ATP
$\rightleftharpoons$ アミノアシルtRNA ＋ AMP ＋ PPi

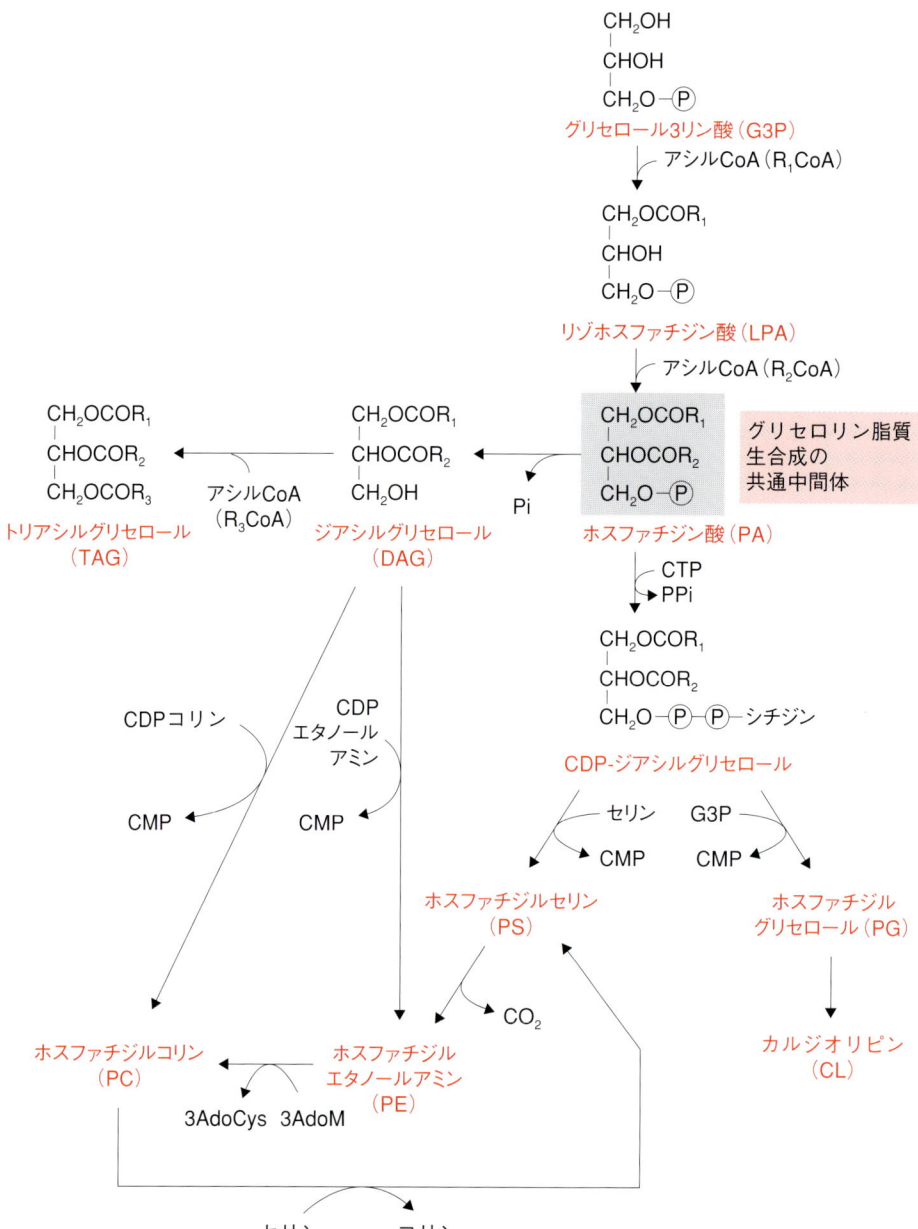

図2 ◆ グリセロリン脂質の生合成
解糖系の中間段階からグリセロール3リン酸（G3P）がつくられ，これはアシル転位酵素の働きで，ホスファチジン酸となり，これがトリアシルグリセロール（トリグリセリド，中性脂質とも呼ぶ）あるいは各種のリン脂質の共通の中間体となる．真核生物では，別の経路もあり，コリン，エタノールアミンがCTPの存在下に活性化され，CDP-コリン（あるいはCDP-エタノールアミン）となり，ジアシルグリセロールに結合する経路も存在する．CoA：補酵素A，AdoM：アデノシルメチオニン，AdoCys：アデノシルシステイン，CTP：シチジン3リン酸，CDP：シチジン2リン酸，CMP：シチジン1リン酸

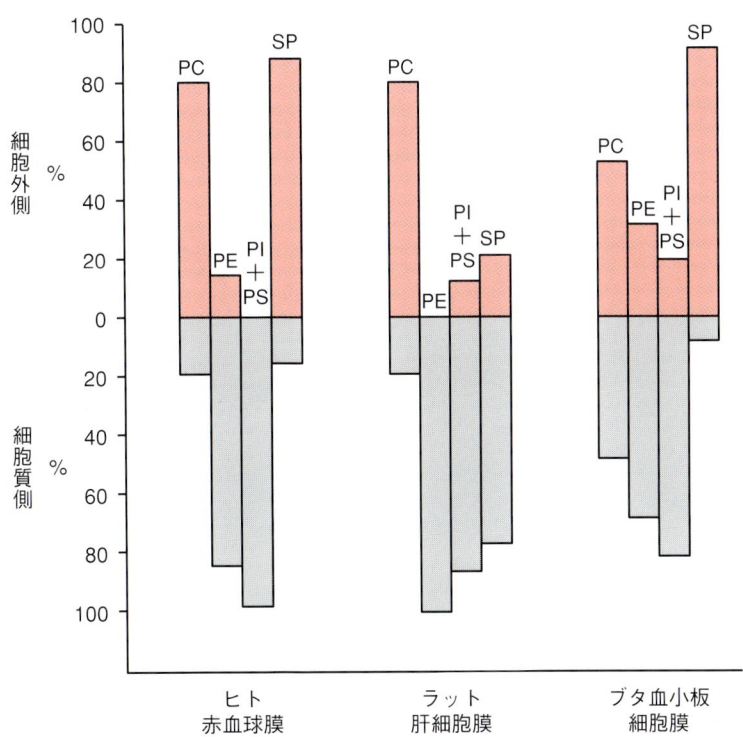

図3 ◆ 細胞膜グリセロリン脂質の内外の非対称性
赤血球，肝細胞，血小板などでそれぞれ特徴はあるが，内側（細胞質側）と外側（細胞外側）では非対称性が保たれている〔『カラー生化学』（マシューズ，他），図10.14より改変〕．PC：ホスファジルコリン，PE：ホスファチジルエタノールアミン，PI：ホスファチジルイノシトール，PS：ホスファチジルセリン，SP：スフィンゴリン脂質

を期待する．ところで，脂質二重膜は二様の意味で非対称的である．第1の非対称性はトポロジカルな問題である．すなわち，細胞膜の外側と細胞質側はリン脂質種の分布が異なる．ホスファチジルエタノールアミン，ホスファチジルセリンは細胞質側に，他方，ホスファチジルコリンやスフィンゴリン脂質は細胞の外側に多く存在している（図3）．これは形質膜で起こる変化ではなく（ゆっくりした速度のflip-flopは存在するが），基本的には小胞体膜に存在しているときにつくり上げられた非対称性による．実際，細胞質側のホスファチジルセリンや高度にリン酸化されたイノシトールは細胞質タンパクとの会合に重要な役割を果たしており，また，スフィンゴ脂質が細胞の外側に存在しているのは「ラフト」形成やシグナル伝達に重要であろう．コレステロールは水酸基を外側にして存在しており，全体としては疎水性の堅い構造をしているが，リン脂質膜の中では水素結合の整列した構造を壊して，むしろ膜を柔軟に保っている．

第2の非対称性は脂肪酸種の著しい偏りである．グリセロリン脂質は一般にsn-1位（sn = stereochemical number）には飽和脂肪酸，あるいはオレイン酸（C18：1）が多く，sn-2位には不飽和脂肪酸[#メモ2]（特に，二重結合が2つ以上あるもの）が多い（表）[3]．さらに，グリセロリン脂質の極性基（コリン，エタノールアミン，セリン，イノシトールなど）の違いにより，sn-2位の脂肪酸組成は著しく異なる[4]．これは図2で説明したde novoのリン脂質生成系では説明できない偏りである．グリセロリン脂質2位の脂肪酸の偏りは，リモデリング経路

表◆グリセロリン脂質の脂肪酸組成の異なり（文献3より）

脂肪酸組成	GPC ジアシル	GPC アルキルアシル	GPE ジアシル	GPE アルケニルアシル	PI	PS
		(%)				
18：2-20：4	0.9	1.2	0.4		0.1	
16：0-22：6	0.4	1.9	0.3	2.7	0.1	
18：2-18：2	2.8	0.5	0.6		0.2	
18：1-18：3	0.4		0.2			
16：0-18：3	1.8	0.9	0.3			
18：1-22：5（n-3）		1.5	0.1			
18：1-20：4	1.8	8.0	2.6	3.9	1.6	0.4
16：0-22：5（n-3）	1.5	6.9	1.2	11.1		
16：0-20：4	6.7	38.7 ←	3.0	48.5	3.3	0.6
16：0-22：5（n-6）	0.2	0.8	0.4	1.3		
18：1-18：2	5.1	2.7	4.0	0.3	2.8	1.0
18：0-22：6			0.4	0.5	0.2	0.6
16：0-18：2	7.0	13.5	3.4	3.5	2.6	1.2
18：1-22：4		0.3	0.1	0.2	0.2	
18：1-20：3		1.1	0.2		0.4	0.1
16：0-22：4	0.4	2.1	0.5	2.4		0.4
18：0-18：3	0.7		0.7			
18：0-22：5（n-3）	0.5	0.7	3.4	3.3		0.5
18：0-20：4	1.8	3.6	13.9	10.7	39.7 ←	4.5
18：0-22：5（n-6）			0.5	0.2		0.9
18：1-18：1	2.1	0.8	3.5	0.2	5.2	2.4
16：0-18：1	21.4	4.2	5.6	8.9	6.6	2.3
18：0-18：2	15.5	1.3	18.7	1.0	12.7	9.6
18：0-20：3			0.9	0.1	2.5	1.8
16：0-16：0	17.0	4.7	1.1	0.1	0.7	0.7
18：0-22：4			1.4	0.7	0.8	1.8
18：0-20：3			0.2		0.7	
18：0-18：1	8.2	0.9	29.1	1.9	14.1	64.4
18：0-16：0	4.4	1.2	0.7	0.3	0.7	1.3

分子種は2つの脂肪酸を書いたものであり，厳密にグリセロール骨格の1位，2位を示したものではない．しかし，一般には1位には飽和脂肪酸あるいは二重結合が1個の脂肪酸が，また，2位には高度不飽和脂肪酸（二重結合が2個以上）が存在することが知られている．18：2という表記は炭素数が18個で二重結合が2個という意味（リノール酸である）．n-3，n-6とはω末端（カルボン酸のある末端と逆の位置）から数えてその番号の炭素に二重結合があることを意味する．GPC（グリセロホスホリルコリン），ジアシルタイプというのが普通のグリセロリン脂質．1位がエーテル結合したものをアルキルアシルと表現．また，GPE（グリセロホスホリルエタノールアミン）の場合はジアシル型に加えて，1位がエーテル結合でかつ二重結合をもつ，アルケニルアシルというsortのグリセロリン脂質がある．これを，別名，プラスマローゲンという．血小板活性化因子（PAF：platelet-activating factor）の前駆体である alkyl acylglycerophosphorylcholine や PI にはアラキドン酸が多いのがよくわかる（←）

♯メモ2：不飽和脂肪酸（unsaturated fatty acid）

脂肪酸は炭化水素（CH_2）の連なる構造にカルボン酸がついたものを総称するが，二重結合のないものを飽和脂肪酸（saturated fatty acid）と呼び，CH=CHの二重結合をもつものを不飽和脂肪酸という．二重結合が増えるごとに水溶性が増し，融点が低下し，液状となる．例としてはバターとマーガリンの違いがわかりやすい．二重結合の増加により，膜での水素結合やvan der Waars力が弱まるからであろう．同じ炭素数（C18）で飽和脂肪酸（C18：0，ステアリン酸）の融点は69.6℃，C18：1（オレイン酸）は13.4℃，C18：2（リノール酸）は−9℃，C18：3（リノレン酸）は−17℃という具合である．変温動物や細菌などでは低温におくと，二重結合を増やす酵素が誘導される．

で形成されたものと考えるのが自然である．リモデリングとは一度形成された原始的グリセロリン脂質が，刺激に応じて，あるいは恒常的に2位の脂肪酸を切り離し，新たな脂肪酸を導入するというシステムである．前者を触媒するのがホスホリパーゼA2などのエステル分解酵素であり，後者を触媒するのはアシル転移酵素である．アシル転移酵素は一般には活性化脂肪酸（acyl-CoA）を利用するが，CoA非依存的に脂肪酸の転移も引き起こす．どうやら，このアシル転移酵素，あるいは脂肪酸活性化酵素（ACS）に脂肪酸特異性があるらしいのである．あるいは，極性基を認識する特異的なアシル転移酵素が存在するのか．アミノアシル転移酵素は対応するtRNAと同じく少なくとも20種類存在し，それぞれのアミノ酸に対応していることが明らかとなっているが，リゾリン脂質に脂肪酸を導入するアシル転移酵素はそのほとんどが精製単離されていない．これも，脂質膜に深く組込まれたタンパクの精製の困難さを物語っている．リン脂質膜では不飽和脂肪酸が多くなれば，生体膜は流動性を増し，他方，飽和脂肪酸が多いと固くなり，タンパクも固定化される．今，話題のラフトは飽和脂肪酸，スフィンゴ脂質，およびコレステロールが群をなし，形成された細胞膜内の比較的流動性の少ない部分といわれる．

脂質合成の全貌解明とその輸送を理解することは，あらゆる生命現象の基礎をつくるものとなるであろう．脂質膜のダイナミックな構造変化，曲率の変化，さらに極端にはその破裂が，細胞分裂，顆粒放出，シグナル伝達やエンドサイトーシスに必須であるからである．われわれのグループでは，各種のホスホリパーゼA2欠損マウスや過剰発現株を作製し，その個体や細胞の表現型が，産生される脂質メディエーターの変化によるのか，あるいは膜の脂質組成の変化によるものか，あるいは両方の効果かを解析している．

2）脂質データベースと検索エンジンの開発（脂質メタボローム*解析）

ヒトでは遺伝子が3万以上あるといわれており，1つの細胞に発現するタンパクは約1万といわれている．もちろん，翻訳後修飾でその数は飛躍的に増加する．それでは，生物界に何種類の脂質が存在するのであろうか．これを網羅的にとらえることは可能であろうか．リン脂質や脂質メディエーターを混合物のまま同定し定量する研究は質量分析計の発展，特にソフトイオン化（エレクトロスプレイとMALDI法，詳細は**トピックス編-4**および参考図書，参照）の改良やプレカーサーイオン検出などの手法によるところが多い．ゲノムデータベースが構築され，また，タンパクのデータベースも構築されている．このタンパクデータベースにはゲノムから想像される未同定の仮想タンパクも含まれている．塩基配列から，合成されるタンパクを一定の確率で予想できるからである．実際，質量分析計で得られた情報はMascotという検索エンジンにそのままオンラインで導入が可能であり，こうして，タンパクの予想が可能となった（実際は測定誤差などを考え，いくつかのタンパクがそれなりの確度情報とともに，順位付けて提示されるのである）．現在，脂質のうち3,000をあげたデータベースが存在する．日本科学技術振興機構と国立国際医療センターのサポートでスタートした世界で最初のデータ

***メタボローム**

ゲノム（遺伝子の総体），プロテオーム（タンパクの総体）に対して，タンパクにより実際に細胞内でつくられ代謝されるもの＝メタボライトの総体をメタボロームと呼び，これを系統的，網羅的に解析しようとする学問をメタボロミクス（metabolomics）と呼ぶ．genomics, proteomicsに合わせた造語である．実際に体内で働くのは脂質，糖質やアミノ酸などの低分子であることが多く，メタボローム解析はプロテオーム解析と補いあって，その重要性が急速に認識されつつある．

ベースである[#メモ3]．ここには海外からもかなりのアクセスがある．これに対して，日本脂質生化学会会では，脊山洋右や田口 良（東大メタボローム講座教授）を中心に新たなワーキンググループをつくり，既存のデータベースの改良と検索エンジンの考案，さらにメタボリックマップの統合をめざした本格的データベース作成に乗り出すことを計画した．これができると，質量分析計のデータをオンラインあるいはオフラインで入力し，脂質分子の同定が可能となるというしくみである（このプロトタイプは**トピックス編-4**，参照）．米国でも昨年，マクロファージの脂質解析によるデータベースの作成に40億円のNIH grant（glue grant）が採択された．我が国がゲノム解析やプロテオミクスで欧米の国家戦略に遅れた教訓を活かすには，今，脂質や糖質，アミノ酸などを含めたメタボローム解析に戦略的な支援をすることである．タンパク情報と，低分子代謝物の情報が交差したところに，細胞内の様子がみえてくるのである．

3）脂質代謝とメタボリックシンドローム

脂質の代表的機能の1つはいうまでもなく，効率の良いエネルギー源であることである．脂質代謝の異常は多くの疾患と結びついているが，最近，高血圧，高脂血症，糖尿病，肥満などの相互に関連する一連の症状をメタボリックシンドロームと呼び，大変注目されている[#メモ4]．それぞれの疾患あるいは症状は非常にありふれたcommon diseaseであるが，それらが偶然重なっているものではなく，むしろ，上流に共通する機能異常があるというのがその考え方で，脂肪細胞が重要な役割を果たしていると提唱されている．阪大細胞工学センターの松原謙一，内科の松澤佑次，下村伊一郎らは共同研究で，脂肪細胞が発現する遺伝子を網羅的に解析した[5)6)]．脂肪細胞に発現するタンパクのなんと30％がシグナル配列を有していた．すなわち，細胞外に分泌されるタンパク（ホルモンなど）か，膜タンパクということになる．実際，脂肪細胞からはアディポネクチンやレプチンなど脂質代謝を改善するものも分泌されるし，他方，インスリン抵抗性を高めるTNF-α（tumor necrosis factor-α）やresistin，血管狭搾を引き起こすHB-EGF（heparin-binding EGF-like growth factor），高血圧に結びつくアンジオテンシノーゲン，さらに，血栓を引き起こす可能性のあるPAI-1（plasminogen-activator inhibitor 1），などが分泌される．脂肪細胞は単にエネルギー源としての中性脂質やコレステロールエステルなどを備蓄する細胞ではなく，一種の内分泌臓器であるという考え方が定着しつつある（**図4**）．もちろん，これは心房ナトリウム利尿ペプチドや他のホルモンのように顆粒内で蓄えられるものではなく，必要時に転写レベルで調節され，産生され放出されるので，どちらかというとサイトカインに近い．「アディポサイトカイン」という言葉も生み出されたくらいである．これらの研究は膨大であり，また，日本人の貢献も非常に大きいが，本書ではコレステロールホメオスタシスという観点から酒井（**基本編-第8章**）に，また，最近最も注目されている分子の1つであるアディポネクチンの立場から山内ら（**トピックス編-1**）に執筆していただいているのでそちらを参照していただきたい．アディポネクチンの受容体が7回膜貫通でありながら，

#メモ3
世界初の脂質のデータベースである．ウェブサイト http://lipidbank.jp を参照．また，米国で2003年にはじまった計画はLipid Mapsと呼ばれている（http://www.lipidmaps.org）．

#メモ4：メタボリックシンドローム
一般に，肥満，高脂血症，高血圧，糖尿病などのいくつかを併せもつ状態を指す．はじめはシンドロームXと呼ばれた．『生活習慣病』（香川靖雄）（最新医学増刊号，2002年3月）によると日本人男性で高血圧と糖尿病は年齢を重ねるごとに罹患率が増加し，50歳代では前者は50％，後者は20％を越える．肥満，高脂血症は40〜50代がピークであり，それぞれ30％と60％近いが，60代を越えると低下傾向にある．これはおそらく戦時中の栄養状態のひきずりや食習慣と，高年齢化による他の因子（例えば癌の罹患率）の増加が原因ではなかろうか．

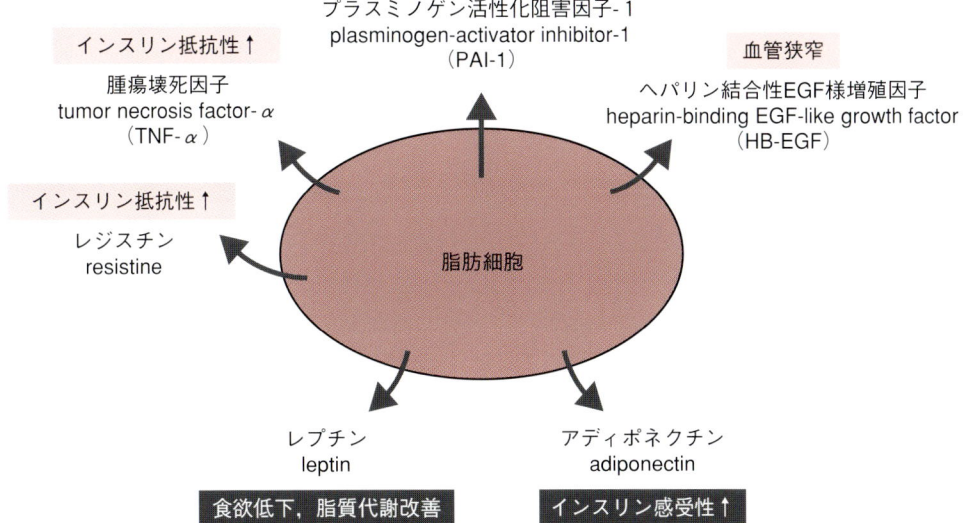

図4◆脂肪細胞から放出されるタンパク因子
脂肪細胞は単なるエネルギーの貯蔵場所であるだけでなく，種々のサイトカイン様分子を産生し，放出する働きをもっている．ホルモンと異なりこれらの分子を顆粒内に貯えられず，転写レベルで調節されている．各種因子の産生バランスがメタボリックシンドロームなどの発症に関わっていると考えられる．

N末が細胞内でC末が細胞外という驚くべき知見も報告された[7]．アディポネクチンはこれらの脂質代謝の中で特に重要な役割を果たしているようである[8]．飢餓の時代にエネルギーを蓄える組織として存在した脂肪組織は，飽食の時代（過栄養，運動不足）に細胞としての進化を十分遂げていないという見解はそれなりの説得力をもつが，脂肪細胞，コレステロール代謝，脂肪酸酸化，PPAR（peroxisome proliferator activator receptor），インスリン感受性などの統一的理解はまだまだ先の課題のように思える．

4）脂溶性シグナル分子

生体膜の構成成分，また，エネルギー源としてこれだけ重要な作用をもつ脂質であるが，今1つの機能は生理活性物質としてのそれである．脂溶性シグナル分子はさらに3つに分類することが可能である．第1はコレステロールからつくられるステロイドホルモンや胆汁酸である．これは血中を巡り，ステロイドは核内受容体を介して転写調節をし，他方，ある種の胆汁酸はGPCRを介して免疫調節を行う．第2の例はエイコサノイド，血小板活性化因子，スフィンゴシン1リン酸，リゾホスファチジン酸，リゾホスファチジルコリン，アナンダミド，2-アラキドノイルグリセロール，脂肪酸などであり，一般に産生されると周囲の細胞に作用し，また，速やかに代謝されるもので，普通脂質メディエーターというとこれらを指す．こうした一連の脂質メディエーターはGPCRに結合して作用する．第3の概念は，ジアシルグリセロールやイノシトールリン脂質誘導体など，細胞内メッセンジャーあるいはバイオモジュレーターとして働く分子群である（**基本編-第6章**）．本書では，脂溶性ビタミンやステロイドに関しては加藤（**基本編-第5章**）が，また，脂質メディエーターの多彩な作用については，横溝（**基本編-第7章**），伊藤（**トピックス編-3**）が注目点を述べ，また，受容体に関しては青木らの稿（基

本編-第4章）を参照されたい．村上（基本編-第3章）は脂質メディエーターでも特にエイコサノイドを中心に生合成の過程をまとめている．脂質メディエーターの特徴は，生物学的に不活性な前駆体が膜のリン脂質に生体膜成分として蓄えられ，刺激に応じて酵素的に産生され放出されることである．これは主として転写レベルで調節されるサイトカインや，あるいは，あらかじめ分泌顆粒内に蓄えられ，カルシウム刺激で顆粒放出を速やかに行う神経伝達物質やペプチド性のホルモンと異なる点である．作用を理解するには産生経路とその酵素活性の調節を知らなくてはならない．一連の酵素の中でも最も注目度の高いのがシクロオキシゲナーゼ-2（Cox-2）であろう．Cox-2はホルボールエステルで細胞を刺激したり，あるいはエンドトキシンで刺激したマクロファージで誘導される遺伝子として発見され，炎症や発癌と深く関わることが明らかとなっている[9]．詳細は大島らの**トピックス編-2**を参照されたい．

　今後の研究課題はいくつもある．まず，各種の脂質メディエーターの産生調節である．例えばアラキドン酸から各種のプロスタグランジンやロイコトリエンが産生されるが，その振り分け機構がどうなっているかという問題である．単純に個々の細胞の酵素量で決まるとは思われない．次に，各種の受容体欠損マウスの表現型の分子機構を明らかにすることである．受容体とセカンドメッセンジャーの同定と，細胞や個体の機能解析の間にはまだ大きな隔たりが存在している．さらに，多くのオーファン受容体（すべての核内受容体とGPCRの約3分の1）の天然リガンドの探索も大きなテーマであろう．われわれの知らない未知の脂質リガンドが存在するかもしれず，また，既知の脂質分子（過酸化脂質，リゾホスファチジルコリン，リゾホスファチジルセリン，エポキシエイコサトリエン酸，プロスタナマイドなど）の標的を探ることも重要と考えられる．

■ 最後に

　細胞増殖や肥大にはリン脂質膜の秩序だった合成促進が必要である．また，細胞分裂の特定の時期に核膜が消失したり，出現したりする必要がある．顆粒放出やインターナリゼーションを含めて膜合成とリモデリングの基本的機構はまだ十分には解明されていない未知の分野といえよう．種々の細胞膜受容体（GPCRであれ，チロシンキナーゼ型受容体であれ），そのタンパクを埋め込んでいる脂質膜の性質を抜きに結合や活性化を考えることは難しい．また，今回は触れられなかったが脂質修飾により機能を変化させるタンパクやペプチドが存在している．脂質それ自身は取扱いが難しく，また，脂質関連酵素も膜に埋まっているものが多く，その解析は大きく遅れている．また，間違った取扱いから追試のできない論文も数多くある．じっくりと腰を据えて，確実な成果を出していかなくてはならない．それは相変わらず根気のいる仕事である．水に難溶で研究が難しかった脂質の謎が今"とけだした"というのが筆者の実感である．本書で脂質の基礎と，発展する課題の一部を学んでいただけると幸いである．概論執筆にあたり，ご助言をいただいた東大薬学部新井洋由教授，阪大医学部下村伊一郎教授に深謝する．

参考文献

1) Kornberg, A. & Pricer, J. W. Jr. : Enzymatic synthesis of the Coenzyme A derivatives of long chain fatty acids. J. Biol. Chem., 204 : 329-343, 1953
2) Hanada, K. et al. : Molecular machinery for non-vesicular trafficking of ceramide. Nature, 426 : 803-809, 2003
3) Yamashita, A. et al. : Acyltransferases and transacylases involved in fatty acid remodeling of phospholipids and metabolism of bioactive lipids in mammalian cells. J. Biochem., 122 : 1-16, 1997
4) White, D. A. : The phospholipid composition of mammalian tissues. Form and Function of Phospholipids. Biochim. Biophys. Acta. Library 3. (Ansell, G. B. et al. eds.) pp441-482, 1973
5) Maeda, K. et al. : cDNA cloning and expression of a novel adipose tissue specific collagen-like factor, apM1 (adipose Most abundant Gene transcrpt 1). Biochem. Biophys. Res. Commun., 221 : 286-289, 1996
6) Maeda, N. et al. : Diet-induced insulin resistance in mice lacking adiponectin/ACRP30. Nature Med., 8 : 731-737, 2002
7) Yamauchi, T. et al. : Cloning of adiponectin receptors that mediate antidiabetic metabolic effects. Nature, 423 : 762-768, 2003
8) Weiss, R. et al. : Obesity and the metabolic syndrome in children and adolescents. N. Engl. J. Med., 350 : 2362-2374, 2004
9) Herschman, H. R. et al. : Cyclooxygenase 2 (Cox-2) as a target for therapy and noninvasive imaging. Mol. Image Biol., 5 : 286-303, 2003

参考図書 ……………………………………………………… もう少し詳しく知りたい人に‥‥

- 『ストライヤー 生化学 第5版』(ベルグ,他／著,入村達郎,他／監訳),東京化学同人,2004 　≫≫生化学を知らない分子生物学者になりたくなければこの1冊か？
- 『受容体がわかる』(加藤茂明／編),わかる実験医学シリーズ,羊土社,2003 　≫≫手前みそながら,この中の「生理活性脂質受容体」は力作のつもり.
- 『糖と脂質の生物学』(川嵜敏祐,井上圭三／編),共立出版,2001 　≫≫ポストゲノム時代の研究課題を示しており,脂質の基本的性質がよくまとめられている.
- 『生命科学のための最新マススペクトロメトリー』(原田健一,他／編),講談社サイエンティフィク,2002 　≫≫脂質メディエーターやプロテオミクスと質量分析法をまとめたもの.これからの時代,質量分析を知らなきゃ,進まない.
- 『リポソーム』(野島庄七,他／編),南江堂,1988 　≫≫本書は古典で名著である.脂質を知るには物理化学を知らなければ,と痛感する.この本は復刊すると良いのだが.
- 「リポネットワークによる脂質ホメオスタシス」,生化学,76 (6),日本生化学会,2004 　≫≫脂質研究の最先端がよくわかる.

基本編

第1章　脂質の分類と分離・精製技術の基礎 …… 28
第2章　生理活性脂質の同定と定量 ………………… 39
第3章　脂質メディエーターの生合成と調節 …… 47
第4章　脂質メディエーターの細胞膜受容体 …… 59
第5章　脂溶性ビタミン/ホルモンの分子作用機構 68
第6章　細胞内イノシトールリン脂質の極性と
　　　　シグナル伝達物質 ……………………………… 78
第7章　脂質メディエーターと炎症・免疫 ………… 90
第8章　コレステロールホメオスタシス ………… 98

基本編

第1章
脂質の分類と分離・精製技術の基礎

西島 正弘

脂質は，タンパク質・核酸・糖質とならび，ほとんどすべての生体の構成物質群であり，その化学構造・物性・代謝・生理活性などを対象に，生化学・分子生物学・細胞生物学・薬理学・物理化学など数多くの研究分野で研究されている．しかし，脂質は，他の生体成分と異なり，水に不溶であり，抽出や精製に有機溶媒を使用するため，初めて脂質を取り扱う人には，取っつきにくい生体成分である．本稿では，これから脂質研究を始めようとする人を対象に，脂質の分類や特性，ならびに脂質の抽出・分離・精製など脂質の取扱いの基礎を紹介する．

【キーワード&略語】
単純脂質，複合脂質，リン脂質，グリセロリン脂質，スフィンゴリン脂質，糖脂質，グリセロ糖脂質，スフィンゴ糖脂質，Bligh & Dyer法，溶媒分画法，クロマトグラフィー法，カラムクロマトグラフィー法，ケイ酸カラムクロマトグラフィー法，薄層クロマトグラフィー法，高速液体クロマトグラフィー法，ガスクロマトグラフィー法
TLC：thin layer chromatography（薄層クロマトグラフィー）
HPLC：high-performance liquid chromatography（高速液体クロマトグラフィー）
GC：gas chromatography（ガスクロマトグラフィー）

---

1 脂質の分類

脂質は，原則として水に不溶で，エーテル，ヘキサン，ベンゼン，クロロホルム，メタノールなどの有機溶媒に可溶な物質群の総称であり，その化学構造および物性は極めて多様なものである．脂質は，単純脂質と複合脂質に2大別される（概略図）．

1）単純脂質

単純脂質は，C，H，Oから構成され，構造的には脂肪酸と各種のアルコールがエステル結合した脂質である．アシルグリセロールは，脂肪酸とグリセロールのモノ，ジ，トリエステルの総称であり，それぞれモノアシルグリセロール（モノグリセリド），ジアシルグリセロール（ジグリセリド），トリアシルグリセロール（トリグリセリド）と呼ばれ，アルキルジアシルグリセロール，アルケニルジアシルグリセロールもアシルグリセロールの中に含めて考えることもある（図1A）．ワックス（長鎖の脂肪酸と長鎖の第一級アルコールとのエステル），コレステロールエステル，ビタミンAおよびDのエステルも生物界に存在する単純脂質である．

脂質の加水分解産物で，有機溶媒に可溶な物質として，脂肪酸，ステロイド，長鎖のアルコールなどがあるが，これらも単純脂質として考えてよい．

脂肪酸はグリセリドや複合脂質を含むほとんどすべての脂質の疎水性残基として広く存在し，100種以上の脂肪酸が種々の脂質から分離されている．天然の脂肪酸は大部分が直鎖で，偶数の炭素数をもつ1塩基酸であるが，炭素数が奇数のもの，分岐鎖をもつもの，炭素鎖部分に水酸基をもつもの，環状炭化水素をもつもの，および三重結合やケト基をもつものもある．

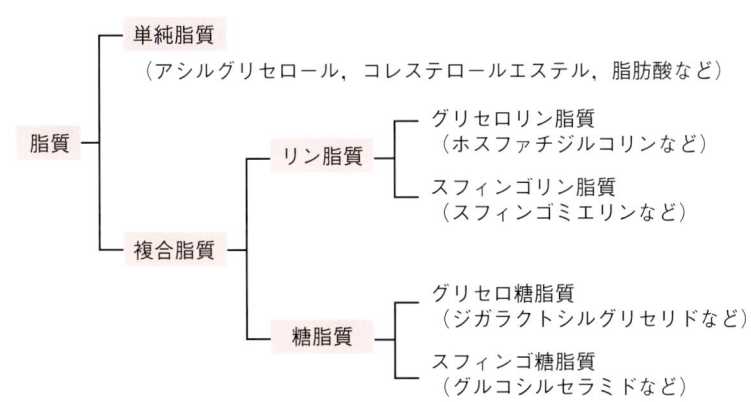

■概略図■　脂質の分類

脂質は単純脂質と複合脂質に大別され，複合脂質はさらにリン脂質と糖脂質に分類される．リン脂質と糖脂質はともにグリセロールを構造骨格とするものとスフィンゴイド塩基を構造骨格とするものに分類される

天然の脂肪酸はほとんどが直鎖の飽和あるいは不飽和脂肪酸に分けられ，不飽和脂肪酸は二重結合の数によってモノ，ジ，トリ，テトラエン酸などに分けられる．これらの二重結合は，シス配置をとるものが多い．少量で多彩な生理活性を有するプロスタグランジン，トロンボキサン，ロイコトリエンなども脂肪酸の一種であり，これらはアラキドン酸などの不飽和脂肪酸から合成される．表に代表的な脂肪酸の慣用名，構造式，略記法を示す．

ステロイドはシクロペンタノヒドロフェナントロン環（$C_{17}H_{28}$）をもつ化合物の総称であり，この中で，3位に水酸基をもち，炭素数27～30のものをステロールという（図1B）．ステロール類は広く生物界に分布し，遊離型，脂肪酸エステル型，および配糖体型として存在している．これらのステロールは生体膜や**血清リポプロテイン**＊の重要な構成成分であり，また胆汁酸，ステロイドホルモン（性ホルモン，副腎皮質ホルモン），**サポニン**＊などのステロイド配糖体やビタミンDなどの合成中間体としても，極めて重要である．動物においてはC_{27}のコレステロールが代表的であり，細胞膜，リソソーム膜，核膜などに存在する．植物には，スチグマステロールやβ-シトステロールなどのC_{29}のステロールが存在する．また酵母や糸状菌などの微生物ではC_{24}位にメチル基をもつC_{28}のエルゴステロールが主体である．

2）複合脂質

複合脂質は，分子中にリン，硫黄，窒素，糖などを含む脂質であり，極性を有するため極性脂質とも呼ばれ，リン脂質と糖脂質の2つに大別される．さらに，前者はグリセロリン脂質とスフィンゴリン脂質，後者はグリセロ糖脂質とスフィンゴ糖脂質に分類される．骨格構造から眺めて，グリセロリン脂質とグリセロ糖脂質はグリセロ脂質，スフィンゴリン脂質とスフィン

＊**血清リポプロテイン**

血清中に存在するコレステロール，トリアシルグリセロール，リン脂質，遊離脂肪酸などの脂質は，アポリポプロテインと結合して血清リポプロテインと呼ばれる複合体を形成し，血中を運搬される．

＊**サポニン**

ステロイドやテルペノイドを非糖部とする配糖体の総称で，共通の性質として，細胞膜のコレステロールに結合して膜に穴をあける作用がある．ジギトニンはサポニンの代表的なものであり，細胞膜を破壊する目的に用いられる．

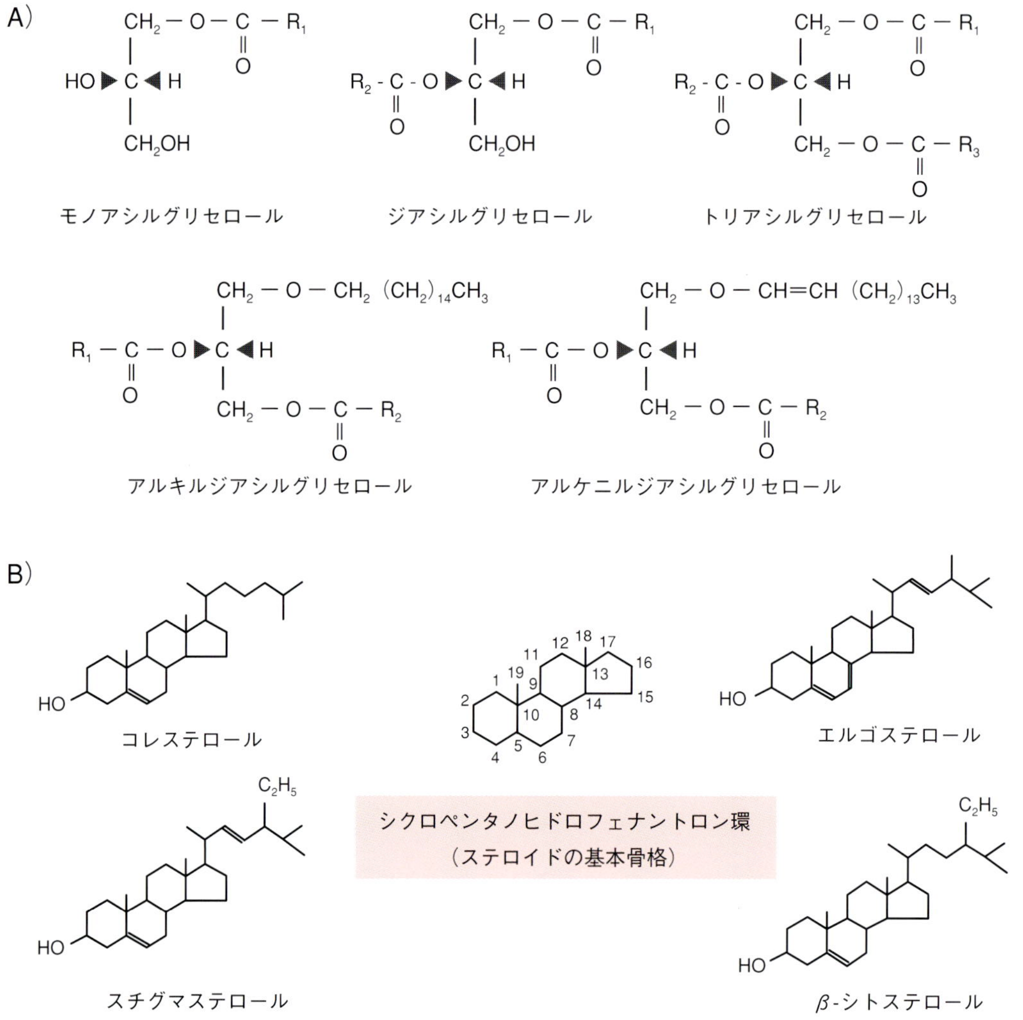

図1 ◆ 主要な単純脂質の構造
A）アシルグリセロール，アルキルジアシルグリセロール，アルケニルジアシルグリセロールの構造．B）ステロイドの基本骨格と代表的なステロールの構造

ゴ糖脂質はスフィンゴ脂質とも呼ばれる．

　グリセロリン脂質は，タンパク質とともに生体膜を構成する主要成分であり，自然界に最も広く存在する複合脂質である．グリセロリン脂質のほとんどは，L-グリセロ3-リン酸＝メモと水酸基をもった種々の化合物とのリン酸ジエステルに，2分子の脂肪酸がエステル結合したものである．脂肪酸の代わりに長鎖アルキル，または長鎖アルケニルを有するものもある．図2Aに動物，植物，あるいは細菌に見出される主要グリセロリン脂質の構造式を示す．

　スフィンゴ脂質は，動物，植物，一部の微生物に存在し，グリセロ脂質とともに膜脂質の主要な成分となっている．スフィンゴ脂質の構造骨格であるスフィンゴイド塩基のアミノ基にアシル基がアミド結合したものはセラミドと呼ばれ，セラミドのC1位の水酸基にホスホリルコ

表◆脂肪酸の構造式，命名法，略記法

慣用名	構造式 $H_3C-[R]-CO_2H$	略記法	系統名
飽和脂肪酸			
ラウリン酸	$-[CH_2]_{10}-$	12：0	ドデカン酸
ミリスチン酸	$-[CH_2]_{12}-$	14：0	テトラデカン酸
パルミチン酸	$-[CH_2]_{14}-$	16：0	ヘキサデカン酸
ステアリン酸	$-[CH_2]_{16}-$	18：0	オクタデカン酸
不飽和脂肪酸			
パルミトオレイン酸	$-[CH_2]_5-CH=CH[CH_2]_7-$	16：1（9）または$C_{16}\Delta^9$	
オレイン酸	$-[CH_2]_7-CH=CH[CH_2]_7-$	18：1（9）または$C_{18}\Delta^9$	
リノール酸	$-[CH_2]_3[CH_2CH=CH]_2[CH_2]_7-$	18：2（9, 12）または$C_{18}\Delta^{9,\ 12}$	
リノレン酸	$-[CH_2CH=CH]_3[CH_2]_7-$	18：3（9, 12, 15）または$C_{18}\Delta^{9,\ 12,\ 15}$	
アラキドン酸	$-[CH_2]_3[CH_2CH=CH]_4[CH_2]_3-$	20：4（5, 8, 11, 14）または$C_{20}\Delta^{5,\ 8,\ 11,\ 14}$	

脂肪酸の命名法は，慣用名，IUPAC命名による系統名，および炭素数と不飽和結合数を併記した数記号による略記法が一般的である．脂肪酸の性質にとって，二重結合の位置はカルボキシル末端からではなくメチル末端からの距離のほうが重要であることが多く，オレイン酸，リノール酸，リノレン酸はそれぞれ18：1（ω9），18：2（ω6），18：3（ω3），あるいは，18：1（n-9），18：2（n-6），18：3（n-3）のように表記されることもある

リン基がエステル結合したものが代表的なスフィンゴリン脂質のスフィンゴミエリンであり，単糖またはオリゴ糖がグリコシド結合したものがスフィンゴ糖脂質である．スフィンゴイド塩基，セラミドおよび主なスフィンゴ脂質の構造を図2Bに示した．

3）その他

脂質の運搬体として働くリポタンパク質は，非共有結合によるタンパク質と脂質の会合体であるが，タンパク質1分子あたり1〜3分子の脂質が共有結合した一群の脂質修飾タンパク質が存在する．これらタンパク質に結合する脂質として，**グリコシルホスファチジルイノシトー**

＃メモ：グリセロ3-リン酸とスフィンゴイド塩基の立体化学配置

グリセロリン脂質の基本骨格となるグリセロ3-リン酸には不斉炭素原子が1つ存在するため，L-グリセロ3-リン酸とD-グリセロ3-リン酸の2種の立体異性体が考えられるが，天然のグリセロリン脂質の骨格は，通常，前者の立体配置である．なお，化合物名に小さい頭文字D, Lをつけて立体配置を表示する方法はDL表示法と呼ばれ，L-グリセロ3-リン酸はD-グリセロ1-リン酸とも命名しうる．

スフィンゴ脂質の構造骨格であるスフィンゴイド塩基の2位と3位の炭素は不斉炭素のため，4種の立体異性体が考えられるが，天然に存在するのはD-erythro型のみである．なお，不斉中心につく2個の水酸基あるいはヒドロキシアミノ酸のアミノ基と水酸基が，フィッシャー投影式で互いに反対側に配置されているものはthreo，同じ側に配置されているものはerythroと呼ばれる．

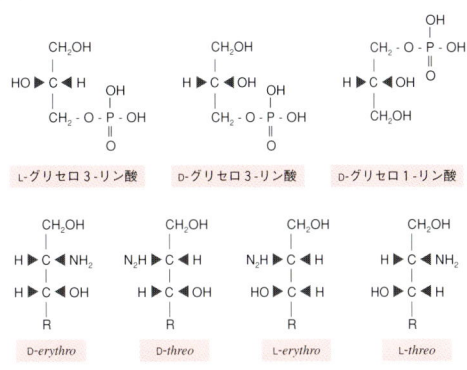

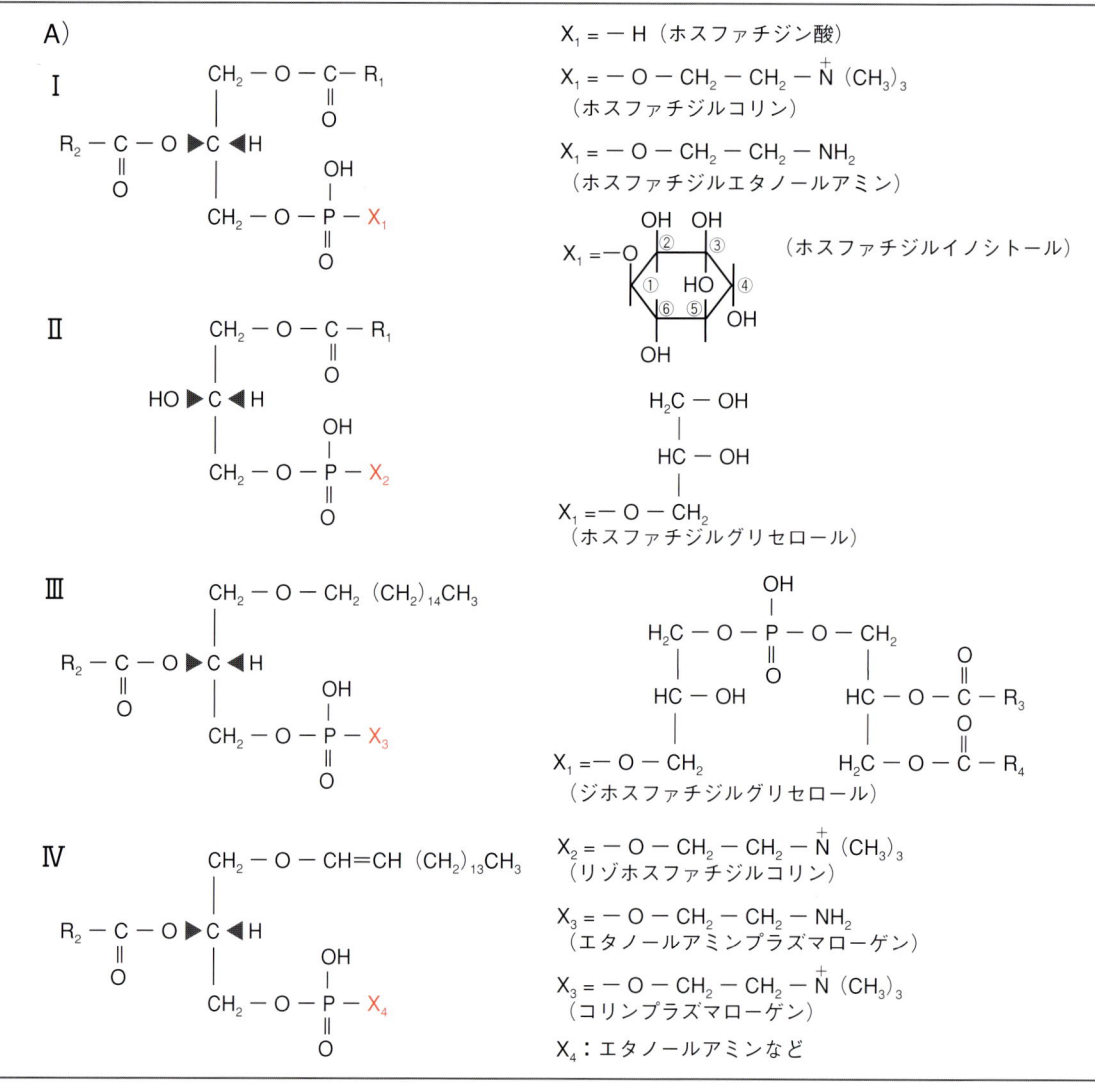

ル*，脂肪酸（ミリスチン酸やパルミチン酸），**イソプレニル基***（ファルネシル基，ゲラニルゲラニル基）がある．グラム陰性菌のリポ多糖の**リピドA***はマクロファージ活性化能を有する脂質である．

2　脂質研究のための溶媒，器具，機器

各脂質の取扱いに共通事項となる溶媒，ガラス器具，機器などについての注意事項の概略は以下の通りである．

1）溶媒

脂質は酸化や加水分解を受けやすいので，用いる溶媒は高純度のものを用いることが重要である．脂質の抽出，精製において多量の溶媒を用いる場合は，試料の濃縮過程で多量の不揮発性不純物も濃縮されるため，良質の特級溶媒を使用前に蒸留してから用いる．ただし，用いる

B)

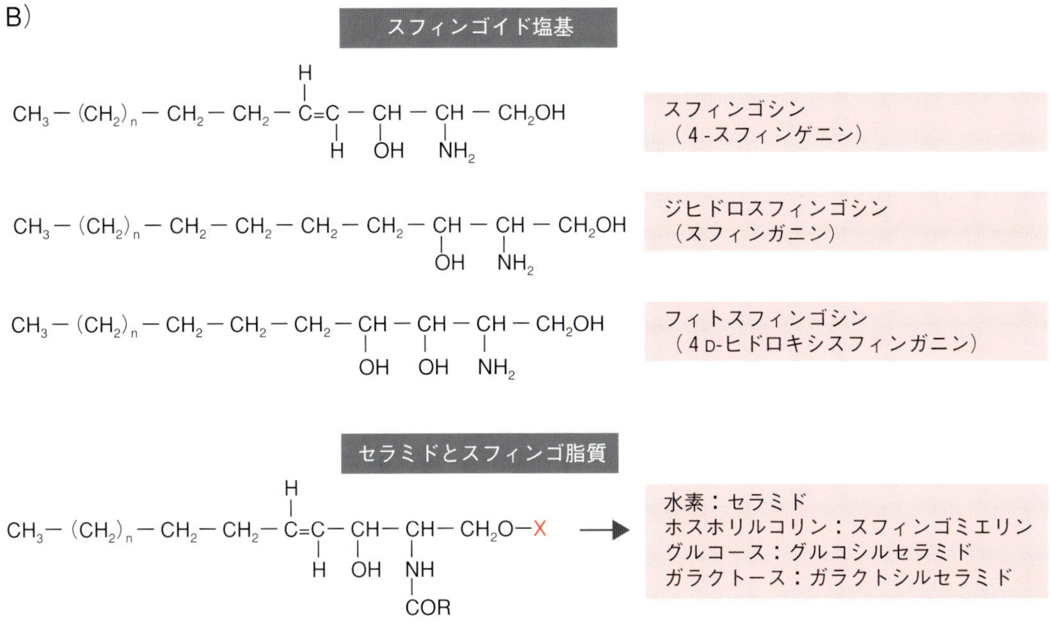

スフィンゴイド塩基

$CH_3-(CH_2)_n-CH_2-CH_2-C=C-CH-CH-CH_2OH$ （H, H 上、OH, NH_2 下）　　スフィンゴシン（4-スフィンゲニン）

$CH_3-(CH_2)_n-CH_2-CH_2-CH_2-CH_2-CH-CH-CH_2OH$ （OH, NH_2）　　ジヒドロスフィンゴシン（スフィンガニン）

$CH_3-(CH_2)_n-CH_2-CH_2-CH_2-CH-CH-CH-CH_2OH$ （OH, OH, NH_2）　　フィトスフィンゴシン（4D-ヒドロキシスフィンガニン）

セラミドとスフィンゴ脂質

$CH_3-(CH_2)_n-CH_2-CH_2-C=C-CH-CH-CH_2O-X$ （H, H, OH, NH-COR）　→　
水素：セラミド
ホスホリルコリン：スフィンゴミエリン
グルコース：グルコシルセラミド
ガラクトース：ガラクトシルセラミド

図2◆主要な複合脂質の構造
A) グリセロリン脂質の構造式．Ⅰ：ジアシル型グリセロリン脂質．ホスファチジルコリンはレシチン，ジホスファチジルグリセロールはカルジオリピンとも呼ばれる．ホスファチジルイノシトールのイノシトール環の3位，4位，あるいは4位と5位にリン酸基がエステル結合したものは，それぞれ，ホスファチジルイノシトール-3-リン酸，-4-リン酸，-4，5-二リン酸と呼ばれる．Ⅱ：モノアシル型グリセロリン脂質．脂肪酸エステルが1つ結合したモノアシル体はリゾ体と呼ばれる．脂肪酸エステルが2位に結合したものや，プラズマローゲン型，エーテル型のリゾ体もある．Ⅲ：プラズマローゲン型グリセロリン脂質．1位に長鎖アルケニル基が結合したものはプラズマローゲン型と呼ばれる．Ⅳ：エーテル型グリセロリン脂質．図にはモノエーテル型が書かれているがジエーテル型も存在する．
B) スフィンゴイド塩基，セラミドおよび主なスフィンゴ脂質の構造式．スフィンゴ脂質の構造骨格であるスフィンゴイド塩基は炭素数12から22の長鎖アミノアルコールの一種であり，その主なものはスフィンゴシン，ジヒドロスフィンゴシン，フィトスフィンゴシンである．炭素数は一般に18の場合が多く，20が次いで多い．スフィンゴイド塩基のC2，C3位は光学活性中心のため，立体化学的には4つの異性体が考えられるが，天然に存在するのはD-$erythro$型のみである〔#メモ（→31ページ）を参照〕．

溶媒量が少ない実験では新しい特級溶媒を直接用いることもできる．なお，有機溶媒は引火性のものが多く，特にエーテル，石油エーテルは引火点が低いので，火気には十分気をつけねばならない．

2）ガラス器具

現在実験室にはプラスチック製の器具類が氾濫しているが，脂質実験は原則としてガラス器

* **グリコシルホスファチジルイノシトール**
ホスファチジルイノシトールにマンノース含有糖鎖が結合したもので，GPIと略される．GPIに結合したタンパク質はGPIアンカータンパク質と呼ばれる．

* **イソプレニル基**
5個の炭素数からなるイソペンテニル二リン酸が順次結合することによりイソプレンが生合成される．ファルネシル基とゲラニルゲラニル基はそれぞれ炭素数15と20のイソプレニル基であり，タンパク質のC末端システインのSH基にチオエーテル結合する．

* **リピドA**
グラム陰性菌膜に存在するリポ多糖の脂質部分はリピドAと呼ばれ，$\beta 1\to 6$結合の2個のD-グルコサミンを基本構造とし，これにβ-ヒドロキシミリスチン酸がアミドおよびエステル結合した分子で，この脂肪酸は他の脂肪酸で3-O-アシル化されている．マクロファージの活性化など強い生理活性がある．

具のみを用いる．テフロン製品は脂質研究に通常用いる有機溶媒に対し耐性である．脂質で汚れたガラス器具はアルカリ性合成洗剤などで十分に洗浄する．分液漏斗，カラムなどの摺合せジョイント部分にはグリースを塗ってはいけない．また，ガラス器具類はゴムで栓をしたり，パラフィルムでカバーをしてはならない．いずれにしても，用いる器具の材質が有機溶媒に耐性かどうかを常に念頭におくことが大切である．

3）機器

ロータリーエバポレーターは，溶媒を除去して試料を濃縮するための機器である．この装置により，大量の試料でも少量の試料でも処理できる．溶媒除去のために汎用されるもう1つの機器として，窒素気流下での溶媒除去装置があり，これは少量の試料を試験管にとり，容器を水槽につけ，試料表面に窒素気流を吹きつけて溶媒を除去するものである．このとき，脂質の酸化を防ぐために窒素気流を利用する．カラムクロマトグラフィーなどで，溶出液を一定量ずつ自動的に分取するのにフラクションコレクターを用いるが，この装置の中で溶媒が接触する部分はガラスなど有機溶媒耐性のものを用いる．

3 脂質の抽出

生物に存在する脂質の分析における最初のステップは，生体試料からの脂質の抽出である．細胞内の脂質は水分子の関与のもとに他の細胞内分子と相互に結合している．したがって，脂質の抽出には，その結合を破壊する目的で水に親和性のある溶媒（メタノールやエタノールなど）と脂質を可溶化する溶媒（クロロホルムやエーテルなど）の混液が一般に用いられる．脂質の抽出においては，①脂質の酸化や分解が極力少ない，②抽出効率が高い，③脂質以外の夾雑物の混入が少ない，④操作が簡便である，といったことが望まれる．Bligh & Dyer法[1]は，このような条件をほぼ満たしているものとして広く使われており，以下にその方法を記す．

〈Bligh & Dyer法〉
ほとんどの脂質で抽出効率95％以上である．以下には10^8個程の培養細胞などの少量のサンプルから抽出する例を記すが，本法は使用する有機溶媒の量が比較的少量で済むため，大量の臓器などからの脂質の抽出にも適しており，このときには下記の容量比を保って溶液量を増やせばよい．
① 10^8個程の培養細胞をPBSに懸濁し，その0.8 mlをテフロンキャップ付きのガラスチューブに移す
② 3 mlのクロロホルム/メタノール混液（容量比1：2）を加え，ボルテックスミキサーで約30秒撹拌し，その後，約2分静置する．このとき，混合液は一相となる
③ 1 mlのクロロホルムを加え，ボルテックスミキサーで約30秒撹拌する．続いて1 mlのPBSを加え，同様に約30秒撹拌する
④ 1,000g，10分遠心する．二相分離した下層がクロロホルム層である（厳密にはクロロホルム：メタノール：水＝86：14：1からなっている）．二相間に存在する白くふわふわしたもの（fluffと呼ばれる）は取らないようにしてクロロホルム層を回収する
⑤ ロータリーエバポレーターなどを用いて溶媒を除去する．得られた脂質は少量のクロロホルムに溶かし，−20℃で保存する

4 脂質の分離・精製

総脂質抽出画分からおのおのの脂質を分別純化する方法として広く利用されているものとしては，溶媒分画法とクロマトグラフィー法がある．

1）溶媒分画法

溶媒に対する各脂質の溶解度の差を利用して分別していく方法である．ただし，各溶媒に対

する溶解度が，ある脂質では100％，ほかの脂質では0％というわけではないので画分間での相互混入は避けられず，また回収も定量的ではない．図3に示すFolchが考案した溶媒分画法[2]は，古典的方法であるが，大量の材料から簡便に目的の粗脂質画分を得るのに便利な方法であり，初心者が脂質の性質を理解し，その取り扱いに慣れるためのトレーニング実験としても相応しいものである．この方法は，エタノール含量が異なるエチルエーテル/エタノールやクロロホルム/エタノール混液に対する各リン脂質の溶解度の違いを利用したものである．

2）クロマトグラフィー法

一般に試料中の成分を2種の相の間で平衡化させることを繰り返すことで，各成分の分離が達成される．この際，相の一方を固体または固体に保持された液体などの固定相とし，もう一方を液体または気体のように自動的に移動する相とすることで平衡化を自動的に繰り返すようにしたものがクロマトグラフィー法である．脂質の分離・精製に広く用いられているクロマトグラフィー法として，固定相を細長いカラムに充填して行うカラムクロマトグラフィー法，固定相をガラス板などに薄くぬって行う薄層クロマトグラフィー（TLC：thin layer chromatography）法，カラムクロマトグラフィー性能を高めた高速液体クロマトグラフィー（HPLC：high-performance liquid chromatography）法，移動相をガスで行うガスクロマトグラフィー（GC：gas chromatography）法がある．

i）カラムクロマトグラフィー法

脂質の分離・精製に最も広く用いられているカラムクロマトグラフィー法の固定相は，ケイ酸とDEAE-セルロースである．

（a）ケイ酸カラムクロマトグラフィー法

ケイ酸（シリカ，シリカゲルとも呼ばれる）は，組成式がSiO_2-nH_2Oのシラノール（Si-OH）基を有する多孔性の粉末で，水がその表面に可逆的に吸着している．ケイ酸の吸着剤としての性質は，シラノール基と吸着水の含量，粉末粒子と孔の大きさなどにより決定される．ケイ酸カラムクロマトグラフィー法の利点は，カラムの調製の容易さと，比較的多量の脂質を分離できるところにある．通常，クロロホルム/メタノール混液を溶出剤に用い，メタノール含量を増加させることにより各脂質を分離・溶出する．

（b）DEAE-セルロースカラムクロマトグラフィー法

DEAE-セルロースカラムクロマトグラフィー法も比較的多量の試料の分離に適しており，各グリセロリン脂質の分離・精製などに頻繁に用いられる．DEAE-セルロースによるグリセロリン脂質分離の原理は，完全には理解されていないが，イオン交換と吸着の2つの要素が関与するものと考えられている．

ii）薄層クロマトグラフィー法

薄層クロマトグラフィー（TLC）法は，手軽に操作ができ，大がかりな装置も不要であるため，脂質の分析や少量の試料の調製に頻繁に用いられる．吸着剤にはケイ酸（シリカゲル）を使用する場合が圧倒的に多く，シリカゲルTLCプレートは，種々の会社から各種のものが販売されている．適当な吸着剤と展開溶媒系を選択することにより，多種・多様な脂質の分離・分析が可能である．二次元薄層クロマトグラフィーを行うと，一次元では分離困難な種類の脂質を分離することができる（図4）．TLCで分離した脂質全般の検出は，ヨウ素蒸気法や硫酸法で行う．ただし，硫酸法は，脂質を炭化分解して発色する方法のため，発色後に脂質を回収したい場合には不適である．脂質分子にリン，アミノ基，コリン，糖などが含まれる場合に

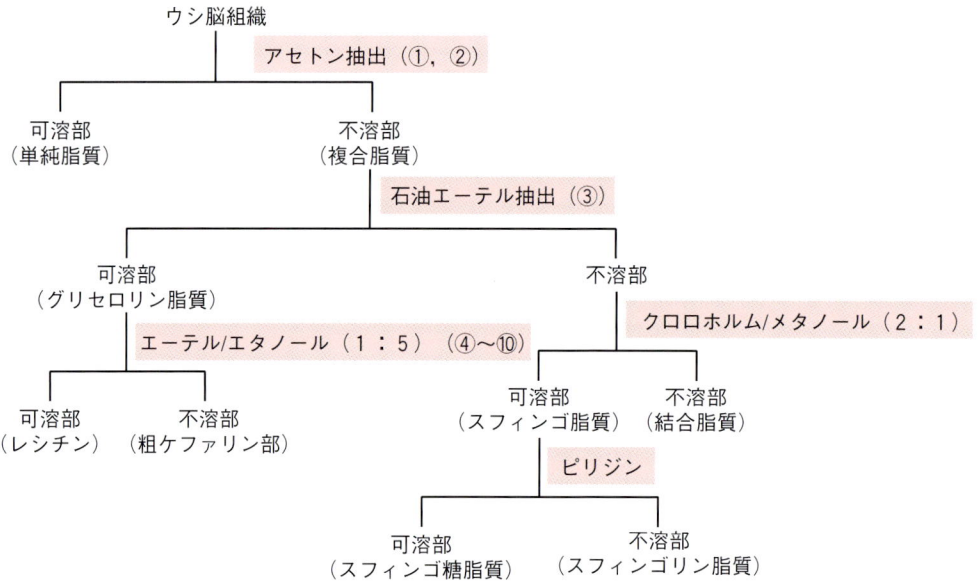

図3 ◆ Folchの溶媒分画法
粗ケファリン部には，ホスホイノシチド，ホスファチジルセリン，ホスファチジルエタノールアミンが含まれ，エタノール含量が異なるクロロホルム/エタノール混液に対するこれらリン脂質の溶解度の違いを利用し，各リン脂質の粗標品が得られる．カラムクロマトグラフィー法により粗標品をさらに精製することができる．また，スフィンゴ脂質画分を熱ピリジンで処理することにより，スフィンゴ糖脂質とスフィンゴリン脂質を大別することができる

① 脳膜，血管を除いた新鮮なウシ脳100gにアセトン300mlを加え，ワーリンブレンダーで2分間ホモゲナイズし，さらにアセトン100mlを加え約3時間室温に放置する
② 吸引濾過により濾液（単純脂質画分）を捨て，抽出残渣（複合脂質画分）を400mlのアセトン，ついで400mlのエタノールで洗浄する
③ 残渣を400mlの石油エーテルで2回抽出し，抽出濾液（グリセロリン脂質画分）を混合，減圧乾固する．石油エーテルを完全に除去することが重要である．エーテル不溶部にはスフィンゴ脂質が回収される
④ 減圧乾固した残渣を，20mlのエチルエーテルとよく混合し（一部しか溶けないが均一な懸濁液とする），ガラスの遠心管に移す
⑤ 4℃に1〜2日静置し，上部1/4が透明な溶液となったのを確認し，遠心分離を行う．このとき，セレブロシド，スルファチド，スフィンゴミエリンが沈殿する
⑥ 上清を回収し，沈殿を冷エチルエーテルで2回洗浄する
⑦ エーテル抽出液と洗液を混合し，減圧乾固した後に，残渣を5mlのエチルエーテルに溶かし，4℃で1日静置する．遠心分離後上清を回収する
⑧ 5mlのエチルエーテルを加え，さらにエタノール50mlを撹拌しながら徐々に加える
⑨ 上清が透明になるまで約1時間室温に静置し，沈殿物をガラスフィルターで吸引濾過し回収する．レシチン（ホスファチジルコリン）は濾液に回収される
⑩ アセトンに溶解する不純物を除くため，得られた沈殿を10mlのアセトン中に懸濁し40分間振盪後，吸引濾過により沈殿を回収する．この操作をもう一度行い，得られた粗ケファリンを乾燥する

は，これらの残基を特異的に検出する方法も存在し，便利である．

iii）高速液体クロマトグラフィー法

　液体を移動相とするクロマトグラフィーであり，最近，固定相として使用する担体の向上によって，種々の脂質の分離に利用されるようになった．この方法の特徴は，高い分離能と迅速さ，再現性の良さ，および微量サンプルの分離が可能な点である．鎖長および不飽和度の異なる脂肪酸，脂肪酸組成の異なるトリアシルグリセロール，各種リン脂質など，さまざまな脂質

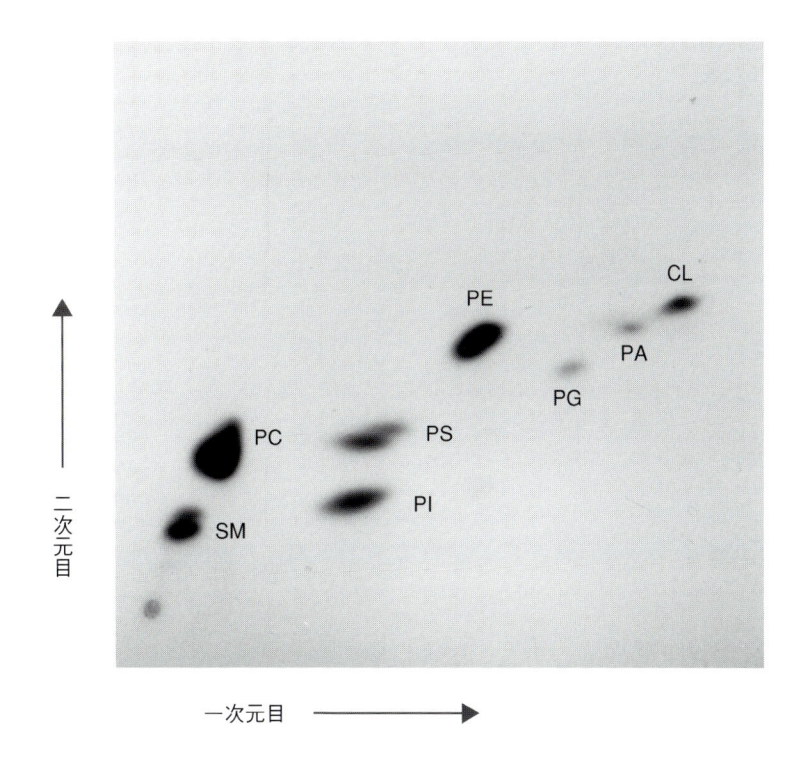

図4 ◆二次元薄層クロマトグラフィー（文献3参照）
動物培養細胞の総脂質を少量のクロロホルム／メタノール（1：2）に溶解し，20×20 cmの加熱活性化したMerckシリカゲル60プレートの左下（左端，下端からそれぞれ約2 cmの位置）に添加する．クロロホルム／メタノール／酢酸（65：25：10）の展開溶媒で一次元目の展開をする．ドライヤー（冷風）で1時間プレートを乾燥後，クロロホルム／メタノール／ギ酸（65：25：10）を用いて二次元目の展開を行い，ヨウ素蒸気法で検出する．PC：ホスファチジルコリン，SM：スフィンゴミエリン，PI：ホスファチジルイノシトール，PS：ホスファチジルセリン，PE：ホスファチジルエタノールアミン，PG：ホスファチジルグリセロール，PA：ホスファチジン酸，CL：カルジオリピン（『化学と生物実験ライン23 脂質の分析法』，赤松 穣／編，廣川書店，1992より転載）

分子種の分離が可能である．一般的には，固定相としてシリカゲルを用い，極性溶媒で溶出し，紫外吸収法，放射能フローモニター法，赤外吸収法，水素炎イオン化法，質量分析法，誘導体化法などで脂質を検出する．質量分析法と連結した方法（LC-MS）については「**トピックス編-4．脂質メタボローム**」の稿を参照のこと．

iv）ガスクロマトグラフィー法

ガスを移動相とするクロマトグラフィーで，固定相には不活性固体に液相をコートしたものを用いる気相液相クロマトグラフィー（GLC）が生化学分野では一般的である．この方法では，通常，サンプルのカルボキシル基はメチルエステルに，水酸基はトリメチルシリルエーテルに，ケト基はメチルオキシムに変換する必要がある．分離された脂質の検出は，水素炎イオン化検出器（FID），および脂質の分取を目的とした熱伝導検出器（TCD）がよく用いられる．今日では質量分析器と接続して，GC-MSとして微量の脂肪酸などの分離・同定に用いられている．

おわりに

　生体内に存在する脂質には，トリアシルグリセロールのようにエネルギー源となるもの，リン脂質やコレステロールのように生体膜の構成成分となるもの，ステロイドホルモンやプロスタグランジンのように微量で強力な生理活性を有するものがある．これらの脂質は水に溶けにくい共通の性質を有するが，構造的にはきわめて多様である．したがって，それぞれの脂質を抽出・精製したり，解析するためには，おのおのの脂質に適した方法を用いる必要がある．その詳細については参考図書など他の成書を参照していただきたい．

　生体膜の構成成分である主要な複合脂質の構造は図2に示した通りである．これらの複合脂質は，塩基などからなる親水性部分とアシル鎖などからなる疎水性部分を含む両親媒性物質であるが，疎水性部分には数多くの種類の脂肪酸が結合しており，多様な分子種を形成し，その数は1,000を超えると推定されている．このように多様な分子種から構成される複合脂質を分析したり，機能解析することは現在なお困難なことであるが，最近，ソフトイオン化質量分析器が脂質分野でも利用されるようになってきており，今後の発展が期待されている．

参考文献

1) Bligh, E. & Dyer, W. J. : A rapid method of total lipid extraction and purification. Can. J. Biochem. Physiol., 37 : 911-917, 1959
2) Folch, J. : Brain cephalin, a mixture of phosphatides. Separation from it of phosphatidyl serine, phosphatidyl ethanolamine, and a fraction containing an inositol phosphatide. J. Biol. Chem., 146 : 35-44, 1942
3) Nishijima, M. et al. : Phosphatidylserine biosynthesis in cultured Chinese hamster ovary cells. J. Biol. Chem., 261 : 5784-5789, 1986

参考図書　　もう少し詳しく知りたい人に‥‥

- 『脂質の化学』（日本生化学会／編），東京化学同人，1974　≫≫脂質全般の実験法が具体的に詳細に記載されており，脂質に関する実験を行ううえで大変有用な本である．
- 『生体膜　分子構造と機能』（ロバート B. ゲニス／著），（西島正弘，他／共訳），シュプリンガー・フェアラーク東京，1990　≫≫生体膜全体をカバーする教科書であるが，脂質の構造と性質を記載した章は基礎知識として有用である．
- 『化学と生物実験ライン23　脂質の分析法』（赤松 穣／編），廣川書店，1992　≫≫脂質の実験法について具体的に，わかりやすく解説されている．

基本編
第2章

生理活性脂質の同定と定量

和泉 孝志　中根 慎治

生理活性脂質の同定と定量にはいくつかの方法がある．基本的には脂質の抽出・精製の操作を行ったうえで分析を行う．複数の方法を組合せて使うことが望ましい．生理活性脂質にはさまざまな種類があり，物理化学的性質に応じた抽出方法，分析方法を選ぶ必要がある．またペプチド性のホルモンなどとは異なり，多くの生理活性脂質の生体内での半減期は短い．細胞内にあらかじめ蓄積されているのではなく，刺激に応じて産生され速やかに代謝される性質をもっている．したがって，産生場所や代謝経路を念頭に置いて試料を採取し測定を行わなければならない．また，試料の採取自体が産生刺激になる場合もあるので注意が必要である．

【 キーワード&略語 】
TLC：thin-layer chromatography
　　（薄層クロマトグラフィー）
HPLC：high-performance liquid chromatography
　　（高速液体クロマトグラフィー）
GC：gas chromatography（ガスクロマトグラフィー）
MS：mass spectrometry（質量分析法）
RIA：radioimmunoassay（放射免疫測定法）
ELISA：enzyme-linked immunosorbent assay
　　（エライザ，エリサ）

はじめに

　生理活性脂質の作用を知るために，物質を同定し定量することが重要であることはいうまでもない．また，病態の解析や，治療効果の判定，産生阻害薬の開発に同定と定量は必要である．しかし，生理活性脂質の場合には他の生理活性物質と比較してこの操作は困難なことが多い．それにはいくつかの理由があげられる．まず，生理活性脂質は物理化学的に不安定なことが多く，プロスタグランジン類の中には，生理的条件下での半減期が数秒しかないものもある．さらに，一般的な生理活性脂質は産生刺激に応じて細胞膜のリン脂質から産生され，オータコイドとして産生細胞の近傍で働き，速やかに代謝を受けて不活性化されてしまう．通常，nM～μMという低濃度で働くため，循環系を介して作用するホルモンと異なり産生量は少ない．以上のような理由で，試料を採るタイミングや，採取法，保存法，抽出法などに，ペプチド性のホルモンなどと比べると，十分な注意や専門的な知識や技術が要求されることが多い．

1　同定と定量の方法

　同定と定量の方法には，大別して3つの方法がある．物理化学的性質を用いる方法，抗体による特異的な認識による方法，および生物活性を利用する方法である．物理化学的性質を用いる方法には，薄層クロマトグラフィー，液体クロマトグラフィー，ガスクロマトグラフィーがある．さらに，液体クロマトグラフィーやガスクロマトグラフィーなどと組合せて，質量分析法にてイオンの質量数から同定する方法もある．抗体による方法には，放射免疫測定法や酵素

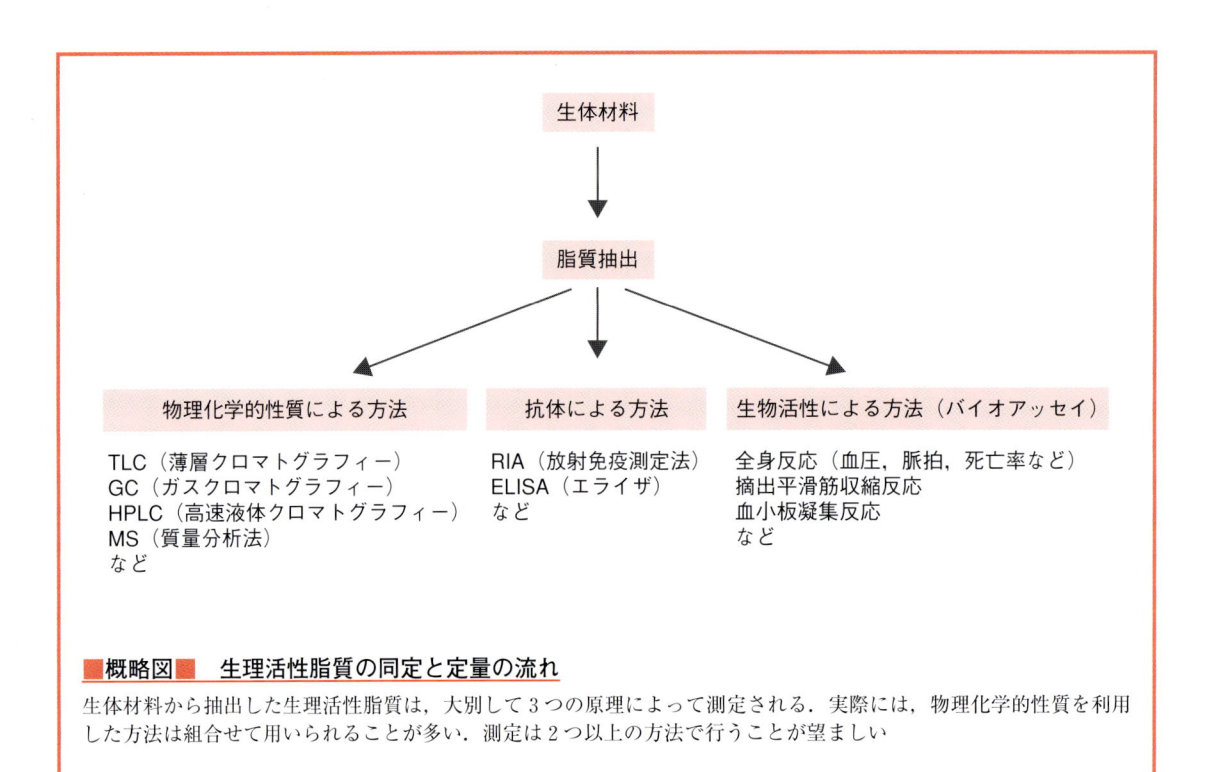

```
                            生体材料
                               │
                               ▼
                            脂質抽出
                               │
           ┌───────────────────┼───────────────────┐
           ▼                   ▼                   ▼
  物理化学的性質による方法    抗体による方法    生物活性による方法（バイオアッセイ）

  TLC（薄層クロマトグラフィー）   RIA（放射免疫測定法）    全身反応（血圧，脈拍，死亡率など）
  GC（ガスクロマトグラフィー）    ELISA（エライザ）      摘出平滑筋収縮反応
  HPLC（高速液体クロマトグラフィー）  など              血小板凝集反応
  MS（質量分析法）                                    など
  など
```

■**概略図**　生理活性脂質の同定と定量の流れ

生体材料から抽出した生理活性脂質は，大別して3つの原理によって測定される．実際には，物理化学的性質を利用した方法は組合せて用いられることが多い．測定は2つ以上の方法で行うことが望ましい

免疫測定法などがある．生物活性を利用する方法はバイオアッセイ法と呼ばれ，摘出平滑筋臓器による定量，血小板凝集反応（もしくは凝集抑制反応）などがある．他に，細胞の遊走反応や，活性酸素の放出，リソソーム酵素の放出などの生物反応が用いられることがあるが，定量性には乏しい．同定と定量のいずれも，これらの複数の方法を組合せて用いることが望ましい（**概略図**参照）．

2　試料の採取に関して

　生理活性脂質はわずかな刺激によっても産生され，また産生された後も速やかに代謝されるため，採取にあたってはいくつかの点に注意が必要である．

　培養細胞の培養液や，摘出臓器・器官を用いたin vitroの実験系では比較的問題は少ない．冷やした有機溶媒で速やかに反応を停止させ，抽出精製の操作の後，各測定法を用いて測定すればよい．反応停止操作としては，培養液や臓器灌流液の場合には－20℃に冷やした2～10倍量のメタノールが反応停止液として加えられることが多く，摘出臓器の場合には1gあたり5～20ml程度のクロロホルム/メタノール混液が加えられ直ちにホモゲナイズされることが多い．

　生体材料から試料を採取する場合は，産生の場所や時期，代謝経路についての注意が必要である．産生場所近くにおける採取にはあまり大きな問題はない．すなわち，胸水，腹水，関節液，脳脊髄液などの場合である．しかし，臨床材料としてよく使われる血液の場合には，採血という刺激による生理活性脂質の産生に注意を払う必要がある．特に，プロスタグランジン類

やロイコトリエン類などの**アラキドン酸代謝物***を目的として採血する場合は，シクロオキシゲナーゼ阻害剤，リポキシゲナーゼ阻害剤などを前投与したり抗凝固剤とともに採血管の中に入れておくなどの注意が必要である．また，多くの生理活性脂質は，肺循環を1回通過する間に大半が不活性な代謝物へと変換される点にも注意が必要である．尿は一定時間内の生理活性脂質の産生を測るうえで好都合である．この場合，体循環と腎臓を経て変換された代謝物を測定することになる．例えば，トロンボキサンA_2の場合は腎由来の直接の代謝物であるトロンボキサンB_2と，腎外性の2,3-ジノール-トロンボキサンB_2を区別して測定できることになる．

組織における生理活性脂質含量の測定の際も，摘出や血液洗浄などの操作の際に，わずかな刺激によって産生される可能性を常に念頭に置かなければならない．例えば組織を液体窒素につけると凍結は瞬間的に起こるが，その後，有機溶媒に浸してホモゲナイズする場合にも，組織の融解の間に産生されてくることを念頭に置かなければならない．電子レンジの原理を用いて，マイクロウェーブ波で組織を瞬間的に熱変性させ，産生酵素や分解酵素を失活させる方法もあるが，特殊な装置を必要とする．

3 抽出法と精製法

目的の物質の物理化学的性質によって抽出法が異なる．どの脂質にも使える万能な抽出操作はない．抽出法には大別すると，2種類ある．液-液分配によるものとカラムクロマトグラフィーによるものとである．液-液分配法は振盪操作が必要であるが，操作が簡便で再現性がよく多検体を同時に処理できる．しかし，材料が大きくなると大型の装置を使い大量の有機溶媒を使う必要がある．抽出によく使われる有機溶媒は，酢酸エチル，クロロホルム/メタノール混液である．酢酸エチルは，プロスタグランジン類などの脂肪酸由来の生理活性脂質の抽出によく使われる．通常は，ギ酸や酢酸を用いてpHを3.0程度にして抽出するが，ペプチド性ロイコトリエン類の場合のpHは4.6などにしたほうが効率がよい．クロロホルム/メタノール混液は多くの脂質を抽出するのに使用される．ホルチ法[1]とBligh-Dyer法[2]（**基本編-第1章**，参照）が代表的である．前者は，試料に数倍容のクロロホルム/メタノール（2:1）を加え，振盪混和して濾液を分けとる．これを数回繰り返し，集めた抽出液を濃縮する．後者は，試料に数倍容のクロロホルム/メタノール/水（1:2:0.8）を加え，振盪混和して濾液を分けとる．これを数回繰り返し，集めた抽出液にクロロホルムと水をそれぞれ1容ずつ加え，クロロホルム-メタノール/メタノール-水（1:0.9）の2層をつくらせ，下層の脂質を回収する．ただし，糖鎖を多く含むガングリオシドなどの水溶性糖脂質は上層に分配される．

よく使われるカラムクロマトグラフィーには2種類ある．吸着法とイオン交換法である．吸着法にはシリカやフロリシル（ケイ酸マグネシウム）がよく使われ，イオン交換法にはDEAE-セルロースがよく使われる．簡便で応用範囲が広い方法として，ウォータース社のSep-Pak®C18カラムがある．オクタデシルシラン（ODS）という逆層系のシリカがカートリッジに充填されており，水系の溶媒に溶解している試料中の脂質を吸着させ，有機溶媒濃度（通常はメタ

***アラキドン酸代謝物**
シクロオキシゲナーゼによって産生されるプロスタグランジン類，トロンボキサン，リポキシゲナーゼによって産生されるロイコトリエン類，チトクロームP450によって産生される各種エポキサイドの3種に大別され多彩な生理活性を有し，炎症反応や生体機能調節に関わっている．

ノールを用いる）を段階的に増加させることによって，極性の高い脂質から，低い脂質へと溶出させることができる．ただし，タンパク質成分が多い場合は，最初の水系溶媒で洗浄する際に極性の高い脂質（リン脂質など）はタンパク質とともに溶出してしまうことがあるので注意が必要である．

4 薄層クロマトグラフィー

薄層クロマトグラフィー＊（TLC）は，脂質の分離・同定・精製の手段として従来より用いられてきた．その有用性は現在においても変わらない．安価で，装置が簡単であり，操作性がよく，短時間で終了し，微量試料を多検体同時に分析することができる．損失がほとんどないことも利点の1つである．さまざまな分析法があり，検出法も多様である．吸着剤としては，シリカゲルがよく使われる．目的に応じて，無機塩の配合剤を入れて使用する．その他の配合剤として，酸化マグネシウム，炭酸マグネシウム，珪藻土なども使用される．展開法には，単回・多重，上昇・下降，順相・逆相，一次元・二次元など種々の方法がある．検出法には，脂質分解性と，非分解性のものがある．分解性試薬としては，硫酸，硫酸－重クロム酸などがあり，非分解性試薬としては，ヨウ素，ローダミン6G，ローダミンB，リンモリブデン酸，プリムリン試薬などがある．回収して次の方法で分析する場合は非分解性の検出法を用いるか，隣接するレーンに展開して可視化した標準物質を指標に，試料は検出操作をすることなく掻き取って回収し，次の分析に使用する方法がある．

［実験例1］ラット脳からのリゾホスファチジン酸（LPA）の抽出[3]（図1）

5 高速液体クロマトグラフィー

高速液体クロマトグラフィー（HPLC）は液体クロマトグラフィーの基本原理を利用した分離法である．高圧下で高速での分離，カラムおよびその充填技術の進歩，さまざまな検出法の開発，コンピュータ制御などにより，液体クロマトグラフィーよりも格段に進歩した分析法である．また，ガスクロマトグラフィーに比べてさまざまな極性をもった脂質を，化学的修飾なしに分離同定することが可能である．分離原理によって，4種類に分類される．すなわち，①分配係数の違いによる液－液クロマトグラフィー，②シリカゲル表面などを利用した液－固クロマトグラフィー，③イオン交換クロマトグラフィー，④分子排除クロマトグラフィー（ゲル濾過法）である．最もよく使用されるカラム充填剤は，ODSシリカで，逆相クロマトグラフィーに利用される．シリカを充填剤とするものは順相系の液体クロマトグラフィーである．検出法としては，紫外吸収を利用するもの，光散乱を利用するもの，誘導体化して蛍光を利用するもの，示差屈折計によるもの，質量分析計に接続して行うものなどがある．

＊**薄層クロマトグラフィー**
ガラス，プラスチック，アルミニウムの板上に，シリカゲルやアルミナなどの吸着剤を薄膜状に固定した薄層プレートを用いるクロマトグラフィーである．プレートの一端を溶媒に浸すと，吸着剤の間隙を毛細管現象により溶媒が移動する．プレート上に試料物質が存在すると，溶媒の移動に伴い試料も移動する．このとき，試料の固定層の吸着剤への吸着の強さと，移動層の溶媒への溶解性の違いにより，試料の移動する距離が異なる．この違いを利用して化合物の分離，同定を行う．

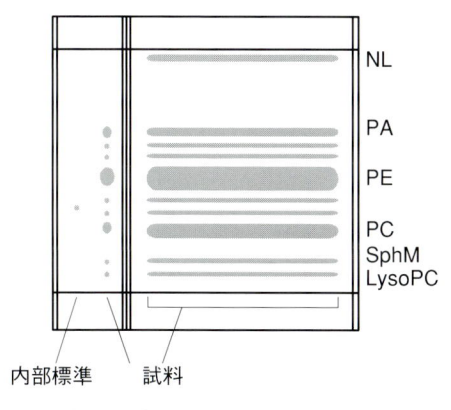

図1 ◆ ラット脳からのリゾホスファチジン酸（LPA）の抽出

① エーテル麻酔したウィスター系ラット（雄，体重約380g）を断頭してすばやく脳を摘出し，抗酸化剤（BHT，終濃度0.05％）および内部標準（17：0 LPA, 10nmol）を加えたBligh-Dyer抽出液中で，ミキサーを用いてホモゲナイズする
② クロロホルムと0.07％アンモニア水を加えて2層にした後，上層を分取し，再度クロロホルムを加えて2層とし，塩酸（終濃度0.2N）を加えて下層を分取する
③ さらに水層からクロロホルムで2回抽出し，先程の下層とあわせて乾固し，TLCプレートにスポットする
④ 窒素ガスを封入した展開槽中でクロロホルム/アセトン/メタノール/酢酸/水（4.5：2：1：1.3：0.5, v/v）にて展開し，プリムリン試液を噴霧し，UV照射下にLPAに相当する部分のシリカゲルを掻き取り，Bligh-Dyer液（BHT添加，終濃度0.05％）で抽出する
⑤ この抽出液に12N塩酸を1滴加えて再度Bligh-Dyer法で抽出する
⑥ このLPA画分をクロロホルム/メタノール/アンモニア（65：35：5, v/v）を用いてTLCプレートで展開，抽出し，さらにもう一度クロロホルム/アセトン/メタノール/酢酸/水（4.5：2：1：1.3：0.5, v/v）を用いてTLCで展開，抽出することでLPAを精製した

図は，1回目のTLCを示す．NL：中性脂質，PA：ホスファチジン酸，PE：ホスファチジルエタノールアミン，PC：ホスファチジルコリン，SphM：スフィンゴミエリン，LysoPC：リゾホスファチジルコリン

6 ガスクロマトグラフィー

　　ガスクロマトグラフィー（GC）とは，難揮発性物質を気化しやすく誘導体化して，種々の不揮発性液相を保持担体として多孔質固体に充填したカラムを用いて気相分離する方法をいう．物質は，気化温度や充填剤である液相に対する親和性によって分離されてくる．カラムには充填式カラムと毛細管カラムがある．検出器としては水素炎イオン化検出器（flame ionization detector：FID）などが用いられる．FIDは，ガスクロマトグラフィーで分離された物質を水素とともに燃焼して，水素炎のイオンの流れを検出する方法である．

　　生理活性脂質に含まれる脂肪酸の分析には，ガスクロマトグラフィーが必須である．塩酸-メタノールで分解すると（メタノリシス），脂質中の脂肪酸がメチルエステルとして分析できるようになる．長鎖アルデヒドは，そのままか，ジメチルアセタール誘導体化して分析される．長鎖アルコールは，トリメチルシリル誘導体，アセチル誘導体，メチルエーテル誘導体として分析される．定量は面積比より求めるが，さまざまな因子によって左右されるので，絶対的な指標ではない．そこで，測定試料に類似した内部標準物質を一定量加えて分析し，そのピークの面積比に対する割合から求める．

7 質量分析計*

　　分子イオンおよびその断片イオンの m/e （m はイオンの質量，e は電荷）を測定し，そのスペクトルを記録する装置である．分子の構造情報が得られるため，生理活性物質の同定および定量には有用な手段である．高価な測定装置が必要であり，十分な知識と熟練した技術が必要とされることが多い．さまざまな測定法があるが，ガスクロマトグラフィーに連結して使う場合には，揮発性と熱安定性に優れた誘導体に変換する必要がある．誘導体化法としては，カルボキシル基をメチルエステル化することが一般的である．カルボニル基の保護には，メチルオキシムやエチルオキシムなどのアルキルオキシム誘導体が用いられる．水酸基の保護には，アシル化もしくはシリル化が用いられる．トリメチルシリル誘導体化が緩和な条件で副反応もほとんどなく誘導体化することができるのでよく用いられる．しかし，容易に加水分解されるので，保存安定性に注意する必要がある．定量には重水素体の内部標準物質があれば信頼性が高まる．近年，タンパク質などの生体高分子解析の手法として開発されたソフトイオン化法を応用して，誘導体化せずに脂質を分析することが行われるようになった．マトリックス支援レーザー脱離イオン化質量分析法（MALDI-MS）や，高速液体クロマトグラフィーと連結して行うエレクトロスプレーイオン化質量分析法（ESI-MS）などである．

　[実験例2] 重水素体（d_8 体）を内部標準物質として用いた，ロイコトリエンB_4 およびそのω 誘導体のガスクロマトグラフィー/質量分析計による同時定量[4]（図2）

8 バイオアッセイ

　　バイオアッセイ（生物検定法）は，物質の生物活性を指標とする検定法である．目的物質の作用を，標準物質と比較して同定や定量する方法であり，感度がよい場合もあるが，反応条件を一定化することが難しく，再現性に乏しい場合がある．代表的なバイオアッセイ法として，摘出平滑筋の収縮を用いる方法や，血小板の凝集を用いる方法がある．研究初期には，血圧の上昇や下降，死亡率などの小動物の全身臓器の反応が用いられることもあり，新たな生理活性脂質の発見には重要な役割を果たしてきた．バイオアッセイの利点の1つに，活性のある物質の作用を直ちに測定できることがあり，不安定な生理活性脂質の発見には歴史的に有用であった．例えば，トロンボキサンA_2 やペプチド性ロイコトリエンは，平滑筋収縮物質として，血小板活性化因子（PAF）は，血小板を凝集し血圧を下降する物質として発見された．

9 免疫測定法

　　免疫測定法は，特異的な抗体を用いて測定する方法である．放射免疫測定法（radioimmunoassay：RIA）とエライザ（enzyme-linked immunosorbent assay：ELISA）がある．

＊質量分析
原子，分子，クラスターなどの粒子を何らかの方法で気体状のイオンとし，真空中で運動させ電磁気力を用いてそれらを質量電荷比（m/z）に応じて分離・検出することである．重さを量るわけではない．横軸に m/z，縦軸にイオンの相対強度をとった棒グラフをマススペクトルと呼ぶ．

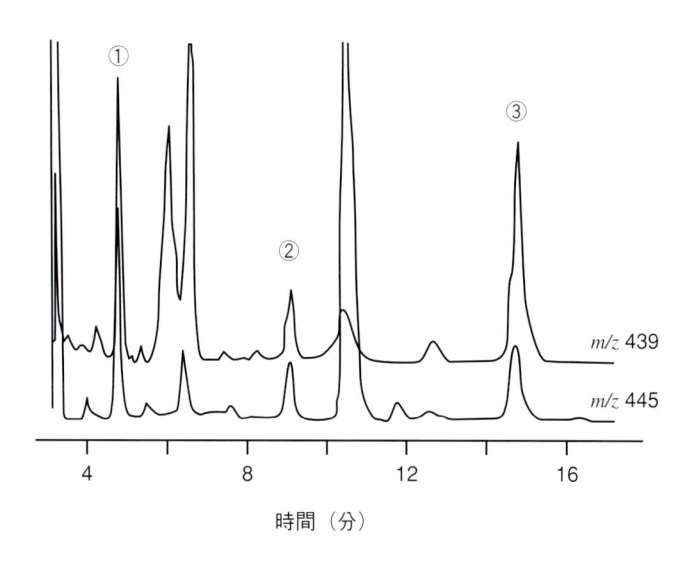

図2 ◆ロイコトリエンB_4およびそのω酸化物のGC/MSによる同時定量

ヒト多形核白血球のロイコトリエン（LT）B_4産生と代謝を，GC/MSを用いて選択的イオンモニタリングで同時解析した．①LTB_4，②20-COOH-LTB_4，③20-OH-LTB_4のそれぞれの誘導体．

内部標準物質の作製：ETYAを重水素ガスで還元して作製したd_8-アラキドン酸に，ジャガイモの5-リポキシゲナーゼを作用させてd_8-5-HETEを作製し，化学的にd_8-LTA_4に返還後，ヒト白血球のLTA_4水解酵素によってd_8-LTB_4に変換した．さらに，ヒト白血球のω酸化酵素によって，ω代謝産物であるd_8-20-OH-LTB_4，d_8-20-COOH-LTB_4の重水素体に変換した．

測定条件：メチルエステル化の後，ジメチルイソプロピルシリル（DMiPS）化を行い測定した．

質量分析計：日立M-80型二重収束質量分析計，カラム：SE-30ガラスキャピラリーカラム，カラム温度：260℃，キャリアーガス：20ml/分，イオン化電圧：70eV．C-13以下の炭素鎖が切れたフラグメント，m/z 439［M-111］$^+$および，m/z 445［M-113］$^+$の選択的イオンモニタリングを行った．

ヒト多形核白血球の調製と刺激：ヒト静脈血より多形核白血球を分離し（10×10^6細胞/ml）2分間37℃でインキュベートした後，$2\mu M$のカルシウムイオノフォア（A23187）にて刺激し，30分後2倍量の-20℃のメタノールで反応を停止させた．同時に，d_8-LTB_4，d_8-20-OH-LTB_4，d_8-20-COOH-LTB_4をそれぞれ内部標準として5 ng/10^6細胞加え，$10,000 \times g$で5分間遠心し，上清のメタノールを窒素ガスで蒸発させ，得られた水溶液を1 Nの塩酸でpH 3とし，等量の酢酸エチルにて3回脂質を抽出した．誘導体化後，GC/MSで解析した．（m/z 439）/（m/z 445）のピーク面積比をプロットした標準検量曲線から，多形核白血球10^6細胞当たりのLTB_4，20-OH-LTB_4，20-COOH-LTB_4の産生量を算出すると，それぞれ5.5ng，16.3ng，7.8ngであった．

最近の技術進歩により，近接シンチレーション法などのB/F分離を行わなくてもよい測定法が開発されている．抗体としては，ポリクローナル抗体と，モノクローナル抗体がある．抗体の作製にあたっては，生理活性脂質は分子量が小さく疎水性なのでそのままでは抗原として利用することができない．そこで，ウシ血清アルブミンなどのタンパク質に結合させて用いることになる．得られた抗体は，抗原と類似の脂質との交差反応が想定されるので，必ず検証しておかなければならない．市販の抗体を利用する場合でも，データシートで確認しておく必要がある．

脂質含有量の多い試料を測定する場合は，非特異的反応や類似脂質との交差反応を除外するために，物理化学的方法を用いてある程度精製を行ったうえで測定する必要がある．

おわりに

生体内のほとんどの細胞が刺激に応じて生理活性脂質を産生し，それらは細胞固有の機能に関連した働きをもっていると考えられる．その動態を知るためには，同定と定量が必要である．脂質の特性を知ったうえで，個々の生理活性脂質に応じた抽出法や分析法が必要とされる．本稿では種々の方法を概説したが，詳細はそれぞれの専門書を参照されたい．

参考文献

1) Floch, J. et al. : A simple method for the isolation and purification of total lipids from animal tissues. J. Biol. Chem., 226 : 497-509, 1957
2) Bligh, E. G. & Dyer, W. J. : A rapid method of total lipid extraction and purification. Can. J. Med. Sci., 37 : 911-917, 1959
3) Sugiura, T. et al. : Occurrence of lysophosphatidic acid and its alkyl ether-linked analog in rat brain and comparison of their biological activities toward cultured neural cells. Biochim. Biophys. Acta, 1440 : 194-204, 1999
4) Izumi, T. et al. : A simultaneous quantitation of leukotriene B4 and its omega-oxidized products by gas chromatography-mass spectrometry. Biochem. Biophys. Res. Commun., 134 : 512-518, 1986

参考図書 ……もう少し詳しく知りたい人に……

- 『脂質・酸化脂質分析法入門』（宮澤陽夫，藤野泰郎／編著），学会出版センター，2000 ≫≫脂質・酸化脂質の採取法，分取法，構造解析法が，わかりやすい文章で記述されている．
- 『プロスタグランジン研究法（上）・（下）』（山本尚三，鹿取 信／編），東京化学同人，1986 ≫≫あらゆる分野にわたるプロスタグランジン研究の手法が，第一線の研究者によって記載されている．
- 『基礎生化学実験法　第5巻　脂質・糖質・複合糖質』（日本生化学会／編），東京化学同人，2000 ≫≫初学者が実験の原理・手法を理解できるように，教育を主目的として書かれた実験書である．

基本編

第3章

脂質メディエーターの生合成と調節

村上 誠

生体内で生合成される脂質分子のうち，比較的低濃度で，特異的受容体を介して生物活性を示すものを総称して脂質メディエーターと呼ぶ．ここでは，生体膜の主要成分であるグリセロリン脂質からの脂質メディエーターの生合成経路について，最も解析が進んでいるプロスタグランジン（PG）やロイコトリエン（LT）などのアラキドン酸代謝物（エイコサノイド）の産生に関わる酵素群とその活性調節機構を中心に解説する．エイコサノイドの産生は，膜リン脂質からのアラキドン酸の遊離，アラキドン酸への酸素添加反応，さらに生じた不安定中間体の生理活性PG，LTへの異性化，の3段階の酵素ステップからなり，いずれのステップも律速段階となる重要な反応である．

【キーワード&略語】

アラキドン酸，プロスタグランジン，ロイコトリエン，ホスホリパーゼA_2，シクロオキシゲナーゼ，リポキシゲナーゼ，プロスタグランジンE合成酵素，非ステロイド性抗炎症薬，リゾリン脂質

PG：prostaglandin（プロスタグランジン）
LT：leukotriene（ロイコトリエン）
NSAID：non-steroidal anti-inflammatory drug
　　　（非ステロイド性抗炎症薬）
COX：cyclooxygenase（シクロオキシゲナーゼ）
PLA_2：phospholipase A_2（ホスホリパーゼA_2）
$cPLA_2$：cytosolic PLA_2（細胞質ホスホリパーゼA_2）
$sPLA_2$：secretory PLA_2（分泌性ホスホリパーゼA_2）
$iPLA_2$：Ca^{2+}-independent PLA_2
　　　（カルシウム非依存性ホスホリパーゼA_2）
PAF：platelet-activating factor（血小板活性化因子）
TX：thromboxane（トロンボキサン）
PGES：prostaglandin E synthase
　　　（プロスタグランジンE合成酵素）
mPGES：membrane-bound PGES
　　　（膜結合型プロスタグランジンE合成酵素）
cPGES：cytosolic PGES
　　　（細胞質型プロスタグランジンE合成酵素）
Hsp90：heat shock protein 90
　　　（熱ショックタンパク質90）
HPETE：hydroperoxy eicosatetraenoic acid
LOX：lipoxygenase（リポキシゲナーゼ）
FLAP：5-lipoxygenase-activating protein
　　　（5-LOX活性化タンパク）
LTCS：leukotriene C_4 synthase
　　　（ロイコトリエンC_4合成酵素）
LX：lipoxin（リポキシン）
LPA：lysophosphatidic acid（リゾホスファチジン酸）
MAPEG：membrane-associated proteins involved in eicosanoid and glutathione metabolism

■ はじめに

　　風邪をひいて発熱したとき，あるいは頭痛，生理痛，虫歯痛がひどいときに，解熱鎮痛薬を服用した経験は誰しもがもつことであろう．日常的に汎用されているこの類の薬は非ステロイド性抗炎症薬（NSAID）と総称され，解熱鎮痛作用に加えて抗炎症，抗血栓，抗腫瘍作用など多岐にわたる薬効を示すが，一方で消化性潰瘍を増悪し，腎機能を低下させ，妊娠分娩に悪影響をおよぼすなどの副作用が問題となる．NSAIDの示すこれらの薬理作用のほとんどはPGの生合成を止めること，正確にはシクロオキシゲナーゼ（COX）と一般に呼ばれる酵素を阻害することにより発揮される．PG，LTに代表されるエイコサノイドがさまざまな生命現象に

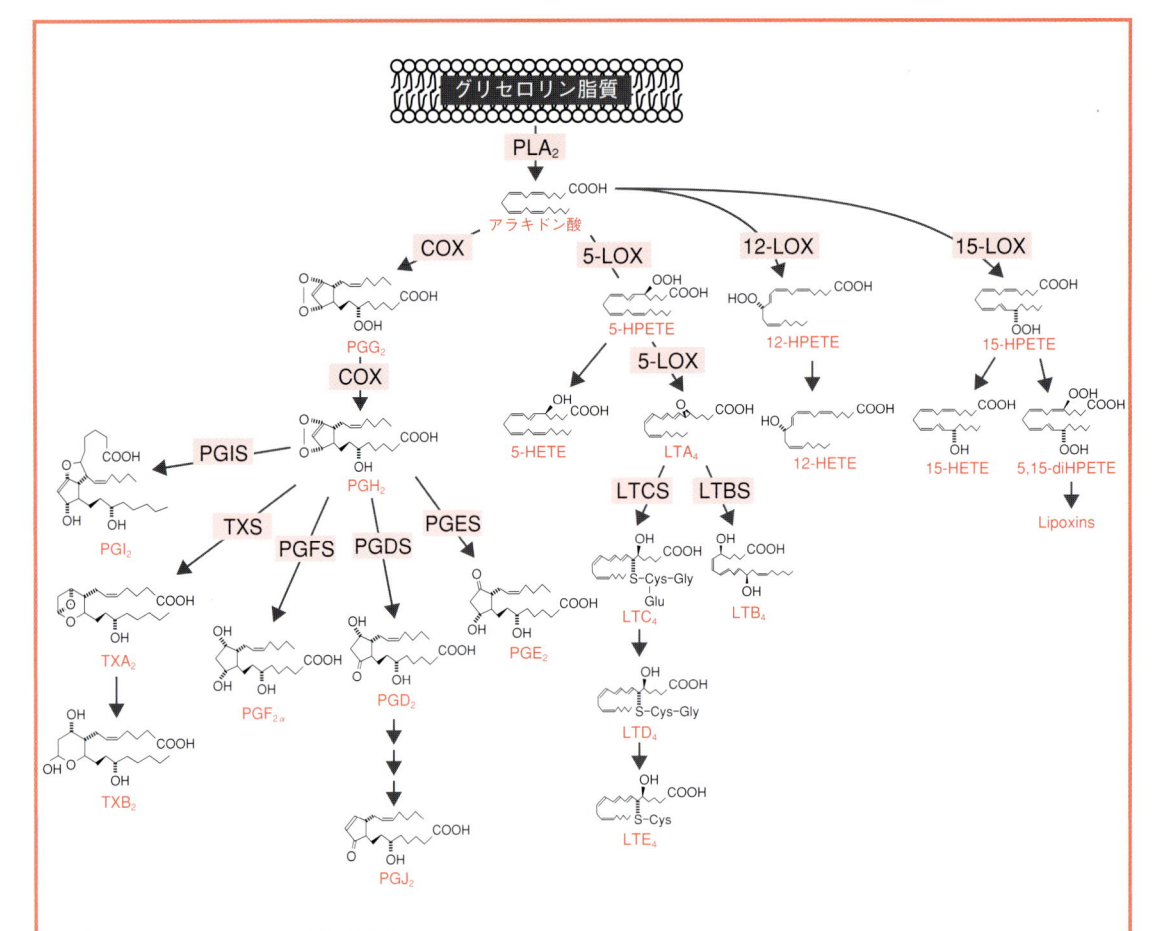

■**概略図** アラキドン酸代謝系の概略

生体膜のグリセロリン脂質からPLA₂により遊離されたアラキドン酸はCOXによる酸素添加反応を経てPGH₂に代謝され，さらに各種最終PG合成酵素によりおのおのに対応する生理活性PG類（PGD₂，PGE₂，PGF₂ₐ，PGI₂，TXA₂）に変換される．一方でアラキドン酸はLOXによる部位特異的な酸素添加反応を受け（例えば5-LOXはアラキドン酸の5番目の炭素に酸素分子を添加する），HPETE類が生じる．HPETE類は水溶液中で容易にHETE類に変換されるが，5-HPETEは5-LOXによりさらにエポキシ化され，LTA₄を生じる．LTA₄は2種の最終LT合成酵素によりLTB₄とLTC₄におのおの代謝される．LTC₄はさらに血清中でLTD₄，LTE₄に酵素的に変換される

関わることは，上述のような臨床的知見，および実験動物を用いた薬理学的知見により強く示唆されていたが，その重要性が分子レベルで実証されたのは，エイコサノイドの産生とシグナル伝達に関わる一連の酵素と受容体の欠損マウスの登場による．ここではエイコサノイドの生合成に関わる主要酵素について，その活性調節機構と，欠損マウスを用いた解析から明らかになった生体内機能について解説する．エイコサノイド産生系の概略を**概略図**に示す．

1 ホスホリパーゼA₂（PLA₂）の基礎と最近の動向

　PG，LTの共通の前駆体であるアラキドン酸（脂肪酸数20，不飽和結合数4の脂肪酸）は通常細胞の膜リン脂質の2位にアシル結合した形で貯蔵されており，外界からの刺激に応じて適

宜遊離され，PG，LT産生に供される．PLA$_2$はPG，LT産生系の初発律速過程である膜リン脂質からのアラキドン酸遊離を制御する酵素で，哺乳動物では現在までに実に16種もの分子種が同定されており，構造的に3つのサブタイプ，すなわち分泌性PLA$_2$（sPLA$_2$）群10種，細胞質PLA$_2$（cPLA$_2$）群4種，Ca^{2+}非依存性PLA$_2$（iPLA$_2$）群2種に分類される（図1）．これに加えて，脂質メディエーターの1つである血小板活性化因子（PAF）を分解するPAFアセチルヒドラーゼ4種をPLA$_2$のサブファミリーに含めることがある．ここではこれらの酵素のうち，PG，LT産生との関連が最も詳細に解析されているcPLA$_2\alpha$を中心に解説したい．

　cPLA$_2\alpha$はこれまでに知られているPLA$_2$分子種のうち唯一アラキドン酸を含むリン脂質に選択性を示す酵素で，アラキドン酸代謝系の始動にきわめて重要な役割を担う．cPLA$_2\alpha$は分子内にC2ドメインと触媒ドメインをもつ（図1，2B）．C2ドメインはCa^{2+}依存的に膜に結合する多くのタンパク質に見出される構造で，細胞活性化に伴って細胞質のCa^{2+}濃度が上昇すると細胞質から膜に移行する性質を示すが，cPLA$_2\alpha$の場合はかなり選択的に核周縁膜に移行する．この膜系には後述するようにアラキドン酸代謝系下流の一連の酵素群が局在しており，酵素間の基質の受け渡しが効率的に行われる点で合理的といえる（図2A）．また，cPLA$_2\alpha$には複数のリン酸化部位があるが，このうちMAPキナーゼによるリン酸化を受けるSer^{505}はC2ドメインと触媒ドメインを結ぶヒンジ領域の近傍に突出しており（図2B），これがリン酸化を受けるとヒンジ領域が折れ曲がり，触媒ドメインがより深く膜に潜り込む結果となる．生理的刺激下におけるcPLA$_2\alpha$の活性化はSer^{505}に変異を入れると著しく妨げられるので，このリン酸化に依存した立体構造の変化はcPLA$_2\alpha$の機能発現にきわめて重要である．

　cPLA$_2\alpha$を欠損したマウスでは，エイコサノイド産生の低下に起因するさまざまな表現型がみられる[1]．例えば，欠損マウスより単離したマクロファージや肥満細胞は，PG，LTをほとんど産生しない．コラーゲン刺激に伴う血小板のトロンボキサン（TX）A$_2$産生はほぼ完全に消失し，その結果血液凝固が遅延し，出血時間の延長をみる．PGE$_2$産生が低下する結果，コラーゲン誘導関節炎（リウマチ関節炎のモデル）が顕著に軽減し，腸管ポリープの形成が抑制される．また，cPLA$_2\alpha$欠損マウスではアレルギー性気道過敏症や肺線維症の軽減が認められ，これは主にLTの低下に起因すると考えられる．さらに，おそらくPGI$_2$の減少のため受精卵の子宮内膜への着床が妨げられ，これを免れて妊娠が成立した場合もPGF$_{2\alpha}$の低下のため分娩が起こらない．また組織保護作用をもつPGE$_2$の産生が妨げられる結果，消化管潰瘍の形成が促進し，加齢に伴い腎機能が低下する．これらの結果は，現在製薬会社が開発をめざしているcPLA$_2\alpha$阻害薬がさまざまな疾患の治療・予防薬として有用であることを示唆しているが，反面，従来のNSAIDでみられる胃潰瘍や腎障害などの副作用の懸念は依然残されている．

　cPLA$_2\alpha$以外のPLA$_2$分子種のアラキドン酸代謝への関与については，培養細胞レベルでのいくつかの解析結果により支持されるものの#メモ1，個体レベルで証明された例は皆無であった．この点に関してごく最近，V型sPLA$_2$欠損マウスではマクロファージのエイコサノイド産

#メモ1：各PLA$_2$分子種のアラキドン酸代謝亢進機能

cPLA$_2\alpha$以外のPLA$_2$分子種がアラキドン酸代謝にどの程度寄与するのかについて，培養細胞を用いて多くの検討がなされている．sPLA$_2$ではIIA，IID，IIF，III，V，X型にアラキドン酸遊離亢進作用が認められるが，特にV，X型はこの作用が強い．cPLA$_2\gamma$やiPLA$_2\beta$についてもアラキドン酸代謝への関与が報告されている．しかしながら，これらの解析は過剰発現系や阻害剤を用いて行われており，発現レベルの妥当性や阻害剤の特異性などが問題点として指摘されている．

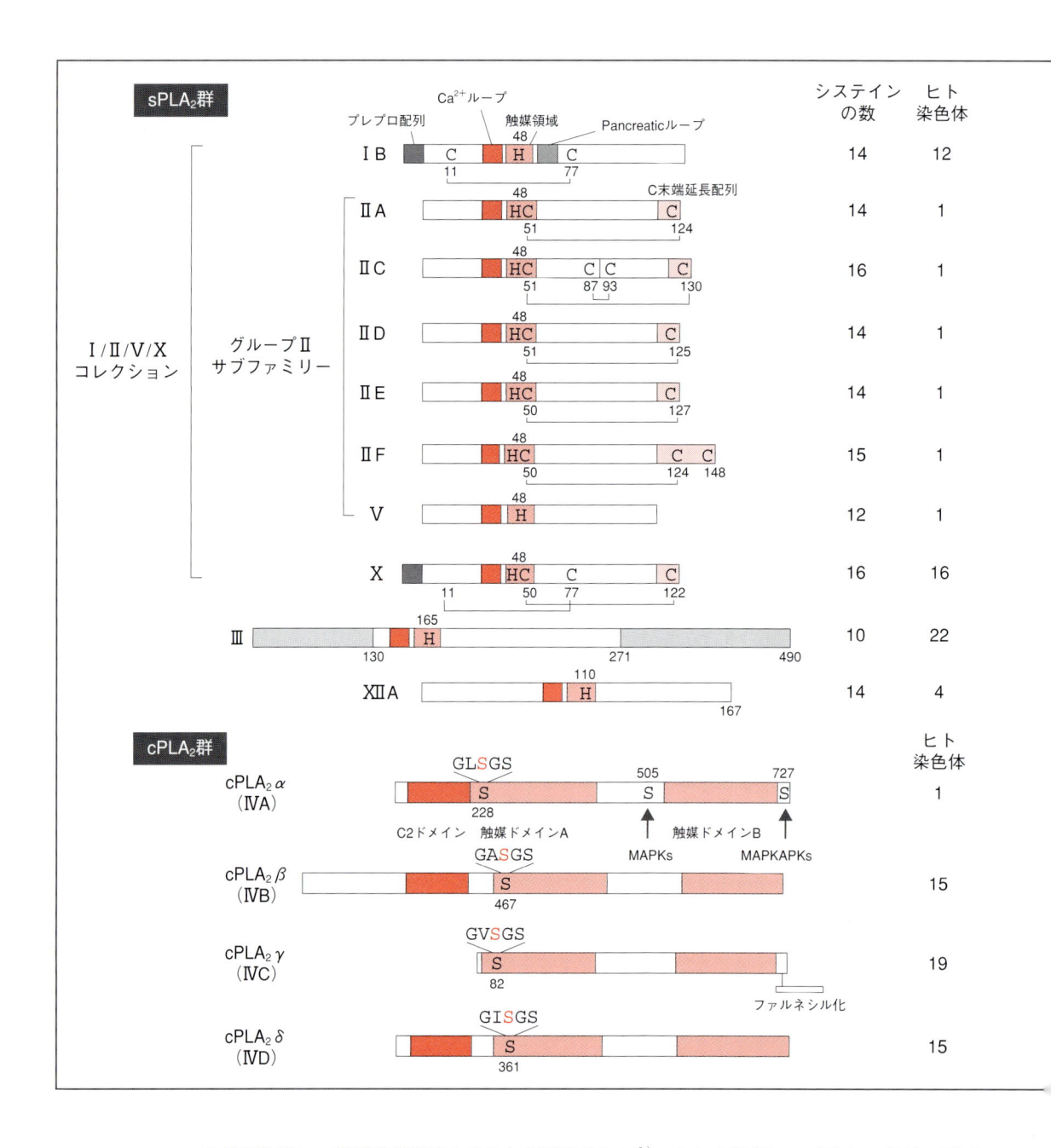

生量が半減し，腹膜炎が軽減することが報告された[2]．これを契機に，cPLA$_2\alpha$以外のPLA$_2$分子種についても欠損マウスを用いた解析が進み，生体内での役割が近い将来明らかとされることが期待される．

2 シクロオキシゲナーゼ（COX）経路の基礎と最近の動向

1) COX-1とCOX-2

COXはアラキドン酸に酸素分子を添加してPGG$_2$を生成する反応（COX反応）と，PGG$_2$をPGH$_2$に異性化する反応（ペルオキシダーゼ反応）の2段階を触媒する酵素で，正確にはPGH

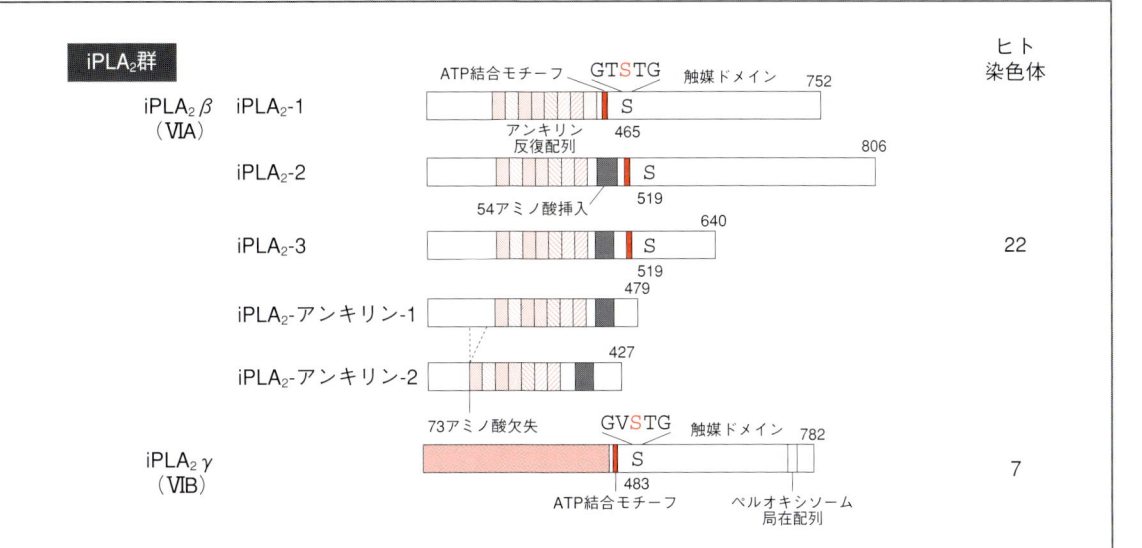

図1 ◆ PLA₂の分類と一次構造の模式図

sPLA₂群は低分子量（14〜18kD）PLA₂とも呼ばれ，哺乳動物では図中の10種が活性型酵素として同定されている．いずれも分子内ジスルフィド結合に富み，よく保存されたCa^{2+}結合部位と，ヒスチジンを活性中心とする触媒領域をもつ．ヒト第1染色体にクラスターしているⅡA, ⅡC, ⅡD, ⅡE, ⅡF, V型の6種はⅡ型様sPLA₂と呼ばれ，V型を除いてC末端に特有の延長配列をもつ．ただし，ⅡCはヒトでは偽遺伝子であり，げっ歯類でのみ同定されている．ⅠB, Ⅹ型にはプレプロ配列が存在し，プロテアーゼによる切断を受けて活性型に変換される．Ⅲ型はsPLA₂ドメインをはさんでN末端とC末端領域に固有のドメインをもつため，分子量が例外的に大きい（56 kD）．ⅫA型はいずれのsPLA₂とも相同性をもたないユニークな構造をしている．なお，ⅫA型と相同性が高い分子としてⅫB型が同定されているが，この分子は酵素活性をもたないため，本稿ではsPLA₂に分類しない．cPLA₂群（Ⅳ型）には4種の分子種（α，β，γ，δ）が報告されているが，これ以外に少なくともあと2種のcPLA₂様分子がヒト第15染色体にコードされている．cPLA₂γ以外の酵素はN末領域にC2ドメインをもつ．活性中心のセリン周辺のリパーゼ相同配列は分子種間でよく保存されている．cPLA₂αの活性化に関わるリン酸化部位は他の分子種には見出されない．cPLA₂γはC末端はファルネシル化を受け，構成的に膜に結合する．iPLA₂群（Ⅵ型）には2種の分子種（β, γ）が存在し，C末側の触媒ドメインが両者の間で保存されているが，N末側は各酵素に固有である．iPLA₂βのN末領域はアンキリン反復配列からなる．両酵素ともに活性中心のセリンのすぐ前にATP結合モチーフがある．iPLA₂βは選択的スプライシングの結果，いくつかの可変体を生じる

合成酵素と呼ぶべきであるが（米国ではこの名称を用いる研究者も少なくない），我が国ではCOXの名称が広く普及している．COXには2種の分子種，COX-1とCOX-2が存在する（図3）．両者は互いに類似した構造を有し，分子内にヘムをもち，ホモ二量体の膜タンパクとして存在するが，性質上いくつかの相違点がある．まず一般に知られているように，COX-1は構成的かつ普遍的に発現しているのに対し，COX-2は刺激によって強く発現誘導される．強力な抗炎症作用をもつステロイド剤の作用機序の一部はCOX-2の発現誘導抑制により説明できる．ただし，神経や腎臓のようにCOX-2の発現が構成的にみられる臓器もある．両COXは核周縁膜に局在するが，COX-1は小胞体膜に沿って細胞質に放散分布し，COX-2は核膜に限局して分布する傾向がある．また，COX-1よりもCOX-2の方が基質となるアラキドン酸やペルオキ

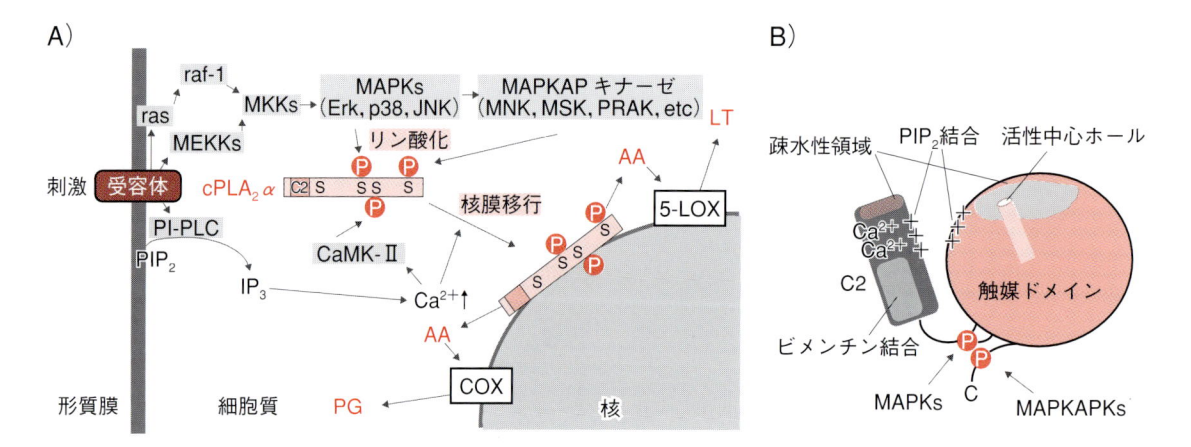

図2 ◆ cPLA₂αの活性化機構（A）と高次構造（B）の模式図

A）細胞が刺激を受けて細胞質のCa^{2+}濃度が上昇すると，cPLA$_2$αはC2ドメイン依存的に核周縁膜に移行する．この際，cPLA$_2$αはMAPキナーゼ（MAPK），MAPK活性化キナーゼ（MAPKAP），Ca^{2+}カルモジュリンキナーゼ-II（CaMK-II）などによりリン酸化される．核周縁膜から遊離されたアラキドン酸（AA）は，同じく核膜に局在するCOXまたは5-LOXによりPG，LTにそれぞれ代謝される．B）cPLA$_2$αはC2ドメインと触媒ドメインからなる．C2ドメインに2分子のCa^{2+}が結合すると，表面に疎水性アミノ酸が露出し，膜に結合する．また，C2ドメインはビメンチン（中間フィラメントの構成成分）に結合する．図中触媒ドメインに空いたトンネルが活性中心ホールで，ここに基質分子中のアラキドン酸がはまり込む．触媒ドメインの上部に露出した疎水性アミノ酸は膜への結合時間の延長に寄与する．C2ドメインと触媒ドメインの間隙には陽性荷電をもつアミノ酸のクラスターが存在し，ホスファチジルイノシトール2リン酸（PIP$_2$）との結合に寄与する．MAPKおよびMAPKAPによりリン酸化されるセリンは立体構造上ヒンジ領域の近傍に突出している

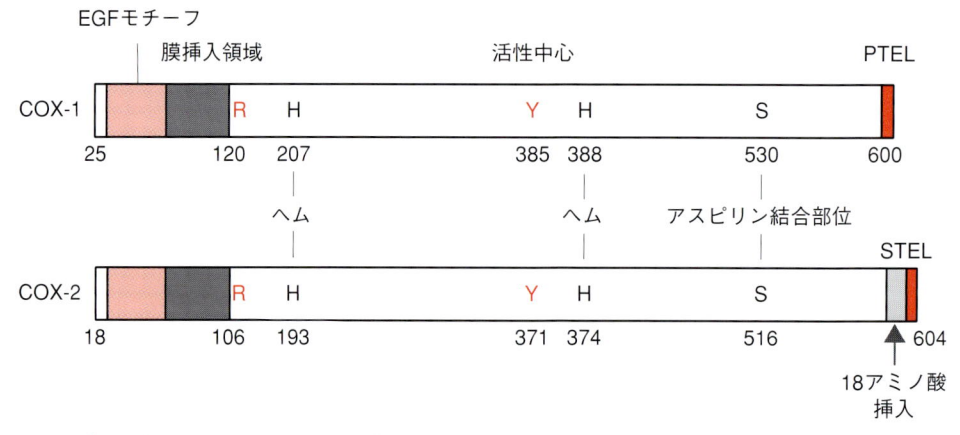

図3 ◆ 2種のCOX分子種の一次構造の模式図

両分子ともに，N末側に膜挿入領域，C末端には小胞体局在化配列がある．COX-2のC末端近傍にはCOX-1に存在しない18アミノ酸の挿入がある．各酵素分子はホモ二量体を形成し，小胞体あるいは核膜の内腔（lumen）側に配向している．酵素活性に必須のアミノ酸（ヘムを結合するヒスチジンを含む），および代表的なNSAIDであるアスピリンが結合するセリンを示す

シドに対する感受性が高いため，COX-1は大量のアラキドン酸が瞬時に遊離される即時的応答に限られ，低濃度のアラキドン酸が持続的に供給される長期応答ではCOX-2から主にPGが産生される．なお，スプライシングの違いにより生じたCOX-1の可変体をCOX-3と呼ぶことが一部の研究者により提唱されているが，異論も多く，ここではCOX分子種としては取り上げない．

すでに述べたようにCOXはNSAIDの標的分子であり，既存のNSAIDは両分子種を同程度，

あるいはCOX-1をより強く阻害するが，最近ではCOX-2を選択的に阻害するcoxibなどの新世代のNSAIDが注目を集めている．これは，構成的なCOX-1は生体の恒常性の維持に関わるPGの産生，誘導型のCOX-2は病態に関わるPGの産生に関わるという定説に基づいており，実際に関節リウマチの臨床ではCOX-2選択的阻害薬の使用により胃潰瘍などの副作用が軽減するとされている．しかしながら後述するように，各COXの欠損マウスを用いた解析から，COX-1とCOX-2の機能的役割分担は当初の予想よりも遥かに複雑であることがわかってきた．重要な点として，COX-2が生理的PGの産生に，逆にCOX-1が病理的PGの産生に寄与する場合があることが現在では明白なので，COX-2選択的阻害薬の安全性と有効性については，より多くの臨床データの蓄積を待たなければならない．

COX-1欠損マウスに特有の表現型としては[#メモ2]，TXA_2合成の欠失に起因する血小板活性化の抑制，肥満細胞の活性化に伴う即時的PGD_2産生の消失，$PGF_{2\alpha}$の低下に起因する分娩異常，PGI_2に依存する突発的な抹消性の痛みの軽減，γ線照射に伴う腸管粘膜の再生の遅延などがあげられる[3]．COX-2欠損はより多彩な表現型を示し，例えばPGE_2産生の低下に基づくものとして，コラーゲン誘導関節炎の軽減，発熱応答の消失，破骨細胞の成熟阻害，排卵阻害，胃壁の穿孔，潰瘍性大腸炎や肺線維化の増悪などがある[4]．また，COX-2欠損マウスでは腎臓の機能低下と形成異常が認められるが，これはPGI_2産生の抑制と関連があると思われる．これらの結果は，COX-2由来のPGが炎症応答のみならず組織保護にも深く関与することを意味している．COX-1とCOX-2が協調的に働くことを示す表現型も報告されている．例えば，アレルギー性気道炎症はCOX-1，COX-2欠損ともに増悪傾向を示す．大腸癌の発生と進展はCOX-2欠損により著明に減少するが，COX-1欠損でも同様の表現型が観察される．後の解析により，消化管ポリープの発生の段階ではCOX-1が，以降の悪性化の段階ではCOX-2が機能しており，PGE_2を介した血管新生が本過程に関わるものと考えられている．また，COX-2欠損マウスは出生直後に動脈管閉塞障害のために死ぬ個体が出現するが，この表現型はCOX-1/COX-2ダブル欠損マウスでより顕著である．

2）最終PG合成酵素

COXによって産生された不安定中間体PGH_2をそれぞれの生理活性PG類（PGE_2，PGD_2，$PGF_{2\alpha}$，PGI_2，TXA_2）に異性化する酵素群を総称して最終PG合成酵素と呼び，各PGに1つまたは複数の酵素が存在する（表1）．ここでは代表的なPGであるPGE_2の産生に関わるPGE合成酵素（PGES）を例にあげ，その性質と機能について解説したい．

現在までにPGESには3種の分子種（mPGES-1, mPGES-2, cPGES）が同定されている（図4）．mPGES-1は核膜局在性の酵素で，三量体を形成し，刺激により発現誘導され，COX-1よりもCOX-2と優先的に機能連関してPGE_2を産生する．mPGES-2は活性中心にチオレドキ

#メモ2：欠損マウスからわかる代謝系の流れ

$cPLA_2\alpha$やCOX-1/2の欠損マウスが多彩な表現型を示すことは本文中で述べた通りであるが，これらのマウスの表現型を各種PG受容体の欠損マウスの表現型と比較することにより，特定のPGの産生に至る代謝系の流れを生命現象ごとに推測することができる．例えば，$cPLA_2\alpha$欠損マウスとCOX-1欠損マウスではともに分娩異常がみられるが，$PGF_{2\alpha}$受容体であるFP欠損マウスも同様の表現型を示すことから，$cPLA_2\alpha \rightarrow COX-1 \rightarrow PGF_{2\alpha}$経路が分娩の成立に重要であることがわかる．別の例としては，$cPLA_2\alpha$欠損マウスとCOX-2欠損マウスではともに腸管ポリープの発生が抑制されるが，この表現型はPGE_2受容体の1つであるEP2欠損マウスでも観察される．このことから，腸管ポリープの発生には$cPLA_2\alpha \rightarrow COX-2 \rightarrow PGE_2$の経路が動いていることが強く示唆されるとともに，まだ実証はされていないがCOX-2の下流で機能するmPGES-1の欠損マウスもおそらく同様の表現型を示すことが予想されている．

表1 ◆ 最終PG合成酵素の分類と性質

分類	略号	分子量(kD)	局在	その他
TX合成酵素	TXS	60	核周縁膜	チトクローム P450 ファミリー
PGI合成酵素	PGIS	55	核周縁膜	チトクローム P450 ファミリー
PGD合成酵素				
リポカリン型	L-PGDS	26	分泌性	リポカリンファミリー
造血器型	H-PGDS	26	細胞質	細胞質型グルタチオンSトランスフェラーゼファミリー（σ型）
PGE合成酵素				
膜型	mPGES-1	18	核周縁膜	MAPEGファミリー
	mPGES-2	45	ゴルジ体, 細胞質	チオレドキシン様ドメインを有する
細胞質型	cPGES	23	細胞質	Hsp90のコシャペロンp23と同一
PGF合成酵素				
肺型	PGFS1	37	細胞質	アルドケト還元酵素ファミリー
肝臓型	PGFS1	37	細胞質	アルドケト還元酵素ファミリー

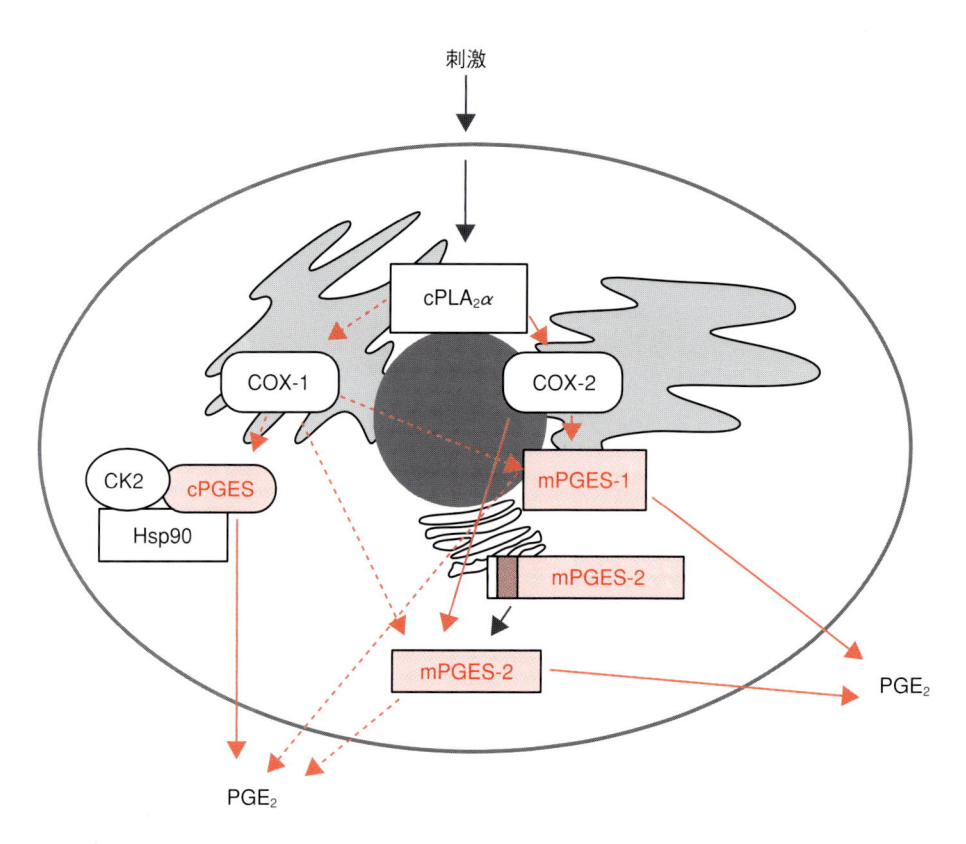

図4 ◆ 2種のCOXと3種のPGESによるPGE₂生合成経路

図中 --→ は即時的PGE₂産生（Ca²⁺応答を伴う迅速な応答），──→ は遅発的PGE₂産生（炎症性刺激によって惹起される持続的な応答）における代謝系の流れを示す．mPGES-1は核膜もしくは小胞体膜に局在する刺激誘導性の酵素で，通常COX-2と選択的にカップリングして遅発的PGE₂産生に関与するが，アラキドン酸遊離量が多い場合にはCOX-1とも機能連関できる．mPGES-2はゴルジ体膜結合タンパクとして合成されるが，速やかにN末の疎水領域が除かれた後細胞質に分布し，COX-1，COX-2の両者と機能連関する．細胞質に常在するcPGESはHsp90とカゼインキナーゼ2（CK2）と会合した形で機能し，COX-1と選択的にカップリングして即時的PGE₂産生に寄与する

表2 ◆ LOX分子種の分類

分子種	動物種	ヒト	マウス	ラット	ブタ/ウシ
5-LOX		5-LOX	5-LOX	5-LOX	
12/15-LOX	白血球型	15-LOX1	12-LOX	12-LOX	12-LOX
12-LOX	血小板型	12-LOX	12-LOX	12-LOX	
	皮膚型		12-LOX		
8/15-LOX		15-LOX2	8-LOX		
12R-LOX		12R-LOX	12R-LOX		

LOXは基質となるアラキドン酸の酸素添加位置により5-LOX，12-LOX，15-LOXなどに分類される．ヒト15-LOX1に相当する分子は他の動物種では12-LOX活性を有するので，12/15-LOXと総称されることが多い．同様にヒト15-LOX2はマウスでは8-LOXであり，ここでは8/15-LOXに分類した．上記LOXはすべてS体を産生するが，これとは別にR体を産生する12R-LOXがヒトおよびマウスの皮膚で同定されている

シン相同領域をもつ酵素で，通常構成的に発現しており，COX-1，COX-2の両者と機能連関する．本酵素はゴルジ体膜に結合するが，容易にN末端近傍で限定分解を受けて細胞質に分散するので，膜結合性というよりは細胞質酵素として機能していると思われる．cPGESは細胞質に構成的に発現している酵素で，COX-1と選択的に機能連関する．本酵素は分子シャペロンである熱ショックタンパク（Hsp）90と会合し，さらにカゼインキナーゼ2によるリン酸化を受けて活性化する．

最近樹立されたmPGES-1欠損マウスの表現型はCOX-2あるいはPGE受容体欠損マウスの表現型と類似しており，コラーゲン誘導関節炎の軽減，発熱応答の消失，疼痛増感反応の軽減，接触性皮膚炎の緩和，炎症性肉芽形成と血管新生の抑制などが報告されている[5]．一方，COX-2あるいはPGE受容体欠損マウスでみられる動脈管の閉塞異常や不妊はmPGES-1欠損マウスでは観察されておらず，これらの生命現象については他のPGESが機能を代替している可能性が想定される．

3 リポキシゲナーゼ（LOX）経路の基礎と最近の動向

1）5-LOXとその他のLOX分子種

LOXはアラキドン酸に酸素分子を添加する細胞質ヘム酵素の一群で，酸素の付加部位の違いにより5-，8-，12-，15-LOXに分類される（表2）．産物のヒドロペルオキシド（HPETE）体の立体配置は多くの場合S異性体であるが，R異性体を選択的に産生するものもある．このうちLTを産生する5-LOXは，アラキドン酸に酸素分子を添加して5-HPETEに変換し，さらにこれを脱水してLTA$_4$に変換する2段階の酵素反応を行う．不安定な合成中間体であるLTA$_4$は下流の酵素により速やかに生理活性LT（LTB$_4$またはLTC$_4$）に変換される．5-LOXは通常細胞質に分布するが，分子内に核移行配列が存在するため，細胞によっては核内に存在する場合もある．細胞が活性化すると，Ca^{2+}濃度上昇に応じて5-LOXは核膜に移行するが，この分子機構はcPLA$_2$αの場合と同様にC2ドメイン依存的である．5-LOX以外のLOX分子種には機能的なC2ドメインが存在しないため，核膜移行はみられない．核膜に移行した5-LOXは単独

では遊離アラキドン酸を受け取ることができず，補助因子として5-LOX活性化タンパク（FLAP）と呼ばれる膜タンパク質の介在を必要とする．FLAPは構造上mPGES-1や後述するLTC$_4$合成酵素（LTCS）と同じファミリーに属するが，酵素活性をもたず，アラキドン酸を5-LOXに提示する機能を担う．

LTC$_4$とその代謝物であるLTD$_4$，LTE$_4$は元来アナフィラキシー反応のメディエーターとして同定された物質であるが，これと合致して5-LOX欠損マウスではアナフィラキシーショックや気道過敏性モデル，肺線維症などに対して抵抗性を示す[6]．また，強力な好中球走化性因子であるLTB$_4$の産生が低下する結果，炎症部位への好中球の浸潤が抑制され，さまざまな炎症モデルにおいて症状の軽減をみる．類似の表現型は，FLAP欠損マウスでも観察されている．

白血球に発現している15-LOXはしばしば12/15-LOXあるいは15-LOX1と呼ばれ，アラキドン酸から15-HPETEを，リノール酸から13-HODEを産生するとともに，リン脂質にエステル結合した不飽和脂肪酸とも反応する．12/15-LOX欠損マウスを用いた解析により，本酵素と動脈硬化の関連が注目されているが，これに加えてごく最近，骨代謝との関連も明らかとされた[7]．これとは別に血小板には12-LOX，皮膚には15-LOX2（マウスでは8-LOX）と12R-LOXが存在するが，おのおのの酵素の生理機能については不明な点が多い．

LOX産物として注目すべき他のエイコサノイドに，抗炎症作用を示すリポキシン（LX）がある．LXはアラキドン酸に2種類のLOXが順に作用して生成する．すなわち，15-LOX1により生成した15-HPETEが5-LOXによりLXに代謝される経路と，5-LOXにより生成したLTA$_4$が血小板の12-LOXによってLXに変換される2経路が報告されている．LXの生成は炎症の比較的後期に起こり，炎症応答の緩解に何らかの役割を演じているものと考えられている．

2）最終LT合成酵素

LTB$_4$合成酵素はLTA$_4$水解酵素とも呼ばれ，好中球や肥満細胞の細胞質に存在する．本酵素はメタロペプチダーゼのM1ファミリーに属し，活性中心に亜鉛をもつ．本酵素を欠損したマウスは炎症応答の軽減と好中球の遊走の抑制が認められる[8]．また，アナフィラキシーショックに対して抵抗性を示し，これは5-LOX欠損マウスの表現型と合致する．

LTCSは単球や好酸球，肥満細胞の核膜に局在する三量体酵素で，LTA$_4$にグルタチオンを付加してLTC$_4$を生成する．LTCSは構造的にはFLAPやmPGES-1，さらには膜結合型グルタチオンSトランスフェラーゼと同族で，最近はこれらの分子を総称してMAPEGファミリーと呼ぶ．LTCS欠損マウスではザイモザン誘導腹膜炎やIgE依存的な皮膚アナフィラキシー反応が抑制される[9]．また，cPLA$_2$α欠損あるいは5-LOX欠損マウスと同様に，LTCS欠損マウスでは肺線維症の進行が抑制される．

4　リゾリン脂質性メディエーターの生合成経路

生体膜にPLA$_2$が作用すると脂肪酸とともにリゾリン脂質が生成する．かつてリゾリン脂質はアラキドン酸代謝の副産物とみなされ，リゾリン脂質が示す生物活性はその両親媒性の性質ゆえの界面活性化作用に起因すると考えられていた．しかしながら現在では，リゾリン脂質もしくはその代謝物に対する特異的受容体が多数同定され，これらが重要な脂質メディエーターの一群を形成することが明らかとなっている．リゾリン脂質に由来する脂質メディエーターとして有名なものに，PAFとリゾホスファチジン酸（LPA）があげられる．

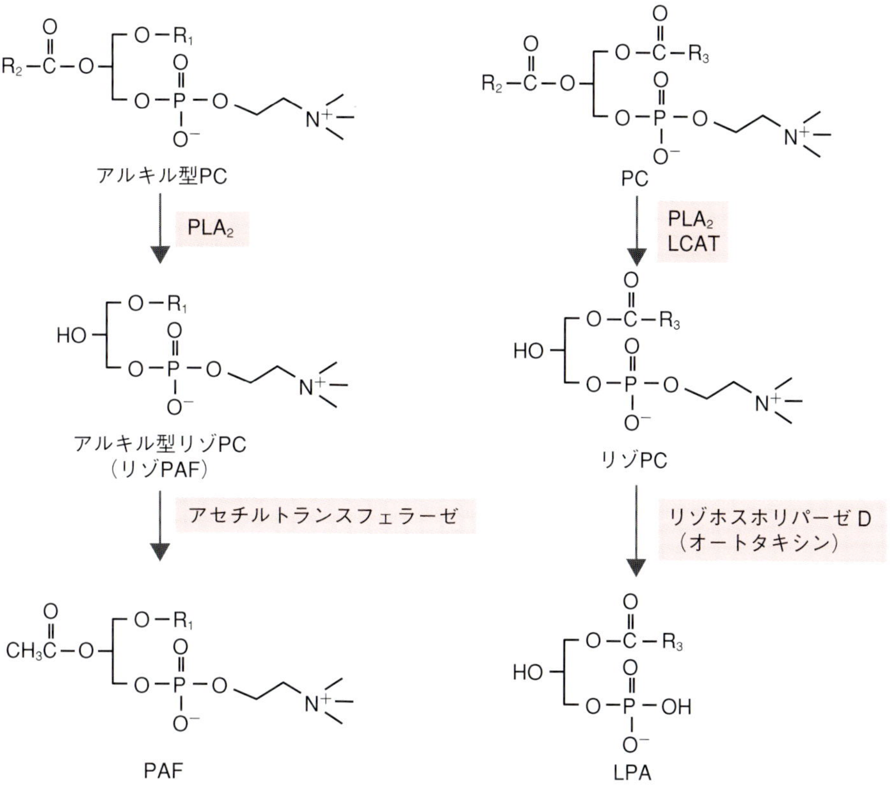

図5 ◆ リゾリン脂質由来メディエーターの生合成経路

PAFはアルキル型PCがPLA$_2$（主にcPLA$_2$α）によりアルキル型リゾPC（リゾPAF）に変換された後，これにアセチルトランスフェラーゼが作用して産生する．LPAはPCが細胞のPLA$_2$あるいは血中のレシチンコレステロールアシルトランスフェラーゼ（LCAT）の作用によりリゾPCに変換された後，これにリゾホスホリパーゼDが作用して生成する

　PAFは生体膜中のアルキル型ホスファチジルコリン（PC）から2段階の酵素反応によって産生される（図5）．すなわち，アルキル型PCがまずPLA$_2$によってアルキル型リゾPC（リゾPAF）に変換され，これに未だ分子的に同定されていないアセチルトランスフェラーゼが作用してPAFに代謝される．cPLA$_2$α欠損マウス由来の白血球ではPG，LTとともにPAFの産生が著しく低下するので，アルキル型PCからリゾPAFへの変換は主にcPLA$_2$αによって調節されていると考えられる．

　LPAの生合成経路については，かつてはPAがPLA$_2$によって直接LPAに変換される経路が有力視されていたが，生体内でこの反応を触媒するPLA$_2$分子種は未だ確定されていない．最近，より重要なLPA産生経路として，血中に存在するリゾPCがリゾホスホリパーゼD（別名オートタキシン）によってLPAに変換される経路が注目されている（図5）．かつては活性化血小板からLPAが放出されると考えられていたが，実際には血小板から放出されたリゾPCやリゾホスファチジルエタノールアミンが，血中のリゾホスホリパーゼDにより二次的にLPAに変換されることが明らかとなった[10]．また，膜中のPAを選択的に加水分解してLPAを産生する2種のホスホリパーゼA$_1$（PA-PLA$_1$α，β）が同定されており，この場合生成するLPAは

PLA$_2$反応で生じる1-アシルLPA（1位に脂肪酸をもつLPA）とは異なり，2-アシルLPAである．1-アシルLPAと2-アシルLPAはLPA受容体サブタイプに対する選択性が異なることから，生体内では異なる生命現象に関わることが推察される．

おわりに

本稿では，代表的な脂質メディエーターであるアラキドン酸代謝物と一部のリゾリン脂質メディエーターの生合成について解説した．今後は個々の酵素の生体内での機能と役割分担が，欠損マウスなどを用いた解析によってより明確になってくるものと期待される．また，本稿で取りあげなかった脂質メディエーターのうち，スフィンゴ脂質由来のメディエーター（スフィンゴシン1リン酸，セラミド1リン酸など）や内在性カンナビノイド（アラキドノイルグリセロール，アナンダミドなど）についても，生合成に関わる酵素や調節因子が同定されつつある．近い将来，脂質メディエーター産生系の全貌と，各調節酵素の疾患との関わりが明らかになるものと思われる．

参考文献

1) Uozumi, N. et al. : Role of cytosolic phospholipase A$_2$ in allergic response and parturition. Nature, 390 : 618-622, 1997
2) Satake, Y. et al. : Role of group V phospholipase A$_2$ in zymosan-induced eicosanoid generation and vascular permeability revealed by targeted gene disruption. J. Biol. Chem., 279 : 16488-16494, 2004
3) Langenbach, R. et al. : Prostaglandin synthase 1 gene disruption in mice reduces arachidonic acid-induced inflammation and indomethacin-induced gastric ulceration. Cell, 83 : 483-492, 1995
4) Morham, S. G. et al. : Prostaglandin synthase 2 gene disruption causes severe renal pathology in the mouse. Cell, 83 : 473-482, 1995
5) Kamei, D. et al. : Reduced pain hypersensitivity and inflammation in mice lacking microsomal prostaglandin E synthase-1. J. Biol. Chem., 279 : 33684-33695, 2004
6) Goulet, J. L. et al. : Altered inflammatory responses in leukotriene-deficient mice. Proc. Natl. Acad. Sci. USA, 91 : 12852-12856, 1994
7) Klein, R. F. et al. : Regulation of bone mass in mice by the lipoxygenase gene Alox15. Science, 303 : 229-232, 2004
8) Byrum, R. S. et al. : Determination of the contribution of cysteinyl leukotrienes and leukotriene B$_4$ in acute inflammatory responses using 5-lipoxygenase- and leukotriene A$_4$ hydrolase-deficient mice. J. Immunol., 163 : 6810-6819, 1999
9) Kanaoka, Y. et al. : Attenuated zymosan-induced peritoneal vascular permeability and IgE-dependent passive cutaneous anaphylaxis in mice lacking leukotriene C$_4$ synthase. J. Biol. Chem., 276 : 22608-22613, 2001
10) Umezu-Goto, M. et al. : Autotaxin has lysophospholipase D activity leading to tumor cell growth and motility by lysophosphatidic acid production. J. Cell Biol., 158 : 227-233, 2002

参考図書　　　　　　　　　　　　　　　　　　　　　　　　　　　　　　もう少し詳しく知りたい人に

- 『プロスタグランジン研究の新展開』（室田誠逸，山本尚三／編），現代化学，増刊38，東京化学同人，2001
  ≫≫アラキドン酸代謝系の各論について，我が国の第一線で取り組んでいる研究者が一堂に会して詳述した秀逸な総説特集号である．多少内容的に古くなってきている感があるが，基礎から専門まで十分に楽しめる一冊である．
- 『これだけは知っておきたいアラキドン酸カスケードQ&A』（室田誠逸／編），医薬ジャーナル社，2002　≫≫アラキドン酸代謝系における昨今のホットトピックスについて，質疑応答形式でわかりやすくまとめた一冊である．提示された問題点や疑問に対して，それぞれの専門家が簡潔明解に解説している．
- 「脂質メディエーターの産生制御」（村上 誠，工藤一郎），『糖と脂質の生化学』（川嵜敏祐，井上圭三／編），シリーズ バイオサイエンスの新世紀4，共立出版，2001　≫≫内容的には本総説と類似しているが，誌面の都合上本総説で割愛した酵素についてもこの総説では簡潔に解説されている．特に，PLA$_2$に関する記述が詳しい．

基本編

第4章

脂質メディエーターの細胞膜受容体

青木 淳賢　濱 弘太郎

生理活性をもつ脂質が注目を浴びている．生理活性脂質の作用の少なくとも一部は，7回膜貫通型のG-protein coupled receptor：GPCRを介する．本稿では，これまでに同定された生理活性脂質のGPCRについて概説するとともに，その機能，拮抗薬，作動薬（刺激薬）についてまとめる．

【キーワード＆略語】
Gタンパク質共役型受容体（G-protein coupled receptor：GPCR），オーファンGPCR，エイコサノイド，リゾリン脂質性メディエーター
LPA：lysophosphatidic acid（リゾホスファチジン酸）
S1P：sphingosine 1-phosphate
　　　（スフィンゴシン1リン酸）
PPARγ：peroxisome proliferator-activated receptor γ
PG：prostaglandin（プロスタグランジン）
LT：leukotriene（ロイコトリエン）
5-oxo-ETE：5-oxo-eicosatetraenoic acid
PAF：platelet-activating factor（血小板活性化因子）
LPC：lysophosphatidylcholine
　　　（リゾホスファチジルコリン）
SPC：sphingosylphosphorylcholine
　　　（スフィンゴシルホスホリルコリン）
2-AG：2-arachidonoylglycerol
　　　（2-アラキドノイルグリセロール）

はじめに－GPCRの多様性

　多細胞生物の細胞は外界からの情報に応答するシステムを発達させている．このシステムでは，外界からの情報（リガンド）が細胞膜のセンサー（受容体）を介して細胞内に伝えられる．細胞膜の受容体は，その構造と機能に基づきさまざまに分類されるが，中でも膜を7回貫通する受容体は，三量体Gタンパク質と共役することで細胞内にシグナルを伝える受容体である．後述するように，このGタンパク質共役型受容体（G-protein coupled receptor：GPCR）は最も種類が多く，また，これまでに開発された医薬品のうち，45％は受容体に作用する薬剤であり，そのほとんどがGPCRをターゲットとしていることがわかっている．したがって，GPCRは最も医薬品に結びつきやすい標的と考えられ，創薬の観点からも非常に注目される分子である．

　ゲノムの配列が明らかになり，現在ヒトでは720のGPCRがあるものと予測されている[1]．その約半数は，においを感じる受容体である（概略図）．これらはにおいの分子をリガンドとするGPCRであり，創薬のターゲットからは外れる．したがって，残り半数弱の約360程度のGPCR分子が生理活性物質をリガンドとするGPCRであり，実際の創薬ターゲットとなるものと考えられる．そのうち約210分子はよく研究され，リガンドが判明している．しかし，残り約150分子はリガンドがわかっていない．このようなリガンド未知のGPCRはオーファンGPCRと呼ばれる．オーファンとは，孤児という意味であるが，未知のリガンドを同定し，それと受容体との結合によって注目できる作用が現れるのであれば，これまでにない新しい創薬ターゲットとなりうる．よって，オーファンGPCRのリガンド探しとその機能を解明する研究

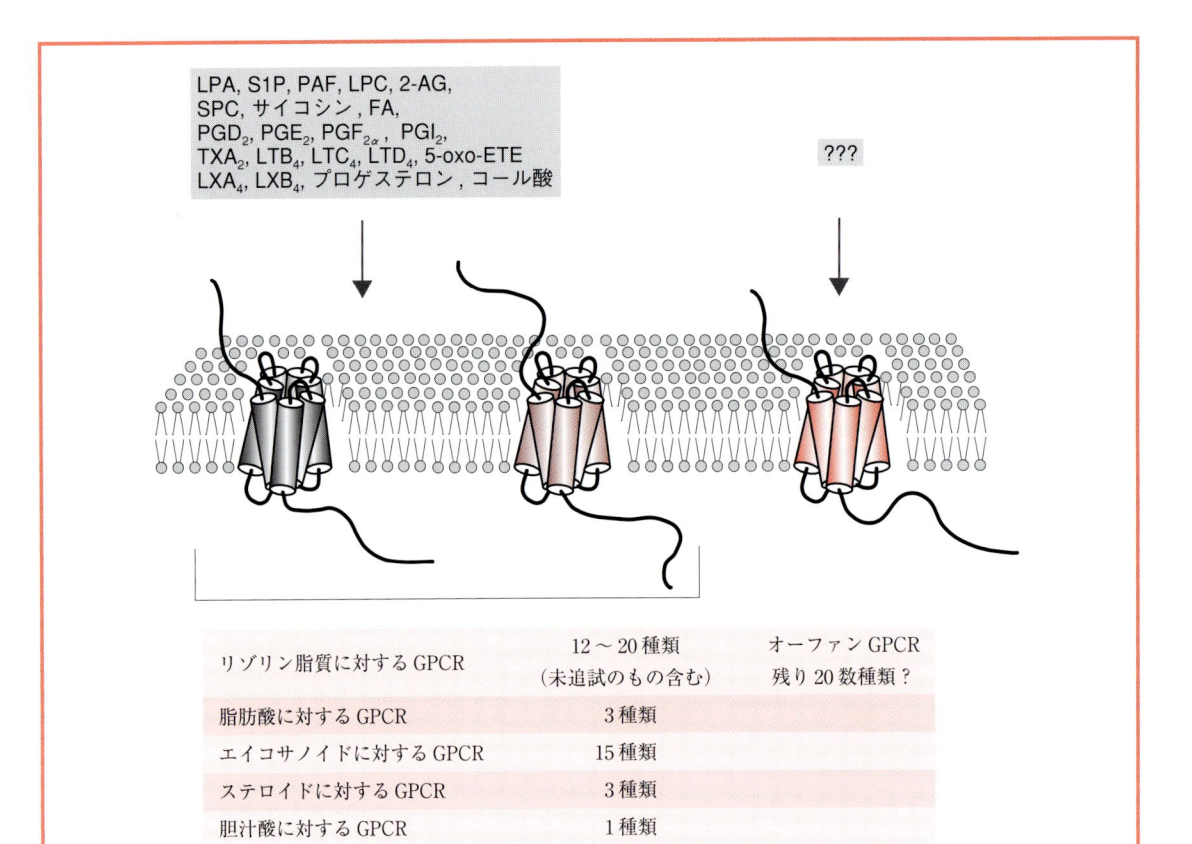

LPA, S1P, PAF, LPC, 2-AG,
SPC, サイコシン, FA,
PGD_2, PGE_2, $PGF_{2\alpha}$, PGI_2,
TXA_2, LTB_4, LTC_4, LTD_4, 5-oxo-ETE
LXA_4, LXB_4, プロゲステロン, コール酸

???

リゾリン脂質に対するGPCR	12〜20種類（未追試のもの含む）	オーファンGPCR 残り20数種類？
脂肪酸に対するGPCR	3種類	
エイコサノイドに対するGPCR	15種類	
ステロイドに対するGPCR	3種類	
胆汁酸に対するGPCR	1種類	

■**概略図** 生理活性脂質のGPCR

現在，生理活性脂質のGPCRとして，約40個弱のGPCRが同定されている．大部分は，リゾリン脂質性の生理活性脂質，プロスタグランジン，ロイコトリエンなどのエイコサノイドに対するGPCRである．生体内には，リガンド未知のオーファンGPCRが約150あると考えられ，このうち20数個程が生理活性脂質に対するGPCRだと考えられる

（deorphanプロジェクトと呼ばれることがある）は，新薬開発に結び付く可能性が高く，盛んに行われ，競争の激しい分野である．

1 GPCRのリガンドは？

GPCRのリガンドはさまざまある．すべては列挙できないが，カテコールアミンなどのアミン，ペプチドホルモン，プロスタノイドやリゾホスファチジン酸などの脂質メディエーターなどがある．論理的には受容体の数だけリガンドがあるはずであるが，実際は1種類のリガンドに対し複数のGPCRが存在する場合が相当あるので，リガンドの数はGPCRの数より少ない．例えば，プロスタグランジンE，ムスカリン受容体にはそれぞれ4つ，5つものサブタイプが存在する．カンナビノイドの受容体であるCB受容体の内在性リガンドは当初アナンダミドと考えられていたが，その後，モノアシルグリセロールの一種である2-アラキドノイルグリセロールもCB受容体の内在性リガンドであることが提唱され[2]，現在では，後者が真のリガンドであると考えられている．

2 生理活性脂質とそのターゲット分子

生体内には実に多彩な生理活性脂質が存在し，重要な役割をもっている．これら生理活性脂質には，脂溶性ビタミンやコレステロールとその誘導体（性ホルモンなど）が含まれ，また，アラキドン酸の誘導体であるエイコサノイド，ある種の脂肪酸とその誘導体（オキシ体あるいはアミド体など），モノアシルグリセロール，リゾリン脂質などがある．これらの生理活性脂質は，必要に応じて細胞の内外で産生され，細胞内外のターゲット分子を標的に結合し，標的細胞において応答を引き起こす．細胞内のターゲットとしては，核内受容体が主要であるが，細胞膜上のターゲットはGPCRである．生理活性脂質のいくつかは，細胞内と細胞膜の双方のターゲットをもつことが報告されている．リゾリン脂質性の生理活性脂質である**リゾホスファチジン酸***（LPA）は，後述する細胞膜上のGPCRだけでなく，核内受容体の1つPPARγの内在性のアゴニストとして機能しうることが報告されている．他に，ある種の脂肪酸，胆汁酸にもこのような例が報告されている．

3 GPCRをターゲットとする生理活性脂質

1) さまざまなリガンド

上述したように，さまざまな生理活性脂質の多くが細胞膜のGPCRをターゲットとしている．エイコサノイド，脂肪酸，リゾリン脂質性の生理活性脂質である．中でも，**エイコサノイド***はアラキドン酸の誘導体の総称であるが，プロスタグランジン（PGs），ロイコトリエン（LTs），リポキシン，5-oxo-ETEなどその種類は十数種類におよぶ[3)〜6)]．また，リゾリン脂質様の構造をもつ生理活性脂質としては，**血小板活性化因子***（platelet-activating factor：PAF）[7)]，**リゾホスファチジルコリン***（LPC）[8)]，リゾホスファチジン酸（LPA）[9)]，スフィンゴシルホスホリルコリン（SPC）[8)]，**スフィンゴシン1リン酸***（S1P）[10)]，**2-アラキドノイルグリセロール***（2-AG）[11)]，サイコシン（D-galactosyl-sphingosin）などがある．PAF，2-AG，サイコシンは構造的にはリン脂質ではないが，リゾリン脂質に類似した構造をもつのでこの範疇に含め

***リゾホスファチジン酸**
グリセロール骨格にリン酸と脂肪酸が1つずつ結合した最も単純なリン脂質．細胞増殖促進，細胞運動性促進能をもつ．

***エイコサノイド**
炭素数20の不飽和脂肪酸より精製されるプロスタグランジン，トロンボキサン，ロイコトリエン，リポキシン，5-oxo-ETEなどの生理活性脂質の総称．細胞への刺激に応じて，基質となる脂肪酸が遊離され，さまざまな酵素による代謝を受けてこれらの物質に変換される．

***血小板活性化因子（PAF）**
グリセロール骨格の1位にアルキル型脂肪酸，2位にアセチル基，3位にホスホリルコリンが結合したリゾリン脂質の一種．マスト細胞，好酸球，マクロファージなどが刺激に応じて産生する．血小板活性化，血管透過性亢進，白血球遊走など多様な生物活性を有している．

***リゾホスファチジルコリン**
細胞膜中の主要な脂質ホスファチジルコリンのグリセロールの1位または2位に結合している脂肪酸1分子がとれたもの．血液中に高濃度に存在する．リゾホスファチジルコリンからコリンがはずれるとリゾホスファチジン酸となる．

***スフィンゴシン1リン酸**
細胞膜中の主要な脂質の1つであるセラミドから生成したスフィンゴシンが，リン酸化されて産生される脂質．細胞増殖，細胞運動制御などの機能をもつ．

***2-アラキドノイルグリセロール**
グリセロールと1分子のアラキドン酸がエステル結合したもの．2-アラキドノイルグリセロールは，脳に存在するモノアシルグリセロールの30%近くを占めることから脳における役割が注目されていた．

た．また，最近，脂肪酸に対するGPCRが単離され注目されている[12]．表にこれまで同定されている生理活性脂質とそのGPCR，機能，アンタゴニスト・アゴニストについてまとめた．リガンドとしてはエイコサノイド（プロスタグランジン，ロイコトリエン），リゾリン脂質，脂肪酸などに分類される．生理活性脂質の細胞内ターゲットとしてさまざまな核内受容体や輸送タンパク質などがあるが，これら分子のリガンドとしては，コレステロール誘導体，脂溶性ビタミンなどがある．コレステロール誘導体，脂溶性ビタミンに対するGPCRはこれまでほとんど見つかっておらず，また，そのようなGPCRが存在するという薬理的な実験根拠もない．しかし，最近魚類でのプロゲスチン受容体がGPCRであることが報告された．このGPCRのホモログは哺乳類も含め広く脊椎動物に存在し，哺乳類においてもプロゲスチン受容体として機能するらしい[13)14)]．

2）GPCRの同定

個々のリガンドとのこれら受容体の同定法は，受容体タンパク質の精製，発現クローニング，抗体を用いたアプローチなどさまざまである．1つのリガンドには複数のGPCRが存在し，受容体ファミリーを形成することが多いことは前述したが，はじめの受容体がクローニングされると，その相同性を利用して類似した配列のGPCRとして第2，第3の受容体が単離されるケースが多い．この点で，はじめの受容体を同定することの意義は大きい．アフリカツメガエルの発現系を用いた発現クローニングの手法で単離され，生理活性脂質に対する最初のGPCRとして同定された血小板活性化因子（PAF）受容体[15]，血小板膜から単離精製されたトロンボキサンA2受容体[16)17)]，脳の脳室領域に時期特異的に発現する分子として同定されたLPA受容体LPA_1（vzg-1, EDG2）[18]などがこのような場合に相当する．

3）生理活性脂質に対するGPCRはgene clusterを形成する

同定された生理活性脂質に対するGPCRの系統樹を図1に示す．この系統樹をみると，同一の，あるいは構造の類似したリガンドに対するGPCRはgene clusterを形成していることがわかる．リゾリン脂質性の生理活性脂質であるリゾホスファチジン酸（LPA），スフィンゴシン1リン酸（S1P）は非常に類似した構造をもち，またそれらの受容体同士も高い相同性を示す．LPA受容体としては$LPA_{1\sim3}$の3種類のGPCRが，S1P受容体としては，$S1P_{1\sim5}$の5種類が知られていたが，これらは当初endothelial differentiation gene（EDG）familyに属する分子として分類されていたもので，互いに約35％の相同性を示す．LPA受容体，S1P受容体の中での相同性は約50％に達する．興味深い点は，LPA，S1P受容体に比較的高い相同性を示すGPCRにカンナビノイド受容体CB1，CB2があることである．カンナビノイドは，マリファナの主成分であるΔ^9テトラヒドロカンナビノールなどの類縁物質の総称で，脳内の抑制性の神経細胞を抑えることにより，幻覚，多幸感などを引き起こす．カンナビノイドはCB1，CB2の部分的な作動薬である．当初，分子内にアラキドン酸をもつアナンダミドが内在性のリガンドであるという説が優勢であったが，近年，モノグリセリドの一種，2-アラキドノイルグリセロール（2-AG）が真の内在性のリガンドであるものと考えられている．この説は，カンナビノイド受容体が，LPAやS1Pの受容体との相同性が高いという点からも支持される．その他，プロスタグランジン受容体〔プロスタグランジンD_2（PGD_2），PGE_2，$PGF_{2\alpha}$，PGI_2〕，トロンボキサン（TXA_2）受容体（それぞれDP, EP1-4, FP, IP, TP）も互いに相同性を示し，gene clusterを形成している．前述したようにgene clusterを形成するような場合，1つの遺伝子が単離されるとホモロジー検索により芋蔓式に類似配列のGPCRのリガンドがわかることが多い．TXA_2単離後

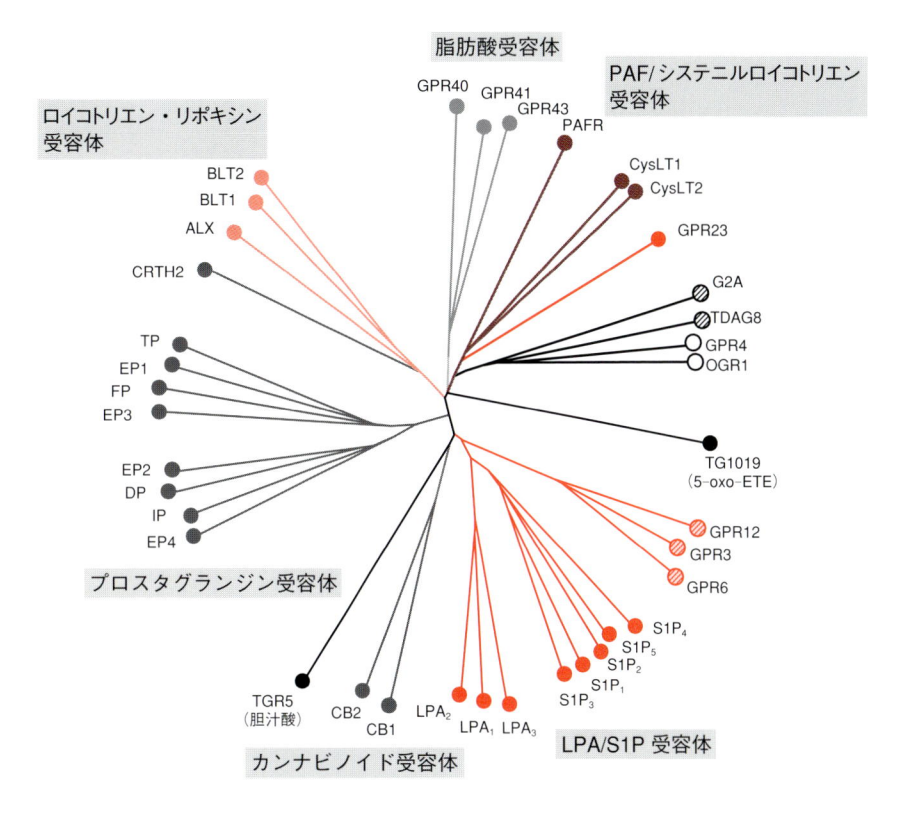

図1 ◆ 生理活性脂質受容体の系統樹
斜線の丸（G2A, TDAG8, GPR3, GPR6, GPR12）は追試がなされていない受容体，白丸（GPR4, OGR1）は否定的な追試結果が出ている受容体，それ以外はリガンドが同定されている受容体である．リガンドごとに大きくクラスターを形成しているのがわかる．各リガンドが数種類の受容体に結合することからも生理活性脂質が多様な機能を有していることが想像される

の他のプロスタノイド受容体単離，LPA₁（EDG2, vzg-1）単離後の，LPA, S1P受容体の単離がこの例に当たる．

4）GPCRからみた生理活性脂質の機能

　これは，脂質全般にいえることであるが，脂質はタンパク質と違い1つの遺伝子によりコードされない．1つの脂質の合成過程には何ステップにもわたる過程があり，それぞれの酵素が関与している．また，いくつかの酵素は，複数の脂質の合成に関与している．したがって，合成系だけを解析しても充分な成果が得られないことがある．したがって，生理活性脂質の特異的受容体（あるいは特異的な産生酵素）を介してその生理活性脂質の機能を知ることになる．現在，生理活性脂質の主流の研究として，受容体の機能阻害（特異的アンタゴニスト，遺伝子ノックアウト），受容体特異的な活性化（特異的アゴニスト），産生酵素阻害（特異的酵素阻害剤，遺伝子ノックアウト）などの手法が用いられる．GPCRが創薬のターゲットとして有用であることは前に述べたが，特に，GPCRのノックアウトマウスの表現型は，薬の作用，副作用を暗示するものであり特に注目される．表にまとめられている各生理活性脂質の機能は，これらの手法により解明されてきたものである．エイコサノイド受容体，PAF受容体，CB受容体は古くから研究が進められてきたこともあり，受容体アンタゴニスト，アゴニストが充実しており，ノックアウトマウスなどのツールも確立され，その生体内における生理的な機能，病態

表◆生理活性脂質とその受容体，および受容体アゴニスト・アンタゴニスト

リガンド	構造式	受容体	受容体の機能	アゴニスト/アンタゴニスト
LPA		LPA1	LPAによる細胞遊走亢進 脳神経系の発達	Ki16425, DGPP, VPC12249
		LPA2		
		LPA4/GPR23		
		LPA3		OMPT, XY-17, T13 Ki16425, DGPP, VPC12249
S1P		S1P1	血管形成 リンパ節からのリンパ球遊走	FTY720 #メモ（リン酸化体）
		S1P2	細胞遊走抑制	JTE013
		S1P3		FTY720（リン酸化体）
		S1P4		FTY720（リン酸化体）
		S1P5		FTY720（リン酸化体）
		GPR3		
		GPR6		
		GPR12		
		GPR63		
dihydro-S1P		GPR3		
		GPR6		
		GPR12		
		GPR63		
PAF		PAFR	喘息などアレルギー反応の亢進 感染防御 骨粗鬆症の進行	mc-PAF WEB 2086, L659,989, CV-3988
2-AG		CB1	マリファナ成分（Δ⁹-THC）の受容体 神経伝達物質放出の抑制	WIN55212-2, CP55940, HU210, anandamide（partial agonist） SR141716A, AM251, AM281
		CB2	T細胞活性化の抑制 炎症反応の亢進	WIN55212-2, HU210, CP55940 SR144528, JTE-907
LPC		G2A		
		GPR4		
SPC		OGR1		
		GPR4		
サイコシン		TDAG8	細胞質分裂の停止，多核細胞出現	
dioleoyl PA		GPR63		
脂肪酸		GPR40	膵臓β細胞からのインスリン分泌	
		GPR41	脂肪細胞からのレプチン放出	
		GPR43	好中球の細胞内カルシウム濃度上昇 遊走促進	

#メモ：FTY720

冬虫夏草の一種である *Isaria sinclairii* が産生するミリオシンをリード化合物として見出された免疫抑制剤であり，末梢血中のリンパ球数を著しく減少させることから，新しいタイプの免疫抑制剤として注目されている．最近FTY720のターゲットがS1P受容体の1つS1P$_1$であることが明らかになった．FTY720は体内でリン酸化されS1Pに似た構造をとる．これがS1P$_1$に作用して，リンパ節およびパイエル板へのリンパ球ホーミングを促進させるものと考えられている．

リガンド	構造式		受容体	受容体の機能	アゴニスト／アンタゴニスト
プロスタグランジン		PGD$_2$	DP	喘息の惹起，Th2サイトカイン産生 睡眠誘発	BW245C, ZK110841, L-644,-698, S-5751
			CRTH$_2$	Th2，好酸球，好塩基球の遊走惹起	13, 14-dihydro-15-keto PGD$_2$
		PGE$_2$	EP1	大腸癌形成の促進 疼痛の伝達	スルプロストン, ONO-DI-004, AH6809, ONO-8713
			EP2	排卵・受精の促進 血圧降下作用	ONO-AE1-259, butaprost
			EP3	血小板凝集作用 発熱 胃酸分泌の抑制 疼痛の伝達	M&B28767, スルプロストン, ONO-AE-248
			EP4	動脈管の閉鎖 骨吸収の制御	ONO-AE1-329, AH23848
		PGF$_{2\alpha}$	FP	分娩の誘導	travoprost, latanoprost, bimatoprost AL-8810, AL-3138
		PGI$_2$	IP	抗血栓作用 血管透過性亢進 疼痛の伝達	cicaprost, EP185, octimibate, BMY45778
		TXA$_2$	TP	血栓形成	U46619, ramatroban, seratrodast
ロイコトリエン		LTB$_4$	BLT1	好中球浸潤，T細胞活性化	ONO-4057, U75302
			BLT2		ONO-4057
		LTC$_4$	CysLT1	気管支収縮 血管透過性亢進	pranlukast, montelukast, zafirlukast, pobilukast, BAYu9773
		LTD$_4$	CysLT2		BAYu9773
		5-oxo-ETE	TG1019	好酸球・好中球に高発現	
リポキシン		LXA$_4$	ALX	炎症反応の抑制	
		LXB$_4$			
ステロイド		Progesterone	mPR α mPR β mPR γ		
胆汁酸		Cholic acid	TGR5	マクロファージ活性化の抑制	

受容体に関しては，追試がなされていないものは赤で，否定的な追試結果が報告されたものを灰色で示してある．また，アゴニストを黒で，アンタゴニストは赤で示した．これらの化合物の中にはTPアンタゴニストのseratrodastや，CysLT1アンタゴニストのpranlukastなどのようにすでに臨床上で使用されているもの，あるいはS1P1アゴニストのFTY720のように臨床試験中のものがあることがわかる．今後，脂質メディエーター受容体の機能解析が進行するにつれ，上記のアゴニスト，アンタゴニストが治療薬として注目される可能性は十分に考えられる

との関連についても多くのことが明らかにされている．中でも，EP1-EP4と4つのGPCRが存在するPGE$_2$は，すべてのノックアウトマウスが作製され，それぞれ異なった表現型を示している．これはGPCRの多様性の意義を考えるうえで興味深い結果である．一方，リゾリン脂質系の生理活性脂質（PAFを除く），脂肪酸に関しては歴史が浅く，優れたアンタゴニスト，アゴニストはいまだ一部の例を除き少ない．また，ノックアウトマウスの作製の報告も少ない．しかし，S1P受容体SIP$_1$，LPA受容体LPA$_1$のノックアウトマウスはそれぞれ血管形成，脳の形態形成に異常を生じ，これらのリゾリン脂質性の生理活性脂質が個体レベルで重要な役割を担うことを示している．

4 追試されていないGPCR

すでに報告されている生理活性脂質に対するGPCRのうち，いくつかのラボで追試されていない，あるいは論文，学会レベルでネガティブな結果がささやかれるGPCRがある（図1）．OGR1，GPR4，G2A，TDAG8は，ともにPAF受容体と弱いホモロジーを示し，それぞれ，スフィンゴシルホスホリルコリン（SPC），リゾホスファチジルコリン（LPC）/SPC，LPC，サイコシンがリガンドであると報告された．ところが最近，OGR1とGPR4はともにSPCやLPC受容体としては機能せず，プロトン感受性受容体であると報告された[19]．G2AもOGR1とGPR4を同定した同じグループによりLPC受容体として報告された．G2AはG2 accumulationの略であり，元来過剰発現すると細胞周期のG2期に止まってしまう，抗増殖活性を示すGPCRとして発見され，ノックアウトマウスは自己免疫疾患様の症状を示すなど，非常に内在性のリガンドに興味がもたれている．最近，LPCの投与が敗血症に対して効果を示し，さらにその効果が抗G2A抗体で抑制されることよりG2Aを介するものと報告された[20]．これは，G2AがLPCをリガンドにすることを示す，初めての別グループからの報告である．TDAG8は，サイコシンと呼ばれるある種の糖脂質がリガンドであるという報告がある．グラッペ症という病気では，ガラクトシダーゼ欠損によりサイコシンが蓄積し，ミクログリアなどの細胞に作用し，多核の細胞を形成させる．細胞にTDAG8を発現させるとサイコシンによる多核化が促進されるので，サイコシンはTDAG8を介して作用を示すものと考えられる．

アフリカツメガエルの卵母細胞はLPAに反応し，Cl$^-$イオンの流入を引き起こす．この現象を説明する分子としてPSP24が報告されている．哺乳類には2種類のPSP24ホモログ分子（GPR45とGPR63）が存在し，脳に高い発現を示す．しかし，いずれもがLPAには反応しないと報告されている．GPR63に関して最近，S1P，dioleoyl PAに反応すると報告されたが[21]，この結果も追試の報告がない．

図1を見るとLPA/S1Pとカンナビノイド受容体に相同性の高いGPCRが3つ存在することがわかる（GPR3，GPR6，GPR12）．最近，これらがいずれもS1Pやジヒドロ S1Pに反応すると報告された[22]．遺伝子配列の相同性から考えて結果は理解しやすいが，他研究者の追試を待つ必要がある．

おわりに

以上，生理活性脂質に対するGPCRについて，その多様性と種類について概説した．誌面の

関係で，この総説の土台となったすべての文献を引用することができなかったが，個々については，原著や各脂質分子・受容体に関する優秀な総説を参考にしていただきたい．冒頭に，現在約150のオーファン受容体があることを述べたが，既知の210のGPCRのうち脂質をリガンドとするものは約30種で，全体の十数％となる．この確率を適用すると，150のオーファン受容体のうち20強（150×30/210）は脂質に対するGPCRだと類推される（**概略図**）．世界各国でdeorphanプロジェクトが展開されており，今後の進展が楽しみである．

アゴニスト・アンタゴニストに関しまして，杉本幸彦博士（京大薬），石井 聡博士（東大医），杉浦隆之博士（帝京薬）に貴重な情報をいただきました．深謝いたします．

参考文献

1) Wise, A. et al. : The identification of ligands at orphan G-protein coupled receptors. Annu. Rev. Pharmacol. Toxicol., 44 : 43-66, 2004
2) 杉浦隆之：カンナビノイド受容体とその内在性リガンドの神経系における生理的意義．ファルマシア，39：1077-1081, 2003
3) 成宮 周：クロン化プロスタグランジン受容体と新規薬物の開発．日本薬理学雑誌，117：243-247, 2001
4) Narumiya, S. et al. : Prostanoid receptors : structures, properties, and functions. Physiol. Rev., 79 : 1193-1226, 1999
5) 横溝岳彦：ロイコトリエンの代謝と受容体－核内受容体にもふれて．細胞工学，17：722-729, 1998
6) 『これだけは知っておきたいアラキドン酸カスケードQ＆A』（室田誠逸／編），医薬ジャーナル社，2002
7) Ishii, S. & Shimizu, T. : Platelet-activating factor (PAF) receptor and genetically engineered PAF receptor mutant mice. Prog. Lipid Res., 39 : 41-82, 2000
8) Xu, Y. : Sphingosylphosphorylcholine and lysophosphatidylcholine : G protein-coupled receptors and receptor-mediated signal transduction. Biochim. Biophys. Acta, 1582 : 81-88, 2002
9) Tigyi, G. & Parrill, A. L. : Molecular mechanisms of lysophosphatidic acid action. Prog. Lipid Res., 42 : 498-526, 2003
10) Hla, T. : Signaling and biological actions of sphingosine 1-phosphate. Pharmacol. Res., 47 : 401-407, 2003
11) Sugiura, T. et al. : Biosynthesis and degradation of anandamide and 2-arachidonoylglycerol and their possible physiological significance. Prostaglandins Leukot. Essent. Fatty Acids, 66 : 173-192, 2002
12) Itoh, Y. et al. : Free fatty acids regulate insulin secretion from pancreatic beta cells through GPR40. Nature, 422 : 173-176, 2003
13) Zhu, Y. et al. : Identification, classification, and partial characterization of genes in humans and other vertebrates homologous to a fish membrane progestin receptor. Proc. Natl. Acad. Sci. USA, 100 : 2237-2242, 2003
14) Zhu, Y. et al. : Cloning, expression, and characterization of a membrane progestin receptor and evidence it is an intermediary in meiotic maturation of fish oocytes. Proc. Natl. Acad. Sci. USA, 100 : 2231-2236, 2003
15) Honda, Z. et al. : Cloning by functional expression of platelet-activating factor receptor from guinea-pig lung. Nature, 349 : 342-346, 1991
16) Ushikubi, F. et al. : Purification of the thromboxane A2/prostaglandin H2 receptor from human blood platelets. J. Biol. Chem., 264 : 16496-16501, 1989
17) Hirata, M. et al. : Cloning and expression of cDNA for a human thromboxane A2 receptor. Nature, 349 : 617-620, 1991
18) Hecht, J. H. et al. : Ventricular zone gene-1 (vzg-1) encodes a lysophosphatidic acid receptor expressed in neurogenic regions of the developing cerebral cortex. J. Cell Biol., 135 : 1071-1083, 1996
19) Ludwig, M. G. : Proton-sensing G-protein-coupled receptors. Nature, 425 : 93-98, 2003
20) Yan, J. J. et al. : Therapeutic effects of lysophosphatidylcholine in experimental sepsis. Nature Med., 10 : 161-167, 2004
21) Niedernberg, A. et al. : Sphingosine 1-phosphate and dioleoylphosphatidic acid are low affinity agonists for the orphan receptor GPR63. Cell Signal., 15 : 435-446, 2003
22) Uhlenbrock, K. et al. : Sphingosine 1-phosphate is a ligand of the human gpr3, gpr6 and gpr12 family of constitutively active G protein-coupled receptors. Cell Signal., 14 : 941-953, 2002

参考図書 ……もう少し詳しく知りたい人に……

- 『受容体がわかる』（加藤茂明／編），わかる実験医学シリーズ，羊土社，2003　≫≫受容体の構造，シグナル伝達機構に関する基本事項をわかりやすく解説している．
- 『細胞膜・核内レセプターと脂溶性シグナル分子』（加藤茂明，清水孝雄／編），実験医学増刊，18（2）羊土社，2000　≫≫各生理活性脂質の機能を比較的詳細に記している．

基本編

第5章

脂溶性ビタミン/ホルモンの分子作用機構

加藤 茂明

脂溶性ビタミンとしてA, D, E, Kの4種が知られているが，このうちA, Dはステロイドホルモン類同様に，核内レセプターのリガンドとして作用する．核内レセプターはリガンド依存性転写制御因子であるため，これらビタミン，ホルモンの生理作用は遺伝子発現調節を介して発揮されると考えられている．

核内レセプターによるこのような遺伝子発現調節は，最近染色体の構造調節を伴うことが明らかになりつつある．一方，ビタミンE, Kには核内レセプターは発見されておらず，基質として作用すると考えられている．ビタミンEは抗酸化物質として機能し，ビタミンKはGla化における補酵素として作用する．

【キーワード&略語】
脂溶性ビタミン，脂溶性ホルモン，核内レセプター，遺伝子発現調節，転写因子，転写共役因子，抗酸化，血液凝固
AF：activation function

VLDL：very low-density lipoprotein
　　　（超低密度リポタンパク質）
VDR：vitamin D receptor（ビタミンDレセプター）
HAT：histone acetyltransferase
HDAC：histone deacetylase

はじめに

代表的な脂溶性生理活性物質群として，脂溶性ステロイドホルモン群と脂溶性ビタミンがあげられる（概略図）．脂溶性ビタミンはA, D, E, Kの4種が存在する．いずれもおのおの特徴的な生体内転送，代謝，機能発現機構を有する．ビタミンA, Dは，甲状腺ホルモンやステロイドホルモン同様に標的遺伝子群の発現を転写レベルで制御し，核内レセプターのリガンドとして働くことが分子レベルで最近解明されている（図1，図2参照）[1]．また，核内レセプターリガンドとして，生体内微量かつ不安定低分子量脂溶性生理活性物質群が同定されつつあり#メモ1，また低分子量脂溶性薬物/化合物群も見出されている[2]#メモ2．このような低分子量脂溶性群をリガンドにする核内レセプター群は，遺伝子の発現を制御するグローバルな脂質センサーとして捉えられてきている．一方ビタミンE, Kの核内レセプターは現在まで同定されておらず，基質レベルでの作用と考えられている．ビタミンEは抗酸化物質として機能し，ビタミンKはγ-カルボキシグルタミン酸（Gla）化反応において補酵素的に作用し，特に血液凝固系に必須であることがわかっている．

#メモ1
核内レセプターリガンドとして機能する生理活性物質には，脂溶性ビタミンやステロイドホルモン類が古くから知られてきたが，最近新たな内因性外因性リガンドが同定されつつある．例えば，オーファンレセプターとして同定されたLXRの内因性リガンドとして，コレステロール代謝物が，またFXRは胆汁酸誘導体をリガンドとすることが明らかになっている．

#メモ2
脂溶性低分子の薬などの人工化合物の代謝センサーとして，ダイオキシン（薬物・異物）レセプター（AhR）が広く知られている．AhRは，bHLH型の転写制御因子であり，核内レセプターとは異なるクラスの転写制御因子である．最近，オーファンレセプターとして当初見出されたPXR/SXRがこれら人工化合物をリガンドとし，なおかつ既知AhR標的遺伝子群の発現を制御することが明らかになっている．このことから，薬物・異物の代謝解毒にも核内レセプターが関与することが明らかになっている．

■概略図■　低分子量脂溶性生理活性物質の作用機構

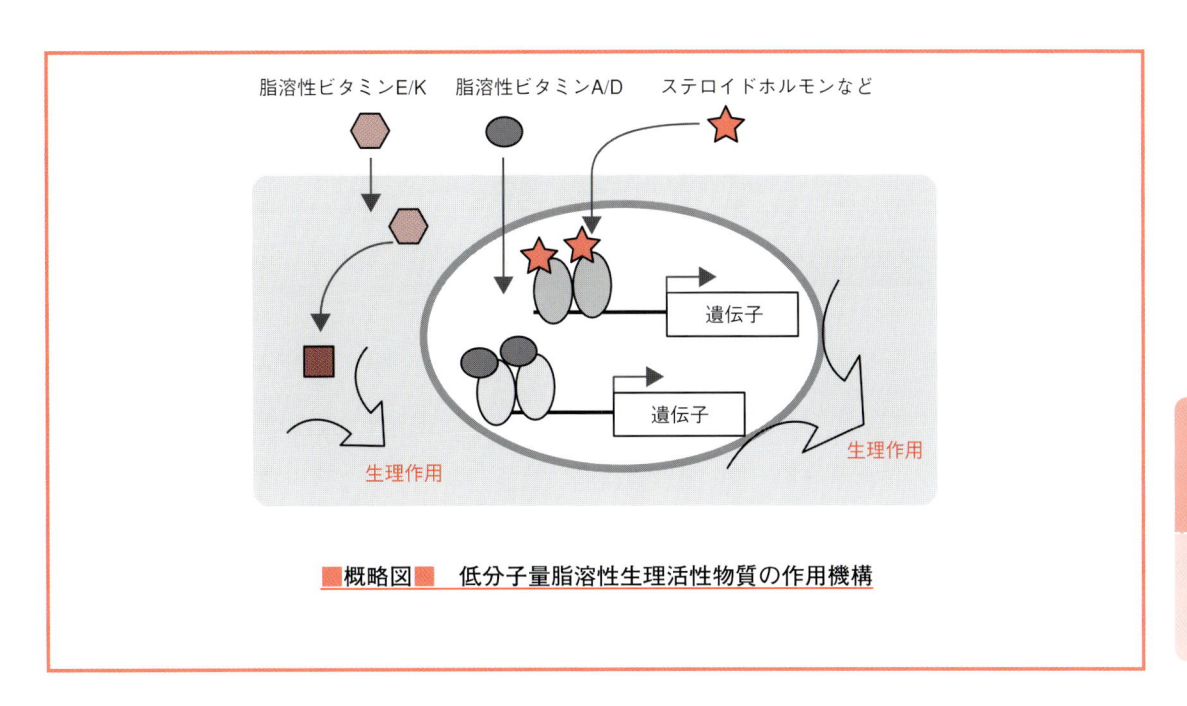

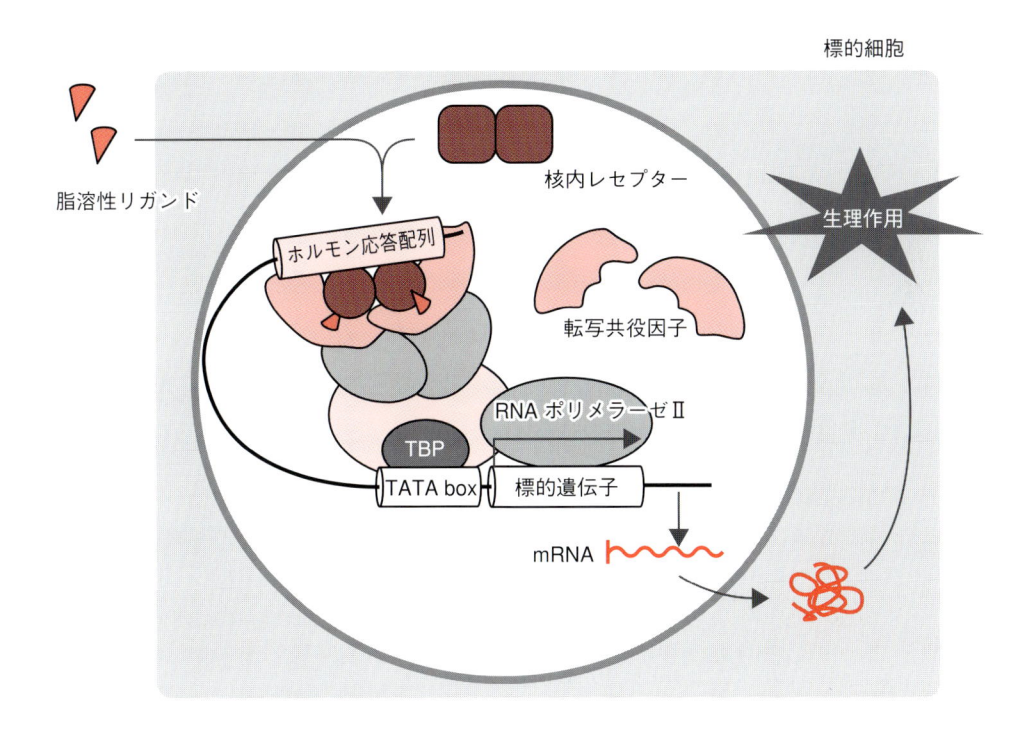

図1 ◆ 核内レセプターによる情報伝達機構（概念図）
脂溶性ビタミンA，Dおよびステロイドホルモン類は，核内レセプターのリガンドとして作用する．リガンドが結合した核内レセプターは，その転写制御能が活性化されているため，DNAに結合すると通常下流の標的遺伝子群の発現を正と負に制御する．こうして発現制御された遺伝子群の産物（タンパク）が生理作用を発揮する

基本編-第5章　脂溶性ビタミン/ホルモンの分子作用機構

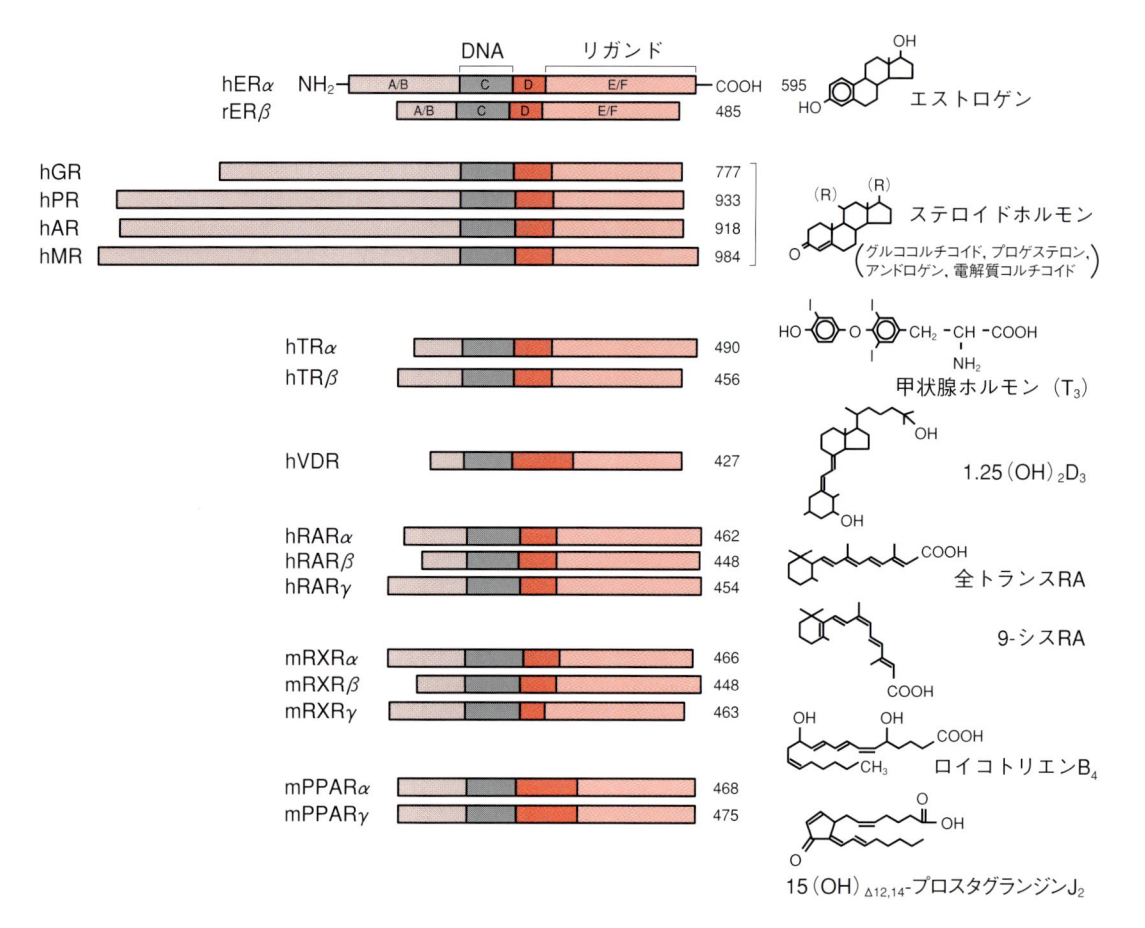

図2 ◆ 核内レセプターの構造とリガンド

多くの内因性の核内レセプターリガンドは，特異的に1種のレセプターのみに作用する．一方，合成リガンドや薬物の場合には，必ずしもこの特異性は保証されない．しかし，内因性リガンドが未だ同定されていない核内レセプター群（PXR/SXR，PPARδ，CAR）などでは，複数の内因性リガンドの存在が予想されている

1 核内レセプターリガンドとしての脂溶性ビタミンA，Dおよびステロイドホルモン群の生理作用機構

1）脂溶性ホルモン群とビタミンA，Dの生理作用発現様式

　脂溶性ビタミン・ホルモンをはじめとした低分子量脂溶性生理活性物質群をリガンドとする核内レセプター群は，1つの原初遺伝子から分子進化した遺伝子スーパーファミリーを形成している．レセプター種はヒトのゲノム解読から，48種の遺伝子の存在が確認されている．核内レセプターはいわゆるクラスII遺伝子群の発現を制御するリガンド依存的なDNA結合性転写制御因子である．このように核内レセプターは，1つの原初遺伝子から進化派生したスーパーファミリーを形成しているため，レセプターの構造，機能は酷似している[1]．核内レセプターは，それぞれの特異的な標的遺伝子群プロモーターに結合することで，リガンド依存的に標的遺伝子群の発現を正負に転写レベルで制御する．標的遺伝子群産物（タンパク）は，酵素であったり，細胞内構成タンパクなどの生理的に重要な因子群であり，これらの発現の変動を通

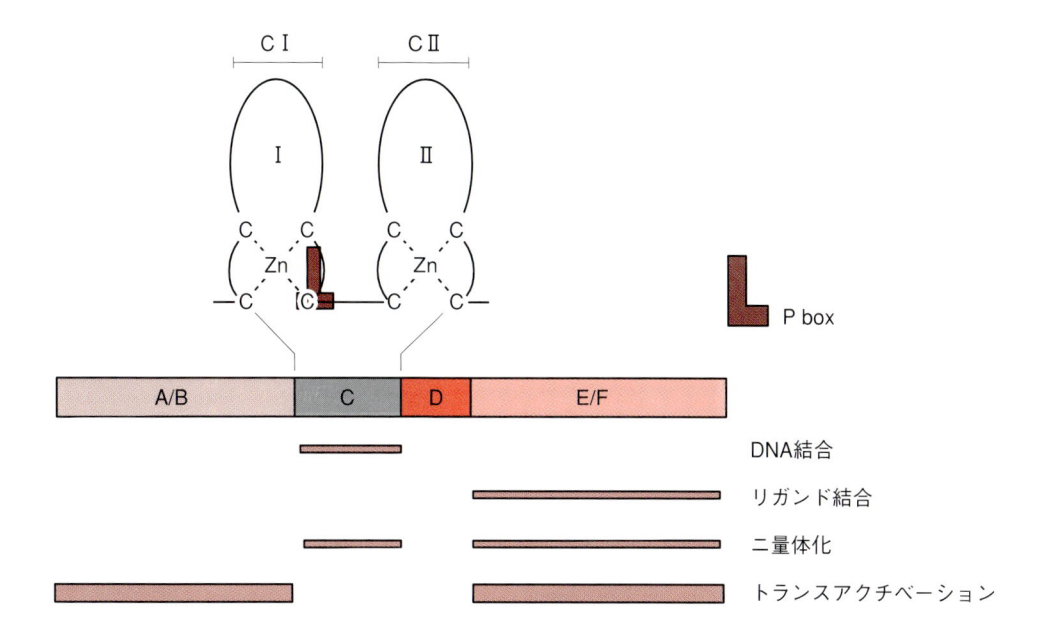

図3 ◆ 核内レセプタースーパーファミリーの機能領域
核内レセプターは，遺伝子スーパーファミリーを形成しているので，各領域構造に分断される．レセプター分子N末端よりAからFまでの領域構造に分けられる

じ，リガンド生理作用が発揮されると予想されている（図1）[1]．

2）生体内転送

後述するように，ビタミンE，Kと同様に，多くの核内レセプターリガンドは生体内の脂質成分とともに，非特異的に移行するものが多いと考えられている．ビタミンA，ビタミンD，甲状腺ホルモンには，特異的な血中結合タンパクが存在するが，他のリガンドでは血清アルブミンに非特異的に結合して転送されると考えられている．細胞内においても，ビタミンA（レチノールおよびレチノイン酸），甲状腺ホルモンにおいては，特異的な細胞質結合タンパクの存在が知られているが[#メモ3]，ステロイドホルモンをはじめとした他の多くの核内レセプターリガンドでは，特異的結合タンパクの存在は知られていない．

3）核内レセプターの構造と機能

核内レセプターは，遺伝子スーパーファミリーを形成しているため，いずれもいくつかの機能領域に分断することができる（図3）．最も高度に保存されているのが，レセプター分子中央のC領域であり，特異的DNA配列認識結合に必須ないずれも2つのC4C4タイプのZnフィンガー構造を有している．リガンド結合領域は，E/F領域に存在し，疎水性に富む配列に囲まれたリガンド結合ポケットを有する．核内レセプターのリガンド依存的な転写促進領域は，2

#メモ3

ビタミンAの活性本体はレチノイン酸であるが，体内では，前駆体であるβ-カロテンからの生合成で厳密かつ巧妙に産生される．すなわち，細胞質にはレチノール結合タンパク（CRBP I，IIの2種）とレチノイン酸結合タンパク（CRABP I，IIの2種）が存在する．そのため，細胞にとりこまれたビタミンA類が過剰であっても，これら細胞質結合タンパクが緩衝機能を果たす．ごく微量のレチノイン酸が核内に至り，RAR，RXRのリガンドとして，作用を発揮する．そのため，ビタミンA前駆体をどんなに過剰に摂取しても毒性はみられないが，一方レチノイン酸を大過剰摂取すると毒性がみられるのは，CRABPsの緩衝容量を超えるからである．

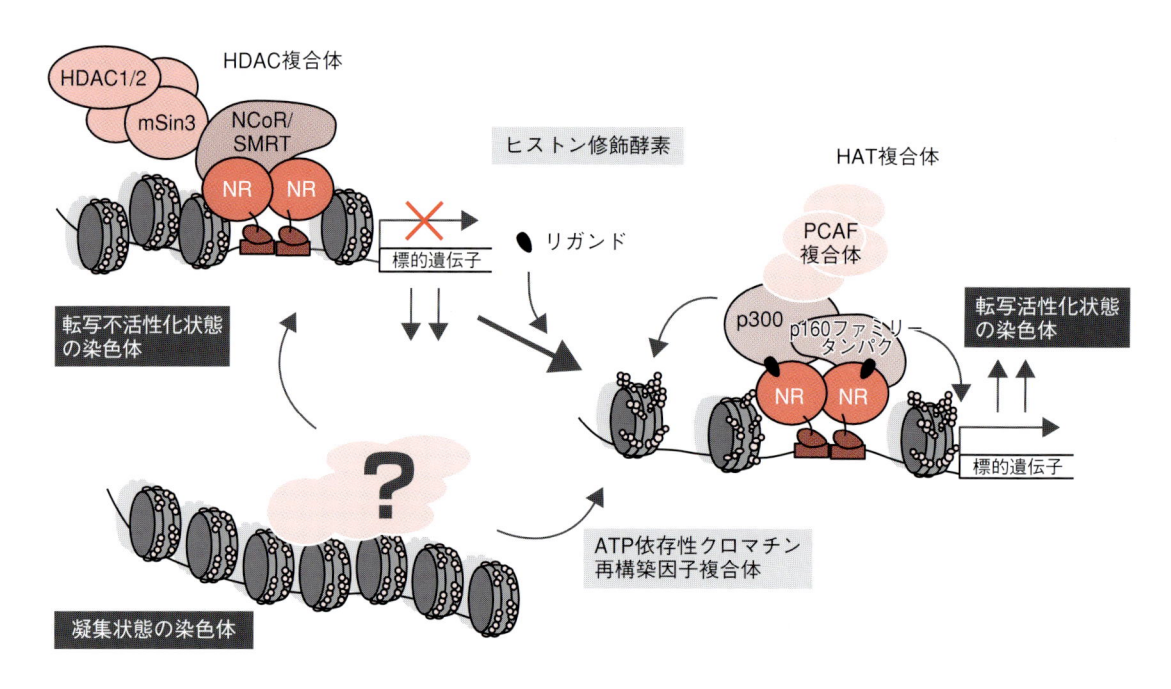

図4 ◆ 核内レセプターのプロモーター標的機構（概念図）
一般に標的プロモーター上の染色体（クロマチン）構造は，転写制御に対し阻害的な構造/状態にある．これは，DNAがヒストンタンパクと会合した状態では，転写制御反応は進まないため，この会合を解く必要性がある．そのため，クロマチン構造を改変するクロマチン構造修飾因子複合体群が，必須である．各種クロマチン構造修飾因子複合体（転写共役因子複合体）と会合した核内レセプターは，クロマチン再構築因子複合体とともにクロマチン構造を修飾し，リガンド依存的に転写制御を行う

カ所存在する．1つは，レセプターC末端E/F領域に存在し，その機能（activation function 2 = AF-2）は完全リガンド結合依存的である．一方N末端A/B領域に存在する転写促進領域（AF-1）は，恒常的な転写促進能を有する．したがってAF-1活性はリガンド未結合のE/F領域によって機能が制御されている．リガンド結合は，AF-2の機能誘導のみならずAF-1機能をも促進する．AF-1，AF-2活性は細胞種によって異なり，また同じ細胞であっても細胞の状態によっても活性が変わることが知られている．一方，核内レセプターはリガンド依存的に転写を抑制する標的遺伝子も存在するが，転写抑制領域は，AF-2を必須とする．他の領域も直接，間接に関与することが証明されているが，レセプター種により異なると予想されている．

4）転写共役因子複合体を介した核内レセプターの転写制御機構

核内レセプターのリガンド依存的な転写制御には，リガンド依存的に転写共役因子群の解離，あるいは会合が起きる．転写共役因子は単独ではなく，複合体として機能することがわかっている[3)4)]（図4）．

現在までに少なくとも核内レセプターには3つのコアクチベーター複合体が存在することがわかっている．1つは，CBP/p300，SRC-1/TIF2（p160）ファミリーを含む複合体である．これらCBP/p300，p160ファミリータンパク自身がヒストンアセチル化酵素（HAT）であるので，このコアクチベーター複合体は，ヒストンをアセチル化することで積極的にクロマチン構造をより転写が潤滑に開始される状態にする作用があると思われている．さらにTFTC，STAGA，PAFコアクチベーター複合体は，GCN5HATを含む．またもう1つの複合体である

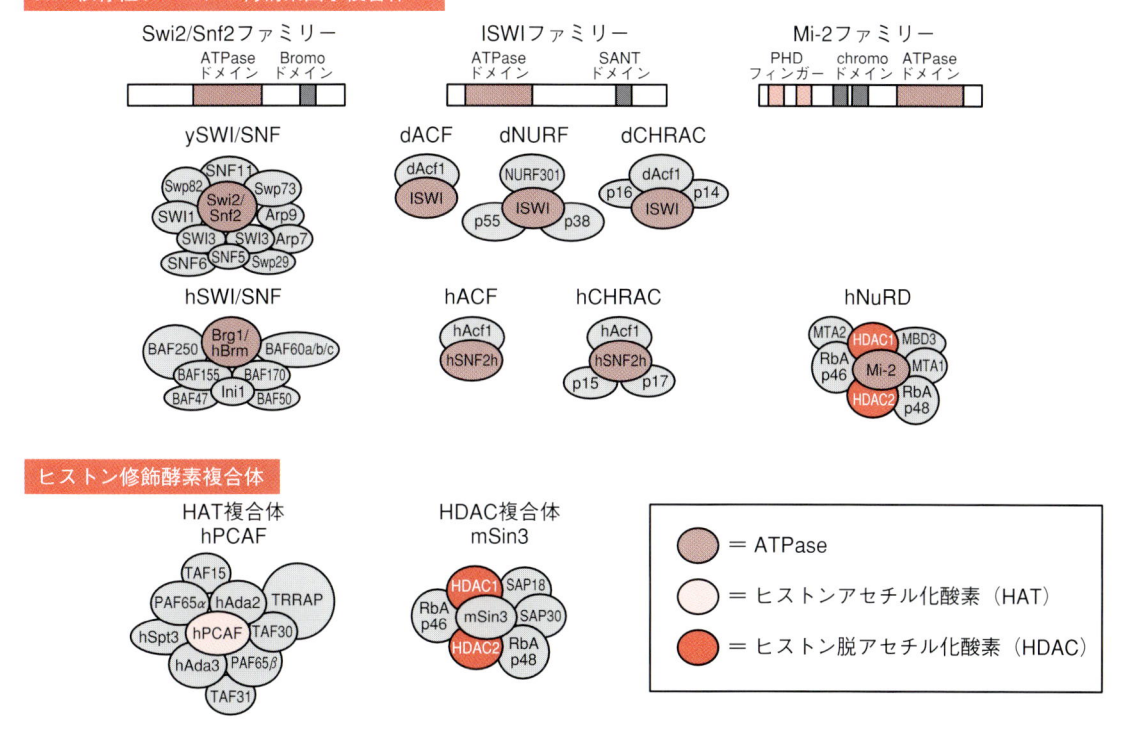

図5 ◆ ATP依存性クロマチン再構築因子複合体群とヒストン修飾酵素複合体
ATP依存性クロマチン再構築因子複合体群は，ATP依存的にヌクレオソーム配列の並び換えや，ヒストン構造をダイナミックに調節する．ヒストン修飾因子複合体（転写共役因子複合体）は，HDAC活性を有するコリプレッサー複合体（転写共役抑制因子）とHAT活性を有するコアクチベーター複合体（転写共役活性化因子）の相反する機能の複合体が存在する．HATによるヒストンアセチル化によりクロマチン構造を弛緩，転写反応を易化，逆にHDACによるヒストン脱アセチル化により，クロマチン構造を密にし，転写を難化させる

DRIP/TRAPにはこのようなHAT活性がない．

代表的なコリプレッサーであるNCoR，SMRTは，多くの非ステロイドレセプター分子と直接会合するが，リガンド結合依存的に解離する．NCoR，SMRTは，コリプレッサー複合体の基本構成因子として，HDACをはじめとした他の因子群と会合，複合体を形成する[5]．

5）核内レセプターによるリガンド依存的なクロマチン構造修飾と転写制御

実際の遺伝子プロモーター上の転写制御は，染色体DNA上でクロマチン（ヌクレオソーム）の再構築を伴う．このような構造変化を担うのが，ATP依存的なクロマチン再構築因子複合体群である（図4）．これら複合体群のATP依存的な機能は，ATPaseにより駆動されるため，主要構成因子であるATPaseの種によって大別されている（図5）[6]．核内レセプター標的プロモーター上のクロマチン構造は，通常転写制御に対して（DNA結合に対して）不活性化させるヌクレオソーム配列をとっていると考えられる．したがって，特異的DNA配列の認識や結合に際しては，何らかのヌクレオソーム配列の修飾が必須となる[6]．最近，Parkerらのグループは，リガンド結合依存的にERαが，コアクチベーターを介してSWI/SNF型クロマチン

再構築因子複合体と相互作用することを示した[7]．一方われわれはVDR（vitamin D receptor）とリガンド結合非依存的に会合する複合体として新規クロマチン再構築因子複合体（WINAC）を精製，同定することに成功した[8]．これらのことから，染色体構造調節を伴う遺伝子発現調節は，大きく2つの様式に大別されることがわかった．ステロイドホルモンレセプター型の核内レセプター群（ER）では，リガンド依存的に転写共役因子複合体を獲得する．次にクロマチン再構築因子複合体と相互作用することで，標的DNA配列周辺のクロマチン構造（ヌクレオソーム配列）の修飾を介し，標的DNA配列に核内レセプターが強固に結合することを示唆している．一方，非ステロイドホルモンレセプター群に属するVDRは，まずクロマチン再構築因子複合体（WINAC）と会合することで，リガンド依存的に獲得されるVDR転写共役因子複合体との会合をプロモーター上で亢進するクロマチン環境を整える機能を有していると考えられた（図5参照）[8]．

このように核内レセプターは染色体構造変化を伴い，リガンド依存的に転写共役因子複合体とともに巨大複合体を形成し，ヒストンのアセチル化，脱アセチル化により，遺伝子発現調節を行うことが明らかになりつつある．一方，核内レセプターは転写を抑制する標的遺伝子群も存在するが，その転写抑制の分子メカニズムの大部分は不明であり，この抑制には未知因子が数多く関与することが予想されている．

2 脂溶性ビタミンE，Kの作用機構

1）ビタミンE

ⅰ）性状

ビタミンEの構造は2つに大別されるが，1つはトコフェロール系（Toc）であり，他方はトコトリエノール系（Toc-3）である．いずれもクロマン環のメチル基の位置および残基数で$α〜δ$のおのおの4種が存在する．$β$，$γ$，$δ$は，$α$体の50%，10%，3%程度の生物活性であり，$α$-Toc-3は，$α$-Toc活性の約30%に過ぎない．さらにTocには3種の不斉炭素が，Toc-3には，二重結合が2つあるため，おのおの8種の立体異性体が存在するが，TocはすべてR構造，Toc-3はトランス体のみがビタミンEとして存在する．ビタミンEは，緑葉植物，海藻類，甲殻類，魚類，高等動物に広く存在するが，脂溶性であるので，食用油（大豆油，綿実油，トウモロコシ油，小麦胚芽油）に豊富に存在する．

ⅱ）生体内転送

小腸で食物から摂取されたビタミンEは，キロミクロンに取り込まれ，リンパ管を経由して肝臓に取り込まれる．その後，超低密度リポタンパク（VLDL）に取り込まれ再構築，血液中に放出される．この取り込みには，細胞質に存在する31 kDの$α$-Toc特異的結合タンパク（$α$-tocopherol transfer protein，$α$-TTP）が極めて重要な役割を果たしている．実際このタンパクの欠失は，ヒトでもノックアウトマウスでもビタミンE欠乏を引き起こすことが，最近明らかになっている[9]．食物中には，一般に$δ$-Tocの方が$α$-Tocより豊富に存在するが，$α$-Tocの生物活性の方が高値なのは，$α$-TTPが，$δ$-Tocに比べ$α$-Tocとの結合能が高いためと考えられている．血中に放出されたVLDLは標的組織でLDL，HDLと代謝されるため，ビタミンEは動的に細胞内に吸収される．

A）

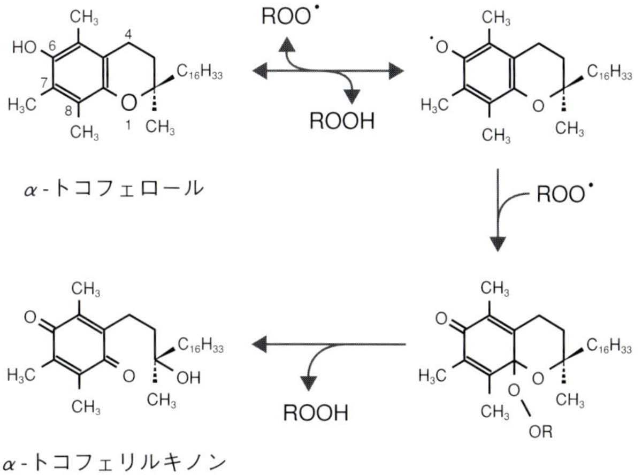

B）

グルタチオンペルオキシダーゼ

$$ROOH + 2GSH \longrightarrow ROH + GSSG + H_2O$$

GSH：グルタチオン
GSSG：酸化型グルタチオン

GSSG還元酵素

$$GSSG + NADPH + H^{+} \longrightarrow 2GSH + NADP^{+}$$

図6◆ビタミンEの作用機構
本文参照

iii）作用機序

ビタミンEは細胞膜，赤血球など，生体内に幅広く存在する．その主たる生理作用は，生体膜あるいは細胞内に生じる酸化物質に対する抗酸化作用と考えられている．これはビタミンE欠乏症の観察から類推されていたが，実際*in vitro*の実験系でも証明されている．一般に細胞レベルでの抗酸化作用の主要作用部位は，生体膜のリン脂質二重層内の不飽和脂肪酸の酸化防止であると考えられている．生体膜の主たる不飽和脂肪酸は，リノール酸，アラキドン酸などの高度不飽和脂肪酸であるが，これらは過酸化反応を受け，酸化による生体膜機能障害を引き起こす主たる原因となっている．ビタミンEはこれらの過酸化反応に拮抗して酸化を防止する（図6）．また生体で生じる過酸化水素や鉄イオンはヒドロオキシラジカルを生じるが，この反応においても主要ビタミンEは抗酸化剤として作用する．一方，グルタチオン（GSH）による過酸化防止障害においてグルタチオンペルオキシダーゼは中心的な役割を果たすが（図6），この構成因子はセレンである．そのためセレンとビタミンEは，異なった作用機構により抗酸化作用を示す．したがって重度なセレン欠乏はビタミンE欠乏様の障害を誘導する．

2）ビタミンK

i）性状

ビタミンKは，構造的に2つに大別される．1つは2-メチル-3-フィチル-1,4-ナフレキノン（K_1：フィロキノン，PK）であり，他方は2-メチル-3-全トランス-マルチプレニル-1,4-ナフトキノン（K_2：メナキノン，MK）である．K_2は，プレニル基の数（n）によりメナキノ

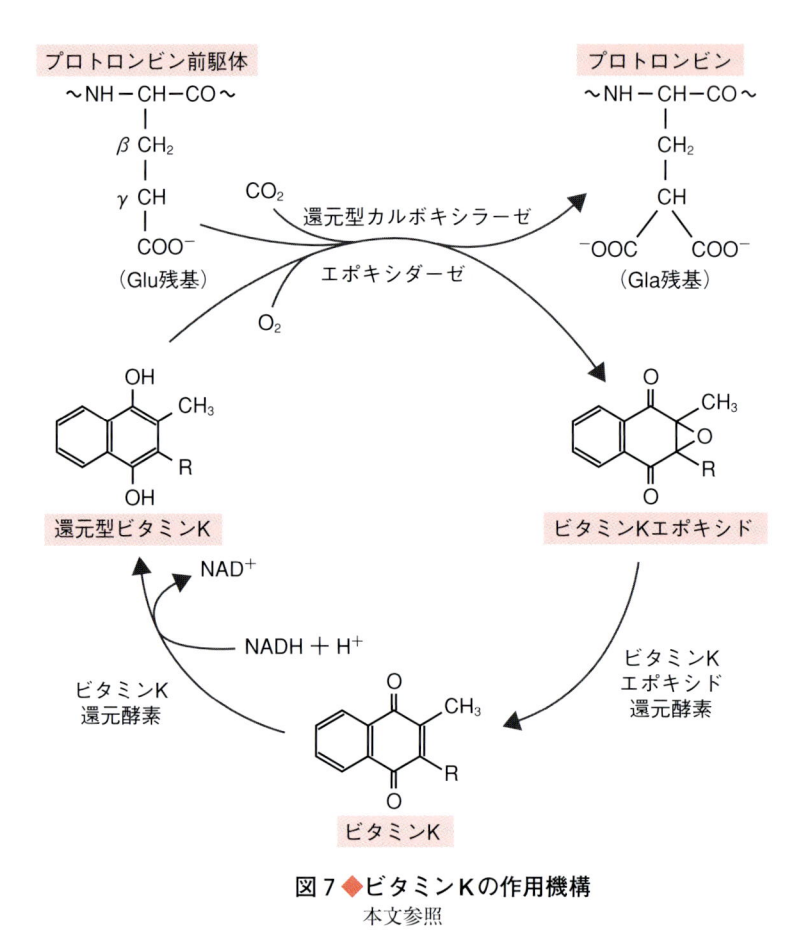

図7 ◆ ビタミンKの作用機構
本文参照

ン-n（MK-n）と称される．ビタミンKは，腸内細菌によっても合成されるが，食物から摂取される主たるビタミンKはK_1である．ビタミンK欠乏は，肝疾患，吸収不全症候群などの消化吸収不全による摂取量低下のほか，胆汁流出障害，抗生物質投与などによっても引き起こされる．また母乳栄養新生児においては，腸内細菌によるビタミンKの生合成能未熟などと相まったビタミンK摂取量不足から，頭蓋骨内出血を起こす．興味深いことに，このようなビタミンK欠乏症は西高東低といわれ，納豆（ビタミンKが多い）摂取量との関連が指摘されている．また出血を伴いウシが死亡する事件から，牧草（sweet clover）より，ビタミンK拮抗体として抗血液凝固剤ジクマロールが，1940年に発見されている．その後も抗血液凝固剤として各種ビタミンK拮抗剤が開発されているのがしばしばみられる．ほかにもビタミンK欠乏症として消化管内出血が起きる新生児メレナが知られている．

ii）生体内転送

ビタミンK_1は食物から小腸上部で能動輸送により吸収された後，キロミクロンに取り込まれ

#メモ4

ビタミンKの血液凝固作用は，古くから知られているが，一方骨粗鬆症治療薬として，汎用されている．ビタミンKの骨代謝に対する作用機構については，BGPのGla化以外の作用点が考えられている．また最近，肝臓癌などにも効果が報告されているが，同様にその詳細な分子機構は不明であり，未知なる作用機構の存在が想定されている．

胸管を経て肝臓に取り込まれる．肝臓でVLDLやLDLに組まれた後，標的組織へ転送され取り込まれる．ビタミンK_2は受動的に小腸から吸収された後，リンパ系を経て肝臓に至り，再び標的組織に転送される．

iii）作用機序

ビタミンKは，標的タンパクのグルタミン酸残基γ位にカルボン酸を導入することでγ-カルボキシグルタミン酸（Gla）を生成する反応系（図7）で，補酵素的に機能する．Gla化による修飾によるタンパク機能調節により，その作用を発揮する．すなわちビタミンKはエポキシド化を受けることで，還元型カルボキシラーゼとエポキシダーゼによってグルタミン酸γ位にCO_2を導入，Gla化を行う．ビタミンKエポキシドは，ミクロゾームに存在する還元酵素によって還元型ビタミンKに変換されることで，再びビタミンKとして効力を発揮する[10]．Gla化を受けるタンパクには，血液凝固第Ⅱ，Ⅶ，Ⅸ，Ⅹ因子群があり，Gla化は凝固活性に必須なタンパク修飾である．また骨基質主要タンパクであるオステオカルミン（bone Gla protein：BGP）もGla化を受けることから，骨形成にもビタミンKが生理的に重要な役割を果たすと考えられている[#メモ4]．

参考文献

1）Mangelsdorf, D. J. et al. : The nuclear receptor superfamily : the second decade. Cell, 83 : 835-839, 1995
2）Makishima, M. et al. : Vitamin D receptor as an intestinal bile acid sensor. Science, 296 : 1313-1316, 2003
3）Freedman, L. P. : Increasing the complexity of coactivation in nuclear receptor signaling. Cell, 97 : 5-8, 1999
4）McKenna, N. J. & O'Malley, B. W. : Combinational control of gene expression by nuclear receptors and coregulators. Cell, 108 : 465-474, 2002
5）Glass, C. K. & Rosenfeld, M. G. : The coregulator exchange in transcriptional functions of nuclear receptors. Genes Dev., 14 : 121-141, 2000
6）Narlikar, G. J. et al. : Cooperation between complexes that regulate chromatin structure and transcription. Cell, 108 : 475-487, 2002
7）Belamdia, B. et al. : Targeting of SWI/SNF chromatin remodelling complexes to estrogen-responsive genes. EMBO J., 21 : 4094-4103, 2002
8）Kitagawa, H. et al. : The chromatin remodeling complex WINAC targets a nuclear receptor to promoters and is impaired in Williams Syndrome. Cell, 113 : 905-917, 2003
9）Loguercio, C. & Federico, A. : Oxidative stress in viral and alcoholic hepatitis. Free Radic. Biol. Med., 34 : 1-10, 2003
10）Rost, S. et al. : Mutations in VKORC1 cause warfarin resistance and multiple coagulation factor deficiency type 2. Nature, 427 : 537-541, 2004

参考図書 …………もう少し詳しく知りたい人に……

- 『レチノイド・カロテノイド』（武藤泰敏／著），南山堂，1997　≫≫ビタミンAおよび合成ビタミンA類（レチノイド）に関するあらゆる情報が網羅的に記載されている．
- 『細胞膜・核内レセプターと脂溶性シグナル分子』（加藤茂明，清水孝雄／編），実験医学増刊，18（2），羊土社，2000　≫≫核内レセプターの機能およびそのリガンドの作用について，概略的に紹介されており，他の脂溶性シグナル分子の作用機構と，対比できる．
- 『発生・細胞分化を決定するエピジェネティクスと遺伝子発現機構』（押村光雄，伊藤 敬／編），実験医学増刊，21（11），羊土社，2003　≫≫染色体上での遺伝子の発現調節に関する最近の知見について，網羅的に記述されている．
- 『ビタミンハンドブック（1）脂溶性ビタミン』（日本ビタミン学会／編），化学同人，1989　≫≫脂溶性ビタミンの化学構造，生理作用，生物活性測定法など，脂溶性ビタミンそのものに関するほぼすべての情報が記載されている．

基本編

第6章

細胞内イノシトールリン脂質の極性とシグナル伝達物質

伊集院 壮　竹縄 忠臣

細胞外からのシグナルの多くは細胞膜でのイノシトールリン脂質代謝を介して細胞内に伝達される．このとき，脂質代謝酵素によって，セカンドメッセンジャー*として働くイノシトールリン脂質の生合成と分解が行われる．これまでにPI3キナーゼシグナルをはじめ，数多くのイノシトールリン脂質と細胞内シグナル伝達との強い結びつきを示す重要な事実が明らかとなっている．一方で，バイオモジュレーターとしてのイノシトールリン脂質の存在が重要視されている．これはシグナル分子に直接結合して，時間的に空間的に制御する脂質のことである．現在では，多くの分子からイノシトールリン脂質結合ドメインが発見され，細胞膜のみならず，細胞内部でのシグナル伝達におけるイノシトールリン脂質の関与が示されている．イノシトールリン脂質の細胞内シグナル伝達における最近の知見を紹介する．

【キーワード&略語】

イノシトールリン脂質，細胞骨格調節，細胞内輸送調節，シグナル伝達脂質，バイオモジュレーター脂質
PI：phosphatidylinositol（ホスファチジルイノシトール）
PS：phosphatidylserine（ホスファチジルセリン）
PC：phosphatidylcholine（ホスファチジルコリン）
LPA：lyso-phosphatidic acid（リゾホスファチジン酸）
LPS：lyso-phosphatidylserine
　　　（リゾホスファチジルセリン）
PI(3)P：phosphatidylinositol-3-monophosphate
　　　（ホスファチジルイノシトール3ーリン酸）
PI(4)P：phosphatidylinositol-4-monophosphate
　　　（ホスファチジルイノシトール4ーリン酸）
PI(5)P：phosphatidylinositol-5-monophosphate
　　　（ホスファチジルイノシトール5ーリン酸）
PI(3,4)P_2：phosphatidylinositol-3, 4-bisphosphate
　　　（ホスファチジルイノシトール3，4二リン酸）
PI(3,5)P_2：phosphatidylinositol-3, 5-bisphosphate
　　　（ホスファチジルイノシトール3，5二リン酸）
PI(4,5)P_2：phosphatidylinositol-4, 5-bisphosphate
　　　（ホスファチジルイノシトール4，5二リン酸）
PI(3,4,5)P_3, PIP_3：phosphatidylinositol-3, 4, 5-trisphosphate
　　　（ホスファチジルイノシトール3，4，5三リン酸）
PLC：phospholipase C（ホスホリパーゼC）
PTEN：phosphatase and tensin homolog deleted from chromosome 10
SHIP2：SH2-domain containing inositol polyphosphate phosphatase-2
IP_3：inositol trisphosphate（イノシトール三リン酸）
DG：diacylglycerol（ジアシルグリセロール）
EGF：epidermal growth factor（上皮増殖因子）
VEGF：vascular endothelial growth factor
　　　（血管内皮細胞増殖因子）
NO：nitric oxide（酸化窒素）
NOS：nitric oxide synthase（酸化窒素合成酵素）
S1P：sphingosine-1-phosphate
　　　（スフィンゴシン－1－リン酸）
N-WASP：neural Wiscott-Aldrich syndrome protein
WAVE：WASP family verprolin homologous protein
PH：pleckstrin homology（プレクストリン相同）
GFP：green fluorescence protein

はじめに

細胞の形質膜，ゴルジ体，ミトコンドリア，核などの細胞内小器官，そして細胞内小胞膜はすべて脂質によって構成されている．膜脂質は，糖脂質，リン脂質，中性脂質などから成り立っている．このうち，リン脂質は脂肪酸鎖にリン酸基が結合した分子のことを総称している．PSやPCがこれに含まれるが，LPAやLPSのように生理活性脂質*として働くことは有名である（図1A）[1]．生理活性脂質は細胞の内外の受容体に結合し，細胞内シグナルを介して

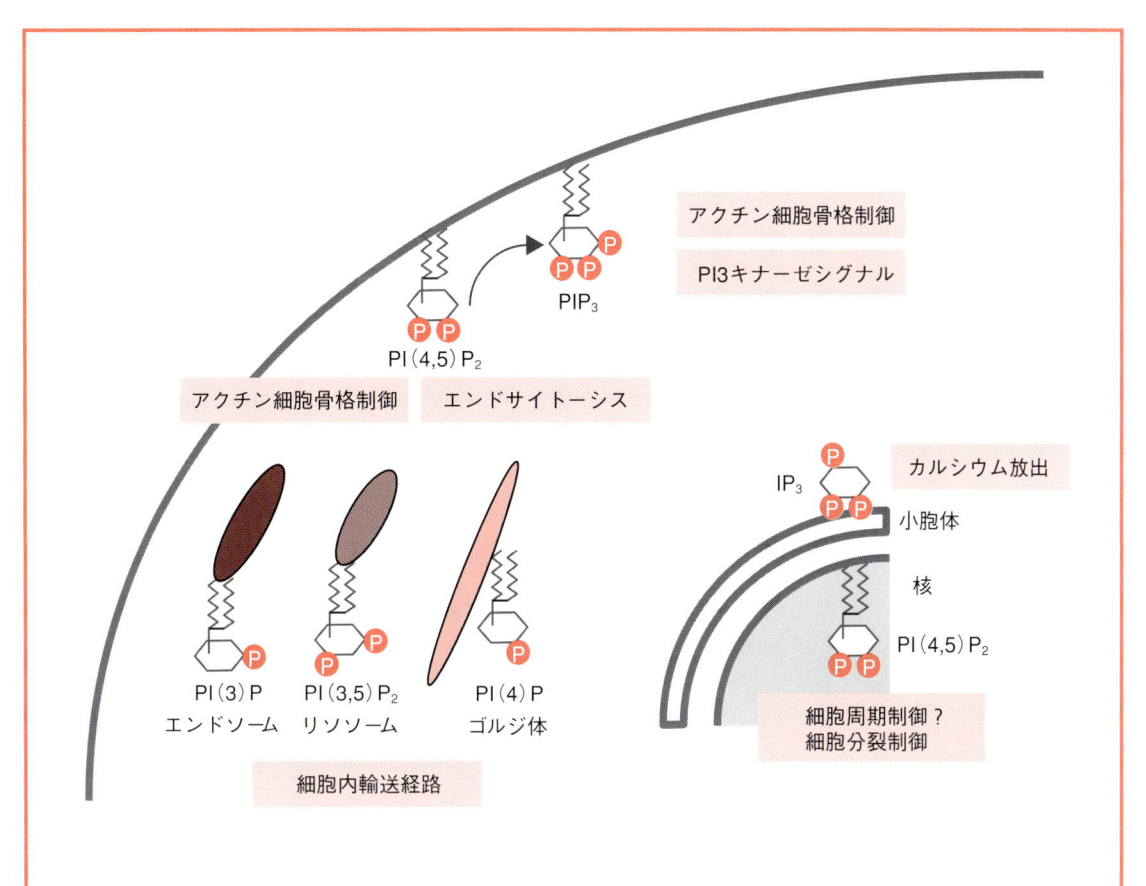

■**概略図**■ イノシトールリン脂質の細胞内局在とシグナル伝達

イノシトールリン脂質は多くの膜に存在するが,膜に一様に存在するのではなく,非常に特徴的な局在を示している.これが,細胞内で限局的な方向性をもったシグナル伝達に重要であり,細胞形態や細胞内輸送など細胞内の動的な現象を制御する要因となっている

さまざまな現象を引き起こす物質である.一方,細胞内シグナルにおいても,リン脂質は広く機能している.ここでは細胞内シグナル伝達に関係の深いイノシトールリン脂質について紹介する.前半ではその代謝経路とPI3キナーゼシグナルについて,後半では細胞内小器官におけるイノシトールリン脂質自身の機能について最近の話題を紹介する.

1 イノシトールリン脂質代謝経路

イノシトールリン脂質はリン脂質に含まれ,脂肪酸鎖にイノシトール環が結合した分子で

＊**セカンドメッセンジャー**
ある場所で受け取ったシグナルを細胞内の他の分子に二次的に伝達する物質のこと.この場合,上流からのシグナルを次の分子に伝達する場合に,イノシトールリン脂質を介して間接的に行うことを表している.

＊**生理活性脂質**
生体で作用や機能をもつ脂質の総称.LPAやLPS以外にも,ビタミンやPAF(血小板活性化因子)もこれに含まれる.多くは細胞内外の受容体に結合して,作用する脂質のことを表す.

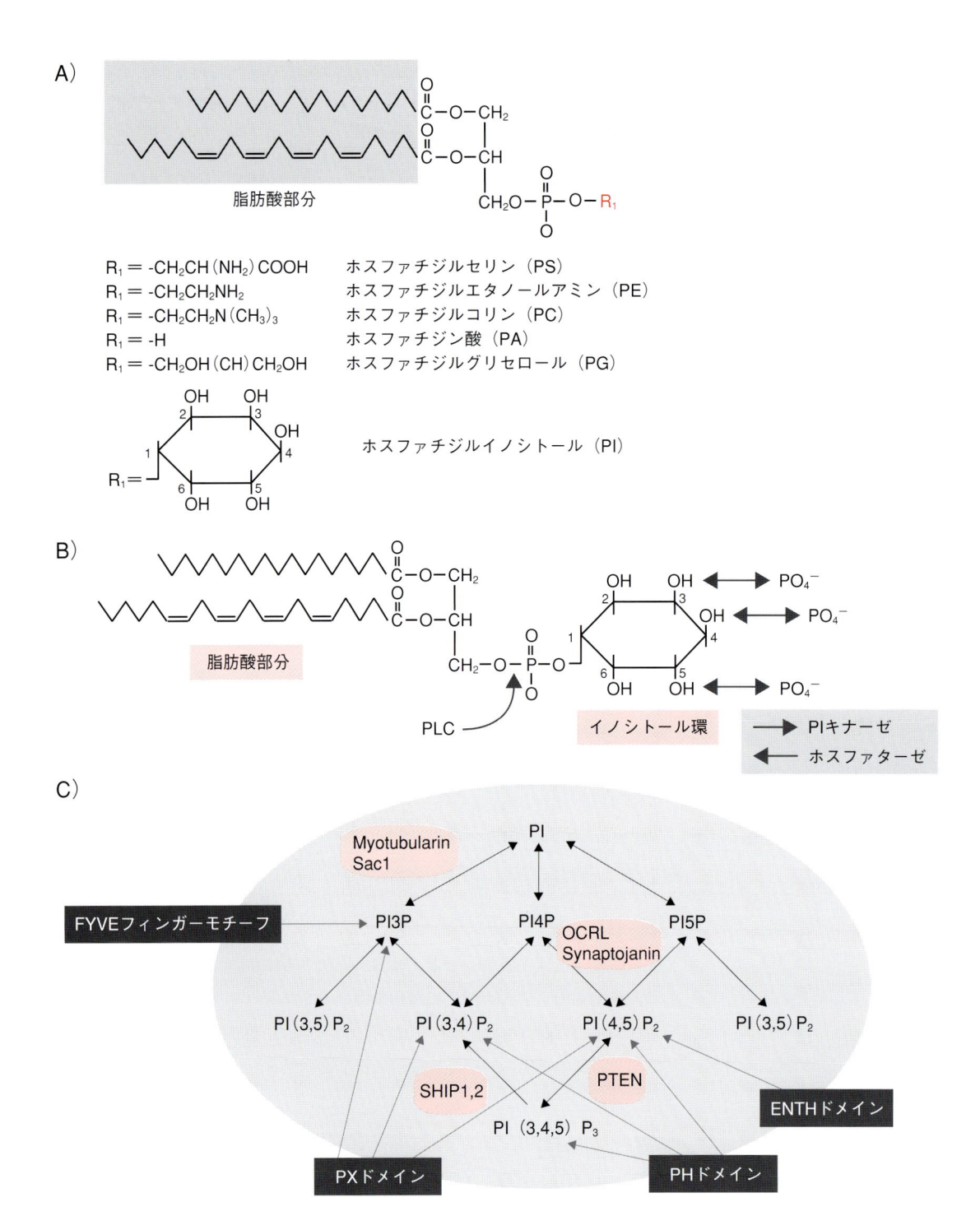

図1 ◆ リン脂質とイノシトールリン脂質代謝

A) リン脂質の構造．リン脂質は膜に埋め込まれる脂肪酸部分と膜から表出されるリン酸を含む側鎖からなる．この側鎖（R_1）によってリン脂質は分類される．また，リゾリン脂質は脂肪酸が1つしかないリン脂質である．B) イノシトールリン脂質の構造．イノシトールリン脂質は側鎖にイノシトール環のついた構造である．イノシトール環の3，4，5位がそれぞれPIキナーゼによってリン酸化される．また，ホスファターゼによって脱リン酸化も受ける．また，PLCは脂肪酸とイノシトール環の間を加水分解して，IP_3とDGを産生する．C) イノシトールリン脂質代謝とイノシトールリン脂質結合ドメイン．イノシトールリン脂質代謝経路と代表的なイノシトールリン脂質代謝酵素を表している．また，イノシトールリン脂質結合ドメインを■内に表している

ある．図1Aのように，イノシトール環にリン酸基のないものがホスファチジルイノシトール（PI）である．PI自身は機能ももたない分子である．PIはイノシトール環の3位，4位，5位の水酸基にリン酸化を受け，シグナル脂質を生成する．例えば，4位にだけリン酸化を受けたものはPI(4)P，3位，4位，5位がすべてリン酸化されているものはPI(3,4,5)P_3（＝PIP_3）と呼ばれる（図1B）．つまり，リン酸化状態の異なる8種類のイノシトールリン脂質が存在することになる．イノシトールリン脂質代謝はリン酸化酵素であるホスファチジルイノシトールキナーゼ#メモ1（PIキナーゼ）と脱リン酸化酵素であるホスホイノシチドホスファターゼ#メモ2によって行われる．例えば，PI3キナーゼ#メモ3は主にPI(4,5)P_2の3位をリン酸化しPIP_3を産生する．反対に癌抑制遺伝子PTENはPIP_3の3位を脱リン酸化してPI(4,5)P_2を産生するホスファターゼである（図1C）．また，PLC#メモ4はPI(4,5)P_2のイノシトール環と脂肪酸部分の間を加水分解して，イノシトール三リン酸（IP_3）とジアシルグリセロール（DG）を産生する酵素である．IP_3は小胞体上の受容体に働きかけてカルシウム放出を促す分子であり，DGはプロテインキナーゼCを活性化するシグナル伝達脂質である[2]．

　イノシトールリン脂質代謝酵素の遺伝子欠損マウスが多数作製され，似た酵素活性をもつ分子のノックアウトマウスが異なる表現型を示すことが知られている（表1）．さきほどのPTENの部位特異的な欠損マウスは各所で腫瘍を形成するが，同じくPIP_3の5位を脱リン酸化するSHIP2の遺伝子欠損マウスは糖尿病に似た症状を示す．これは，インスリン刺激依存的な脂肪細胞での糖代謝に異常が起こるためであると考えられている（表1）．これ以外にも，イノシトールリン脂質代謝酵素のノックアウトマウスから，イノシトールリン脂質と多くの疾患との関連を示唆する結果が得られている[3)〜5)]．

　細胞内イノシトールリン脂質量はPI，PI(4)P，PI(4,5)P_2の順で多く，この3種類で99％以上を占める．そのため，イノシトールリン脂質代謝はPIからリン酸化によってPI(4)PおよびPI(4,5)P_2を産生し，さらにPLCによってIP_3とDG産生を行う経路と考えられてきた．PI3キナーゼが，増殖因子，ホルモン，サイトカインなどの細胞外刺激によって活性化された受容体と会合することで3位がリン酸化されたイノシトールリン脂質PIP_3が産生されること，PIP_3が細胞増殖を促進しアポトーシスを抑制することがわかって以来，イノシトールリン脂質代謝が多様であることが明らかとなった．しかし，これほど重要なPIP_3の量は，PI(4,5)P_2の100分の1にも満たない．現在では，ホスファチジルイノシトール3リン酸〔PI(3)P〕，ホスファチジルイノシトール3,4二リン酸〔PI(3,4)P_2〕，ホスファチジルイノシトール3,5二リン酸

＃メモ1：ホスファチジルイノシトールキナーゼ
イノシトールリン脂質を基質とするリン酸化酵素．基質とリン酸化部位によって名前がつけられている．例えば，PI(5)Pの4位をリン酸化するものはPI(5)P4キナーゼと呼ばれる．全部で20種以上存在し，同じ活性のものも複数存在する．

＃メモ2：ホスホイノシチドホスファターゼ
ホスホイノシチドはイノシトールリン脂質と同じ意味で，イノシトールリン脂質の脱リン酸化酵素のことを表す．PTENやSHIP2以外に，MyotubularinファミリーやSAC1ファミリー分子など，30種類程度存在し，キナーゼと同じくさまざまなイノシトールリン脂質を基質とする．IP_3などのイノシトールリン酸を脱リン酸化するものも存在する．

＃メモ3：PI3キナーゼ
イノシトールリン脂質の3位の水酸基をリン酸化する酵素の総称．本文で示したチロシンキナーゼ型受容体によって活性化されるもの以外にGタンパク質型受容体によって活性化を受けるものもある．また，PIに特異的でPI(3)Pを産生する酵母のVps34のホモログも存在する．

＃メモ4：ホスホリパーゼC
PI(4,5)P_2の脂肪酸とイノシトール環の間を加水分解する酵素．Gタンパク質共役型受容体によって活性化されるβタイプ，チロシンキナーゼ型受容体と共役するγタイプなど，全部で10種類ほどからなる．

表1 ◆ 哺乳動物のPIキナーゼとホスホイノシチドホスファターゼ

キナーゼ	名称	基質	機能
3-キナーゼ	p110 α, β	PI, PI(4)P, PI(4,5)P_2	調節サブユニット (p50, p85) と二量体を形成 チロシンキナーゼ型受容体と会合
	p110 γ	PI, PI(4)P, PI(4,5)P_2	調節サブユニット (p101) と二量体を形成 Gタンパク質型受容体と会合
	Vps34 ホモログ	PI	PI特異的なPI3キナーゼ
4-キナーゼ	PI4-キナーゼ α, β	PI	ゴルジ体でのPI(4)Pの生成, 小胞輸送に関与
	PI(5)P4-キナーゼ α, β, γ	PI(5)P	神経での軸索形成
5-キナーゼ	PI(3)P5-キナーゼ	PI(3)P	PIK-fyveとも呼ばれる. PI(3,5)P_2を生成する酵素
	PI(4)P5-キナーゼ α, β, γ	PI(4)P	

ホスファターゼ	名称	主な基質	機能
3-ホスファターゼ	PTEN	PI(3)P, PI(3,4)P_2, PI(3,5)P_2, PI(3,4,5)P_3	癌抑制遺伝子で多くの癌に変異が存在
	Myotubularin	PI(3)P	筋障害の原因遺伝子, エンドソームの輸送に関係
	MTMR1, 2, 3, 4, 6, 7	PI(3)P	MTMR2は疾患の原因遺伝子
	Sac1	PI(3)P, PI(4)P, PI(3,5)P_2	酵母では小胞体の輸送に関与
4-ホスファターゼ	TypeⅠ	PI(3,4)P_2, PI(3,4,5)P_3	
	TypeⅡ	PI(3,4)P_2, PI(3,4,5)P_3	
	IpgD	PI(4,5)P_2	膜のブレビングを誘導
5-ホスファターゼ	SKIP	PI(4,5)P_2, PI(3,4,5)P_3	インスリンシグナルに関与
	OCRL	PI(4,5)P_2, PI(3,4,5)P_3, Ins(1,4,5)P_3, Ins(1,3,4,5)P_4	先天性白内障の原因遺伝子
	Synaptojanin1	PI(3)P, PI(4)P, PI(5)P, PI(3,5)P_2, PI(4,5)P_2, PI(3,4,5)P_3	神経終末での小胞輸送に関与
	Synaptojanin2	PI(3)P, PI(4)P, PI(5)P, PI(3,5)P_2, PI(4,5)P_2, PI(3,4,5)P_3	
	SHIP1, 2	PI(3,4,5)P_3	SHIP1は血球細胞特異的
	Pharbin	PI(3,4,5)P_3	アポトーシスを誘導
	PIPP	PI(4,5)P_2, PI(3,4,5)P_3	
	Sac2, 3	PI(4,5)P_2, PI(3,4,5)P_3	

〔PI(3,5)P_2〕も微量ながら存在し, シグナル伝達へ関与することが示されている.

　イノシトール脂質は膜に一様に拡散しているわけではない. 実際は細胞膜とゴルジ体の膜, さらに細胞膜の内側, 外側では, その組成は大きく異なっている. 最近, イノシトールリン脂質の局在をリアルタイムで観察する方法が確立され, イノシトールリン脂質の膜における特徴的な局在が明らかとなった[6]. この局在はシグナルに依存して, 時間的にも空間的にも絶えず変化している. そのために数多くの代謝酵素が存在して, 空間的・時間的に限局されたイノシトールリン脂質量の調節を行っている. この局所的なイノシトールリン脂質の変化が引き起こす現象について最近の発見をいくつか紹介する.

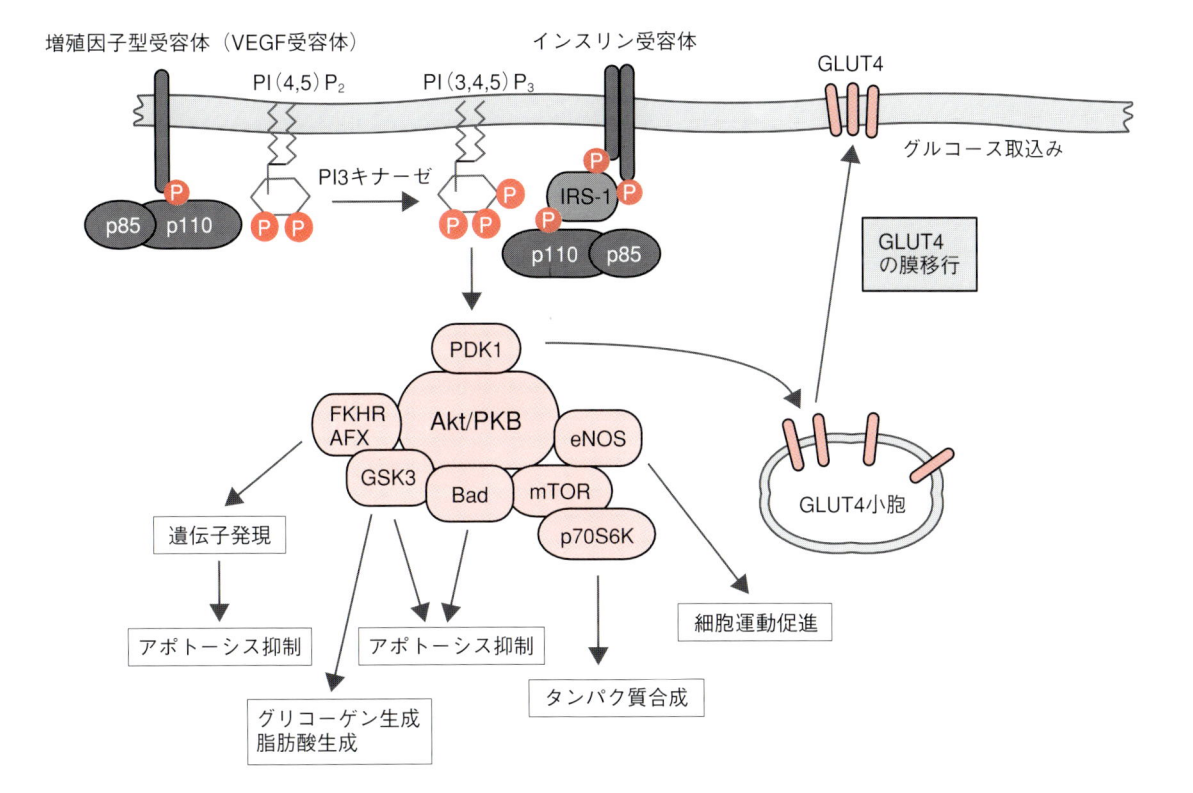

図2 ◆ PI3キナーゼシグナル
増殖因子やインスリン刺激依存的に受容体とPI3キナーゼ（p85とp110）は複合体を形成し，PIP$_3$産生が促進される．PIP$_3$はPDK1やAkt/PKBの活性化を介してさまざまなシグナルを伝達し，アポトーシスの抑制やタンパク質合成の活性化を引き起こす

2 細胞運動とPI3キナーゼシグナリング

　　上皮増殖因子（EGF）やインスリンなどの増殖因子刺激シグナルは，PI3キナーゼおよびPIP$_3$を介して伝達される．増殖因子受容体にPI3キナーゼの調節サブユニット（p85）が結合すると，p85がリン酸化され，それによって活性サブユニットであるp110が結合する．p110はPIP$_3$を産生し，PDK1/2を介してAkt/PKBを活性化する．Akt/PKBはPI3キナーゼシグナルの中心となる分子で，さまざまな分子の活性を制御する．例えば，核に移行してFKHRなどの転写因子をリン酸化すると，転写活性が抑制されてアポトーシス分子の転写が抑制される．また，GSK3をリン酸化してグリコーゲン生成や脂肪酸の生成を正に制御する．その他にも，インスリン刺激による細胞外からのグルコース取込みなど，数多くのPI3キナーゼを介したシグナル伝達経路が明らかとなっている[7]（図2）．

　　血管内皮細胞*増殖因子（VEGF）は，血管再生作用をもつ増殖因子である．血管再生に必要な内皮細胞の運動を制御するシグナルにも複数のリン脂質が関係している．1つはPI3キ

---

*血管内皮細胞
血管の周囲を覆う細胞で，血管新生に伴って血管周囲に移動してくる．血管形成に必要な細胞で，これがない血管は非常に弱く破裂，出血しやすいことがわかっている．

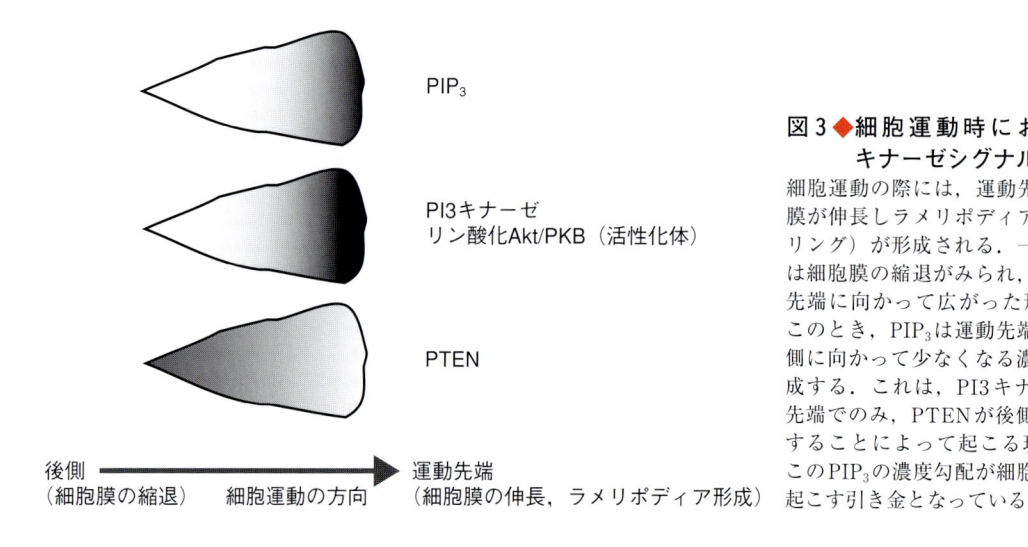

図3◆細胞運動時におけるPI3キナーゼシグナル

細胞運動の際には，運動先端では細胞膜が伸長しラメリポディア（膜ラッフリング）が形成される．一方，後側では細胞膜の縮退がみられ，細胞は運動先端に向かって広がった形態を示す．このとき，PIP$_3$は運動先端に多く，後側に向かって少なくなる濃度勾配を形成する．これは，PI3キナーゼが運動先端でのみ，PTENが後側にのみ存在することによって起こる現象である．このPIP$_3$の濃度勾配が細胞運動を引き起こす引き金となっている

（図中ラベル：PIP$_3$／PI3キナーゼ リン酸化Akt/PKB（活性化体）／PTEN／後側（細胞膜の縮退）／細胞運動の方向／運動先端（細胞膜の伸長，ラメリポディア形成））

ナーゼによるAkt/PKBの活性化である．Akt/PKBはNOを産生する酵素であるeNOSを活性化することが**細胞運動***を促進する一因であるが，PIP$_3$自身が細胞運動の方向を決定することも明らかとなっている．**走化性***因子による細胞運動の際には運動先端に局在するPI3キナーゼによってPIP$_3$が産生されるため，細胞内にPIP$_3$の濃度勾配が形成される．PIP$_3$が産生された運動先端でだけシグナルが伝達されるため，細胞内に極性が生じ，その結果細胞は方向性をもった運動を行うことができるのである．粘菌では，走化性因子に向かって運動を行う際に，PIP$_3$が常に運動先端に局在するのが観察される．一方，PTENは細胞運動の際には細胞の後側に局在して，PIP$_3$の脱リン酸化を行っている[8]．運動先端でのPIP$_3$産生と，後側でのPIP$_3$分解は細胞内のPIP$_3$の濃度勾配形成と細胞運動に欠かせない現象である（図3）．同じ刺激に応答して，細胞内の異なる場所で正反対のシグナルが伝達される機構はまだわかっていないが，PIP$_3$がその引き金であることは十分に考えられる．もう1つはPKCを介したスフィンゴシン1リン酸（S1P）の産生である．S1Pは，細胞膜のGタンパク質共役型受容体に働きかけて，細胞運動を促進する生理活性をもつスフィンゴリン脂質である．複数のリン脂質が協同的に細胞運動を促進していると考えられている[9]．

3　細胞内小胞輸送・細胞骨格制御とイノシトールリン脂質結合ドメイン

細胞内タンパク質輸送は，タンパク質を適切な場所に運んだり，不要なものを分解系に輸送したりする現象である．イノシトールリン脂質は小胞輸送，融合や出芽などダイナミックな動きを伴う現象に深く関与している（図4A）．

***細胞運動**
細胞が示す運動のことを総称していう．筋肉運動や細菌の鞭毛運動もこれに当たり，アクチン-ミオシン系や，チューブリン系など細胞骨格系がこの運動に関与している．

***走化性**
化学走性ともいい，化学物質の濃度差が刺激となる走性．細菌や粘菌が栄養物に集まる移動や，白血球が炎症部位に動くのはこの性質による．いずれも細胞膜にある特異的な受容体を介して行われる．

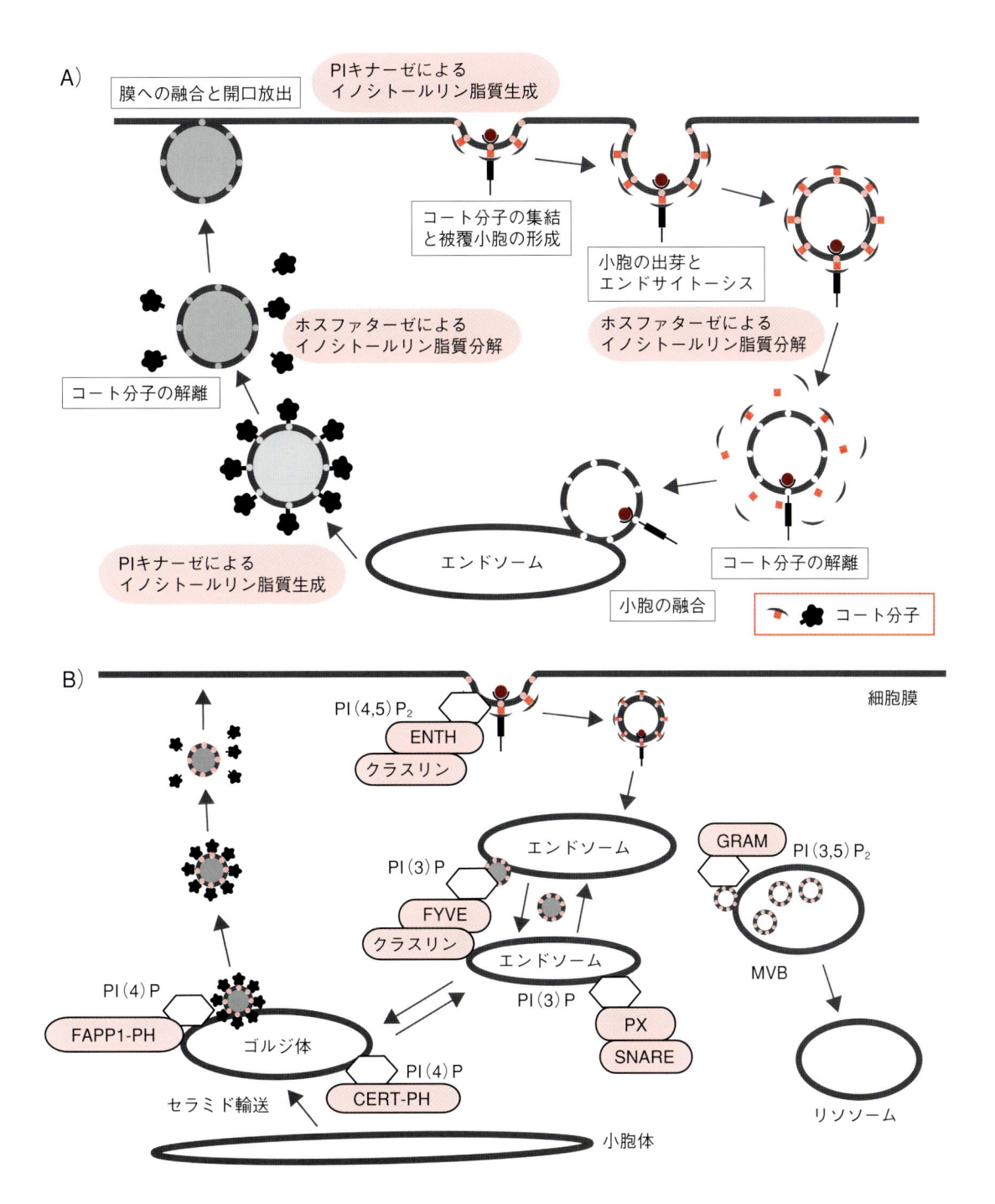

図4 ◆ 細胞内小胞輸送におけるイノシトールリン脂質代謝

A) エンドサイトーシス,エキソサイトーシスにおけるイノシトールリン脂質.細胞膜におけるエンドサイトーシスやエンドソームでの出芽に先立って,PIキナーゼによってイノシトールリン脂質が生成され,コート分子の結合が起こる.小胞はエンドソームや細胞膜と融合する前に,イノシトールリン脂質の分解を行い,コート分子を小胞から解離させる.すべての小胞輸送にこのイノシトールリン脂質代謝とコート分子の着脱は欠かせない現象である.B) 細胞内輸送とイノシトールリン脂質結合ドメイン.細胞膜や細胞内小器官の間の輸送においては,その輸送場所に応じて,イノシトールリン脂質の使い分けが行われている.エンドソームからの輸送には主にPI(3)Pが,ゴルジ体では主にPI(4)Pが用いられている.この使い分けによって,すべての細胞内物質輸送が適切に行われるものと考えられる

PI（4）Pはトランスゴルジから細胞膜へのタンパク質輸送の引き金となっている．FAPP1/FAPP2はPI（4）Pと低分子量GタンパクARF1と同時に結合することで，キャリアーとしてゴルジ体から細胞膜への小胞輸送を行うが，これにはトランスゴルジでのPI4キナーゼによるPI（4）P産生が必須である[10]．一方，PI（3,5）P_2は上皮増殖因子（EGF）の細胞内への取込みにおける，後期エンドソーム*からリソソーム*への輸送におけるmulti vesicular body（MVB）形成を制御する．PI（3,5）P_2ホスファターゼであるMyotubularinのGRAMドメインとPI（3,5）P_2との結合が，PI（3,5）P_2の脱リン酸化およびMVBの形成の引き金となって，リソソームへのタンパク質輸送を制御している．同様の機構が各所での小胞輸送に存在しており，PI（4,5）P_2は細胞膜からのエンドサイトーシスを，PI（3）Pはエンドソーム間の小胞輸送を制御している（図4B）[11]．小胞はその外側をコート分子で覆われており，これが目印となって正しい目的地へ輸送されている．イノシトールリン脂質はコート分子を小胞に集めることによって，小胞を適切に送り出したり，取り込んだりする役割を担っているのである[12)13)]．

　このように，イノシトールリン脂質はシグナル伝達分子と結合してその機能を制御する**バイオモジュレーター***として働くことが明らかとなった．一方，これらのタンパク質からイノシトールリン脂質結合ドメインが複数見つかっている（表2）．

　塩基性アミノ酸クラスターは負電荷をもつイノシトールリン脂質と静電的に結合するクラスターである．アクチン細胞骨格制御タンパク質であるアクチニンやビンキュリンは塩基性アミノ酸に富んだ配列をもち，PI（4,5）P_2と結合することによってアクチン重合活性の制御を受けている．また，フィロポディアやラメリポディア形成を制御するN-WASPにPI（4,5）P_2が，WAVE2にPIP$_3$が結合することも明らかとなっており，アクチン細胞骨格系はイノシトールリン脂質による調節機構を広く受けているといえる[14]．

　PHドメインは100以上のシグナル伝達分子に存在する脂質結合ドメインである．PHドメインは100〜120アミノ酸からなり，2つの直行する逆平行型βシートと両親媒性のαヘリックスがつながった構造をとるが，その脂質結合特異性はさまざまである．Akt/PKBのPHドメインは，PIP$_3$とPI（3,4）P_2に，BtkやGRP1はPIP$_3$特異的に結合する．一方，PLCδ1のPHドメインはPI（4,5）P_2に，さきほどのFAPP1/2のPHドメインはPI（4）Pに結合する．

　FYVEドメインは，PI（3）Pと特異的に結合するドメインである．HrsのFYVEドメインは，PI（3）Pとクラスリンに結合し初期エンドソームと後期エンドソーム間の輸送における出芽と輸送を制御している．一方，EEA1のFYVEドメインはエンドソーム融合においてt-SNAREタンパク質と複合体を形成しており，Hrsとその機能は異なっている．つまり，エンドソームにおいて，PI（3）Pを介した輸送経路は複数存在しており，これはPI（3）Pが異なるコートタンパク質を集めることによるものである（図4B）[15]．

***エンドソーム**
細胞外の物質を取込んで細胞内に運ぶ際にできる小胞構造で，直径が0.5μm程度の構造である．エンドソーム同士が融合や出芽を繰り返しながら，タンパク質を運搬していく．

***リソソーム**
細胞内外の生体分子を消化する器官．ゴルジ体から分かれて生成し，後にファゴソームと融合して，その内容物を加水分解する．細胞外の異物を分解したり，生理活性物質を制御したりする役割をもつ．

***バイオモジュレーター**
タンパク質に結合して，その活性や機能を制御する物質の総称をいう．イノシトールリン脂質以外に，ホルモン，糖脂質，無機物などもこれに含まれる．

表2 ◆ リン脂質結合ドメインと結合するリン脂質

ドメイン	リン脂質結合分子	結合リン脂質
PHドメイン	PLCδ1, mSos1, RasGAP	$PI(4,5)P_2$
	Btk, GRP1, ARNO	$PI(3,4,5)P_3$
	TAPP1,2	$PI(3,4)P_2$
	Akt/PKB	$PI(3,4,5)P_3, PI(3,4)P_2$
	CERT, FAPP1/2	$PI(4)P$
FERMドメイン	Ezrin, PTPL1	$PI(4,5)P_2$
	Radixin	$PI(4,5)P_2, IP_3$
FYVEドメイン	EEA1, Fab1p, PIKfyve, Hrs	$PI(3)P$
PXドメイン	p40^{phox}, SNX3, Vam7p	$PI(3)P$
	p47^{phox}	$PI(3,4)P_2, PI(4)P, PI(4,5)P_2$
ENTHドメイン	Epsin1-3, AP180	$PI(4,5)P_2$
	Hip1r	$PI(3,4)P_2, PI(3,5)P_2$
GRAMドメイン	Myotubularin, RabGAP	$PI(3,5)P_2$
Sec14ドメイン	Sec14, MEG2	$PI(3,4,5)P_3, PS$
C2ドメイン	PKCβ1, Synaptotagmin	PI, PS
C1ドメイン	PKCε, PKCθ	DG
塩基性アミノ酸クラスター	Tubby, vinculin, α-actinin, N-WASP	$PI(4,5)P_2$
	WAVE2	$PI(3,4,5)P_3$

　ENTHドメインはEpsin, AP180, Hip1rなどに存在し, $PI(4,5)P_2$と結合する．EpsinはHrsと同じく$PI(4,5)P_2$とクラスリンに同時に結合するが，細胞膜からのエンドサイトーシスの際，クラスリン被覆小胞と細胞膜をつなぐリンカーとして働くと考えられる（図4B）[16]．

　マクロファージなどの免疫細胞による微生物や死細胞のファゴサイトーシスにおいても，リン脂質結合タンパク質が関与している．マクロファージから分泌されたMFG-E8タンパク質はマクロファージ表面のインテグリンと結合する一方で，C1, C2ドメインを介してアポトーシス細胞の細胞表面に露出したPSと結合する．この結合を介してマクロファージは微生物や死細胞と物理的に接触，認識している．この後，マクロファージは微生物を**貪食**＊し殺菌を行うが，このとき活性酸素を生成するNADPHオキシダーゼ複合体を構成するp47^{phox}, p40^{phox}のPXドメインとホスホイノシチドとの結合が殺菌作用に必要である．p47^{phox}は，通常は分子内相互作用によってマスクされているPXドメインが，貪食時にのみホスホイノシチドと結合できるようになる．脂質と結合するとp47^{phox}は膜移行しNADPHオキシダーゼを活性化する．p47^{phox}のPXドメインは$PI(4)P$, $PI(3,4)P_2$, $PI(4,5)P_2$に，p40^{phox}のPXドメインは$PI(3)P$に結合する（表2）．p47^{phox}の場合はタンパク質の構造変化によって，ホスホイノシチド結合のon-offが調節される例である．このように，イノシトールリン脂質代謝による脂質側の制御と同時に，結合タンパク質側の制御が行われていて，非特異的な結合による間違えたシグナルの伝達が行われないしくみができているのである[17) 18)]．

＊**貪食**
白血球やアメーバなどが，エンドサイトーシスによって顆粒を細胞内に取り入れること．貪食作用によって，ファゴソームが形成され，ファゴリソソーム形成，殺菌・消化へと進行する．

4 これからのイノシトールリン脂質代謝研究

イノシトールリン脂質代謝研究は，イノシトールリン脂質代謝酵素を介した細胞内シグナル伝達経路の解析がこれまでの主流であった．PI3キナーゼシグナルについてはかなり解明されたものの，同じ活性をもつ**アイソザイム***の多さが原因でそのシグナル伝達経路がわからない酵素も多い．細胞全体のイノシトールリン脂質量はどのアイソザイムも同じ傾向を示すからである．さらに，ホスファターゼについては，*in vitro* での基質特異性の広さのために，*in vivo* での基質すらわからないものもある．イノシトールリン脂質結合ドメインの同定によって，細胞内でのイノシトールリン脂質の動態を感度よく観察することができるようになった．実際，GFPラベルしたBtkやPLCδ1のPHドメインを用いてPIP_3やPI (4, 5) P_2 を間接的に可視化することで，これらの刺激依存的な動態を観察する方法が用いられている．さらにホスホイノシチド結合タンパク質が同定され，結合特異性の高いプローブが開発されることが期待されている．イノシトールリン脂質は細胞運動や細胞内小胞輸送など，非常に動的な現象を制御している．その結果は，これまでのイノシトールリン脂質代謝酵素を介するシグナル伝達経路研究の結果やノックアウトマウスの表現型にフィードバックされていくに違いない．

最近では，イノシトールリン脂質シグナルと他の脂質シグナルとのクロストークも明らかとなっている．セラミドの小胞体からゴルジ体への輸送を行うタンパク質CERTはPHドメインを介してゴルジ体のPI (4) Pと結合することが示唆されている[19]．セラミドはそれ自身がシグナル脂質であると同時に，ゴルジ体でスフィンゴミエリンを産生する元となることから，これはイノシトールリン脂質による他の脂質の運搬や産生を制御する興味深い例である（図4B）．今後は，このような例が多数見つかり，イノシトールリン脂質とかスフィンゴリン脂質個々のシグナルではなく，リン脂質シグナル伝達経路と総称されるときが来ると思われる．

参考文献

1) Aoki, J. et al.: Serum lysophosphatidic acid is produced through diverse phospholipase pathways. J. Biol. Chem., 277: 48737-48744, 2002
2) Taylor, C. W.: Controlling calcium entry. Cell, 111: 767-769, 2002
3) Horie, Y. et al.: Hepatocyte-specific Pten deficiency results in steatohepatitis and hepatocellular carcinomas. J. Clin. Invest., 113: 1774-1783, 2004
4) Backman, S. A. et al.: Early onset of neoplasia in the prostate and skin of mice with tissue-specific deletion of Pten. Proc. Natl. Acad. Sci. USA, 101: 1725-1730, 2004
5) Clement, S. et al.: The lipid phosphatase SHIP2 controls insulin sensitivity. Nature, 409: 92-97, 2001
6) Xu, C. et al.: Kinetic analysis of receptor-activated phosphoinositide turnover. J. Cell Biol., 161: 779-791, 2003
7) Saltiel, A. R. & Pessin, J. E.: Insulin signaling in microdomains of the plasma membrane. Traffic, 4: 711-716, 2003
8) Raftopoulou, M. et al.: Regulation of cell migration by the C2 domain of the tumor suppressor PTEN. Science, 303: 1179-1181, 2004
9) Spiegel, S. & Milstein, S.: Sphingosine-1-phosphate: an enigmatic signaling lipid. Nature Rev. Mol. Cell Biol., 4: 397-407, 2003
10) Wang, Y. J. et al.: Phosphatidylinositol 4 phosphate regulates targeting of clathrin adaptor AP-1 complexes to the Golgi. Cell, 114: 299-310, 2003
11) Tsujita, K. et al.: Myotubularin regulates the function of the late endosome through the gram domain-phosphatidylinositol 3, 5-bisphosphate interaction. J. Biol. Chem., 279: 13817-13824, 2004

***アイソザイム**
同一の個体内に存在する複数の酵素が同じ化学反応を触媒する場合に，これらをアイソザイムと呼ぶ．ほとんどのイノシトールリン脂質代謝酵素には多くのアイソザイムが存在する．

12) Stenmark, H. : Cycling lipids. Curr. Biol., 10 : R57-R59, 2000
13) Verstreken, P. et al. : Synaptojanin is recruited by endophilin to promote synaptic vesicle uncoating. Neuron, 40 : 733-748, 2003
14) Oikawa, T. et al. : PtdIns (3, 4, 5) P_3 binding is necessary for WAVE2-induced formation of lamellipodia. Nature Cell Biol., 6 : 420-426, 2004
15) Raiborg, C. et al. : Hrs recruits clathrin to early endosomes. EMBO J., 20 : 5008-5021, 2001
16) Itoh, T. & Takenawa, T. : Regulation of endocytosis by phosphatidylinositol 4, 5-bisphosphate and ENTH proteins. Curr. Top. Microbiol. Immunol., 282 : 31-47, 2004
17) Ago, T. et al. : Phosphorylation of $p47^{phox}$ directs phox homology domain from SH3 domain toward phosphoinositides, leading to phagocyte NADPH oxidase activation. Proc. Natl. Acad. Sci. USA, 100 : 4474-4479, 2003
18) Takeya, R. & Sumimoto, H. : Molecular mechanism for activation of superoxide-producing NADPH oxidases. Mol. Cells, 16 : 271-277, 2003
19) Hanada, K. et al. : Molecular machinery for non-vesicular trafficking of ceramide. Nature, 426 : 803-809, 2003

参考図書 ……もう少し詳しく知りたい人に……

- 「リン脂質によるタンパク質活性制御」（竹縄忠臣／企画），実験医学，20（16），羊土社，2002
  ≫≫バイオモジュレーターとしてのイノシトールリン脂質の機能について述べられている．
- 『ここまで分かった形づくりのシグナル伝達』（竹縄忠臣，帯刀益夫／編），実験医学増刊，20（2），羊土社，2002　≫≫細胞極性や細胞運動を制御するシグナル伝達について述べられている．
- 『生体膜のダイナミクス』（八田一郎，村田昌之／編），シリーズ・ニューバイオフィジックス，共立出版，2000　≫≫生体膜の構造とその動的な変化について述べられている．

基本編
第7章
脂質メディエーターと炎症・免疫

横溝 岳彦

生体内での産生量や半減期の短い脂質メディエーターは，産生酵素や受容体研究を通して生体内での機能が解明されてきた．遺伝子欠損マウスの細胞レベルでの解析により，これまで知られていなかった脂質メディエーターの生体内での機能が明らかになりつつある．免疫・炎症反応においてもサイトカインやケモカインと同様に，脂質メディエーターは極めて重要な役割を演じている．脂質メディエーターの関連分子は，分子デザインが比較的容易なため，新規医薬品の標的として注目を集めている．

【キーワード&略語】
NSAID：non steroidal anti-inflammatory drug（非ステロイド性抗炎症鎮痛薬）
COX：cyclooxygenase（シクロオキシゲナーゼ，PGH2合成酵素）
LOX：lipoxygenase（リポキシゲナーゼ）
PG：prostaglandin（プロスタグランジン）
LT：leukotriene（ロイコトリエン）
PAF：platelet-activating factor（血小板活性化因子）
S1P：sphingosine 1-phosphate（スフィンゴシン1リン酸）
LX：lipoxin（リポキシン）
IFN：interferon（インターフェロン）
IL：interleukin（インターロイキン）

はじめに

　脂質は生体の主要な構成成分であるが，その大部分は細胞膜（形質膜，核膜，細胞内小器官膜）や，脂肪細胞の脂肪滴を構成している．一方で，脂質メディエーターは一般には極めて微量にしか存在せず，しかも必要なときにのみ産生され，速やかに分解される．このため，脂質メディエーターの研究は，脂質メディエーターを代謝する酵素や，脂質メディエーターに結合してシグナルを伝達する受容体を中心に研究が発展してきた．脂質メディエーター関連分子の遺伝子欠損マウスの表現型を解析する過程で，さまざまな生命現象や疾患に関与する脂質メディエーターが同定されてきた（表1）．脂質メディエーターの生理機能解明の研究はめざましく進展しており，本稿だけでその全貌を紹介することはできない．本稿では，炎症反応，免疫反応に関係する脂質メディエーターを中心に，遺伝子改変マウスの解析（表2）から明らかになった生理機能との関わりを紹介したい．

1　炎症・免疫と脂質メディエーター

　非ステロイド性消炎鎮痛剤（NSAIDs）がシクロオキシゲナーゼを阻害し，プロスタグランジン（PG）産生を抑制するという発見が脂質メディエーター研究の古典的なブレイクスルーであったため，炎症反応における脂質メディエーター，特にアラキドン酸から生合成されるエイコサノイド（プロスタグランジン，ロイコトリエン）の役割は比較的よく研究されている．

概略図 本稿で取り上げた脂質メディエーター

- **プロスタグランジンE_2**: 樹状細胞の移動促進、T細胞の不活性化
- **リポキシン**: 抗炎症作用（LXA4、15(R/S)-methyl-LXA4）
- **S1P：スフィンゴシン1リン酸**: リンパ球ホーミングの制御（S1P受容体の活性化による脱感作）
- **ロイコトリエンB_4**: Th1/Th2型免疫反応の促進作用、好中球・好酸球の走化性
- **免疫抑制剤**: FTY720、FTY720-p
- **血小板活性化因子**: 急性アナフィラキシー、気管支喘息、骨粗鬆症
- PAF：platelet-activating factor（C16：PAF）

2　PGE_2と免疫反応：受容体による役割分担

　代表的な古典的脂質メディエーターであるPG[1]とロイコトリエン（LT）[2]に関しては，ほとんどすべての合成酵素と細胞膜受容体の遺伝子欠損マウスが作製され，解析が行われている．特にPGに関しては，受容体欠損マウスの詳細な解析により，細胞レベルでの受容体の役割が明らかになりつつある．ここではPGE_2（概略図）の受容体を例に，脂質メディエーターがいかに複雑に免疫反応をコントロールしているかを解説したい（図1）．古くからPGE_2は免疫反応に抑制的に働くとされてきた．これは異種リンパ球混合試験（MLR）の培養液中にPGE_2を添加するとT細胞の活性化が抑制されるという古典的な実験を根拠にしている．実際には，さまざまな免疫担当細胞には，4種類のPGE_2受容体のいずれか，または複数が発現している．例えば，主要な抗原提示細胞である樹状細胞には，EP1からEP4までのすべてのPGE_2

表1 ◆ 主要な生理活性脂質と生理作用

群	名称	生理作用	受容体名
プロスタグランジン トロンボキサン	PGD_2	睡眠誘発，気管支収縮，（CRTH2を介して）Tリンパ球・好酸球遊走	DP, CRTH2
	PGE_2	発熱，疼痛，免疫抑制，腸管ぜん動促進，胃酸分泌抑制，血管透過性亢進	EP1, EP2, EP3, EP4
	$PGF_2\alpha$	陣痛，卵巣黄体退縮	FP
	PGI_2	血小板形成抑制，血栓形成阻害	IP
	TXA2	血小板形成促進，血栓形成促進，血管透過性亢進	TP
ロイコトリエン	LTB4	白血球走化性，白血球活性化	BLT1, BLT2
	LTC4, LTD4, LTE4（ペプチドLT, SRS-A）	気管支収縮，血管透過性亢進	CysLT1, CysLT2
リポキシン	LXA4, LXB4	炎症反応抑制	FPRL-1（LXA4）？
リゾリン脂質と類縁体	血小板活性化因子（PAF）	アナフィラキシー増強，白血球走化性	PAFR
	LPA	細胞増殖，細胞骨格再構成	LPA1〜LPA4
ジアシルグリセロール	2-アラキドノイルグリセロール	好酸球遊走	CBカンナビノイド受容体（CB1, 2）
スフィンゴ脂質	S1P	リンパ球ホーミングの制御	S1P1〜S1P5

表2 ◆ 生理活性脂質受容体欠損マウスの表現型

標的受容体遺伝子	リガンド	表現型	同様の表現型を示す遺伝子変異
DP	PGD_2	アルブミン誘発性気管支喘息におけるアレルギー応答の減弱 PGD_2投与によるノンレム睡眠の消失	
EP1	PGE_2	アゾキシメタンによる腸管aberrant crypt foci形成の減少	COX-2（-/-）
EP2		排卵障害，授精障害，高塩負荷による高血圧 In vitroの破骨細胞形成異常 Apcマウスにおける腸管ポリープ形成の減少	COX-2（-/-） cPLA2（-/-） COX-2（-/-），cPLA2（-/-）
EP3		パイロジェン投与による発熱応答の消失 十二指腸における重炭酸分泌異常 出血性亢進と血栓塞栓の減少	COX-2（-/-）
EP4		動脈管開存 DSS誘導性腸炎における免疫応答の亢進 炎症性骨吸収の低下，PGE_2投与による骨形成の消失 樹状細胞の遊走の減弱による接触性皮膚炎の軽減	COX-1（-/-），COX-2（-/-）
FP	$PGF_2\alpha$	分娩の消失	COX-2（-/-），cPLA2（-/-）
IP	PGI_2	血栓塞栓の亢進 炎症性浮腫の軽減 酢酸による痛み反応の減少	
TP	TXA2	出血傾向と血栓抵抗性	
BLT1	LTB4	アルブミン誘発性気管支喘息におけるアレルギー応答の減弱 ヘルパーT細胞，細胞傷害性T細胞の走化性の減少	5-LOX（-/-）
CysLT1	LTD4	ブレオマイシン誘発性肺線維症の増悪	
PAFR	PAF	アルブミン誘発性気管支喘息におけるアレルギー応答の減弱 炎症性骨吸収の減弱	

杉本幸彦，ほか：Hormone Frontier in Gynecology, 10：p252, 2003に加筆

A) 接触性皮膚炎モデル

LCによる抗原の貪食
PGE$_2$
EP4受容体
表皮
T$_{sens}$

LCの移動

LCの成熟

リンパ節
T$_{naive}$
抗原提示
T$_{sens}$
T細胞の感作

T細胞の移動

T細胞の分化と増殖

PGE$_2$-EP4はLCの遊走を活性化

B) DSS誘導腸炎モデル

PGE$_2$
EP4受容体
T細胞
APC
T細胞
T細胞
腸管上皮

PGE$_2$-EP4はT細胞の増殖・分化を抑制

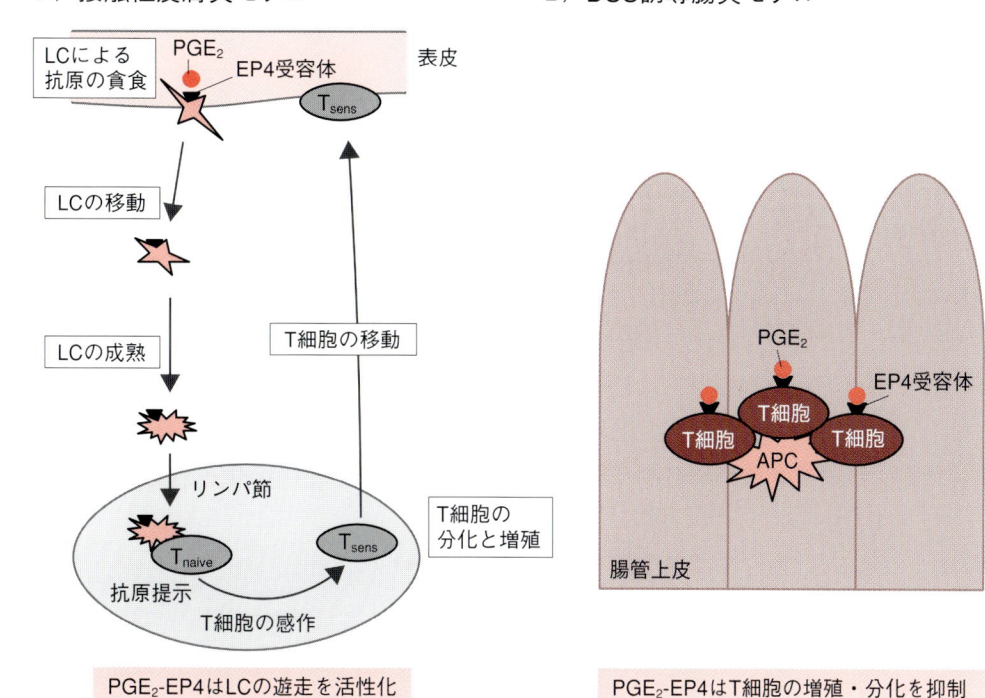

図1 ◆ 2つの病態モデルにおけるPGE$_2$-EP4の働き
A) 接触性皮膚炎モデルでは，PGE$_2$はランゲルハンス細胞（LC）に発現するEP4受容体を介してLCの二次リンパ節への移動と成熟を促進する．EP4欠損マウスでは，LCのリンパ節への移動が減弱するため，結果的にナイーブT細胞（T$_{naive}$）の感作が弱まり，減弱した病態を呈する．B) 硫酸デキストラン（DSS）誘導腸炎モデルでは，PGE$_2$はT細胞に発現するEP4受容体を介して，T細胞の分化・増殖を抑制している．EP4欠損マウスでは，この抑制が解除されるため，亢進した免疫・炎症反応が生じる（京都大学・成宮 周教授提供のスライドに筆者が加筆した）

受容体が発現しているが，このうちEP4を欠損させた場合にのみ，ハプテン反復投与による接触性皮膚炎の発症が抑えられた[3]．皮膚に存在する樹状細胞であるランゲルハンス細胞は，抗原を取り込んだ後，二次リンパ組織に移行し，そこでナイーブT細胞を活性化することでTh1型の免疫反応を惹起する．EP4を欠損した樹状細胞は，二次リンパ組織への移動に障害があり，減弱した免疫反応を示すと考えられた（図1A）．しかしながら，EP4を欠損したマウスは，やはりTh1型免疫反応によるとされるDSS（硫酸デキストラン）誘導腸炎モデルにおいては逆に亢進した病態を示した[4]．これは主として活性化されたヘルパーT細胞と細胞傷害性T細胞の分化や増殖を抑制するPGE$_2$-EP4系が存在しなくなったためであると考察されている（図1B）．したがって同じEP4欠損マウスでも，接触性皮膚炎では免疫反応低下，炎症性腸炎モデルでは免疫反応亢進という，一見矛盾した表現型を示し，これはそれぞれの反応の中心的役割を果たす細胞におけるEP4受容体の役割の違いに由来するのである．このような細胞によって異なる受容体の役割の解明は，産生酵素の欠損マウスでは得ることのできない発見であろう．すなわち，PGE$_2$産生を抑えるNSAIDを使用した場合，抗原提示細胞である樹状細胞に対するPGE$_2$の活性化能，反応する細胞であるT細胞に対するPGE$_2$の抑制能の両方がなくなる

ため，全体としては大きな免疫反応の変化が観察されないわけである．

3 Th1/Th2型免疫反応の両者に関与するLTB4受容体

　古典的には好中球の活性化因子とされてきたロイコトリエンB4（LTB4）（概略図）の第一受容体（BLT1）[2] の欠損マウスの解析によって，LTB4が急性炎症反応だけではなく，Th1/Th2型免疫反応においても重要な役割を果たしていることが明らかとなってきた．BLT1の発現はナイーブなT細胞では観察されないが，Th0/Th1/Th2いずれに分化させたT細胞においても，強い発現誘導が観察される．BLT1欠損マウスでは，アルブミン誘発性気道過敏性モデルにおいて，CD4陽性T細胞の傍気管リンパ節への浸潤が抑制され，結果として減弱したTh2型の免疫反応を呈する[5]．さらに，BLT1欠損マウスではCD8陽性細胞傷害性T細胞の炎症部位への遊走も低下[6] しており，結果としてBLT1にはTh1/Th2型の免疫反応の両者を促進する作用があることが明らかとなってきた．また，マスト細胞上のIgE受容体（FcεR）を架橋刺激した際に放出される細胞傷害性T細胞の走化性因子の本体もLTB4であると報告されている[7]．このLTB4によるT細胞の移動は比較的早期に起こることが特徴であり，外来異物の排除機構のうち，転写・翻訳を必要とするサイトカイン・ケモカイン*のシステムが作働するまでの初期相を，速やかに産生され分解されるLTB4が担当しているものと考えることができる．Th1/Th2免疫反応を制御するサイトカインは，主として細胞性免疫を賦活化するTh1型（IFNγ，IL-2，IL-12など）と，抗体産生を活性化し液性免疫を賦活化するTh2型（IL-4，IL-5，IL-13など）とに分類される．教科書的にはTh1反応が亢進すればTh2型反応は減弱する，といったシーソー型の反応として示されている．しかし実際の免疫性疾患や，病態モデルでは，Th1，Th2の両者の反応が同時に亢進したり，減弱したりすることも多く，単なるTh1/Th2サイトカインのバランスだけでは説明できない．こうした複雑な反応の一役をLTB4などの脂質メディエーターが担っていることに疑いの余地はない．

4 抗炎症脂質：リポキシン（LX）

　リポキシン（概略図）は，アラキドン酸から5-LOX，12-LOX，15-LOXによって生合成される脂質であり，その存在は古くから知られていたものの，長らく生理作用は不明のままであった．リポキシンは水溶液中では極めて不安定であり，そのため生体内では作用していないと考える研究者も多かった．リポキシンの発見者でもあるSerhanらのグループは，アスピリン投与はCOXの阻害とともに15-epi-LXA4の過剰産生をもたらすことを見出し，15-epi-LXA4が抗炎症作用を発揮することがCOXの抗炎症作用の一役を担っていると考えた．この発見を基礎に，LXA4の安定アナログである15(R/S)-methyl-LXA4（概略図）を用いて，LXA4の抗炎症作用が明らかにされた．LXA4アナログは，LTB4やfMLP*依存性の好中球の接着，遊走，脱顆粒反応を強力に阻害し，in vivoでも虚血再灌流による臓器障害を著明に改善した．

＊ケモカイン
主として白血球の走化性（ケモタキシス）を活性化する細胞外分泌タンパク質の総称．連続したシステイン残基を有するCCケモカインと，2つのシステインの間に1残基の挿入のあるCXCケモカインに大別される．ケモカイン受容体ファミリーに属するGPCRに結合してGタンパク質（Gi/o）を活性化する．

LTB4受容体と同じ受容体ファミリーに属するFPRL-1（fMLP受容体ホモログ）と呼ばれるGPCRがLXA4の受容体であると報告されたが，受容体活性化以降の細胞内シグナルが未だに不明であり，今後の検討が必要であると思われる．またリポキシンは*in vitro*ではCysLT1受容体の拮抗作用を有するが，これだけでリポキシンの抗炎症作用を説明することは難しい．リポキシンが強力な抗炎症作用を有することにはもはや疑いの余地はなく，その作用機序，受容体の同定，アゴニストの臨床医学への応用を含めて今後の発展が期待される．

5 免疫抑制剤FTY720とスフィンゴシン1リン酸（S1P）

近年注目されている免疫抑制剤にFTY720（概略図）があげられる．FTY720は二次リンパ組織のリンパ球の数を減少させることで強力免疫抑制を行うことがわかっていたが，その作用機序は不明であった．FTY720はスフィンゴシンと類似した立体構造を有しているため，スフィンゴシンと同様の代謝を受けているのではないかと推定された．ラットの生体内で，FTY720は（おそらくはスフィンゴシンキナーゼにより）リン酸エステルに変換される（FTY720-p）．スフィンゴシンのリン酸エステルであるスフィンゴシン1リン酸（S1P）には，S1P1〜S1P5と呼ばれる5種類のGPCRが存在するが，そのうちS1P2を除く4つが，FTY720-pによっても活性化されることが明らかとなった[8]．FTY720投与により，脾臓の辺縁帯（赤脾髄と白脾髄の境界領域）に存在するB細胞は速やかに白脾髄へ移動するが，S1P1受容体欠損マウスではこのFTY720依存性のB細胞の移動が完全に阻害されており，FTY720のB細胞への作用にS1P1受容体が必要であることがわかった[9]．定常状態では，辺縁帯B細胞に発現するS1P1受容体は循環血液中に存在するS1Pによって弱く活性化されており，これがケモカインであるCXCL13依存性のB細胞の移動を抑制している．FT720-pはS1P1を強く活性化してS1P1のインターナリゼーション#メモを引き起こすことでB細胞の辺縁帯への貯留を解除し，結果的にCXCL13依存性の白脾髄への細胞移動が生じるものと考えられる（図2A）．また，FT720-pはT細胞に発現するS1P輸送体Abcb1（Mdr1）とLTC4輸送体（Mrp1）の両者を活性化することで，細胞内で産生されたS1PとLTC4の細胞外輸送を活性化し，最終的にはケモカイン（CCL19, CCL21）受容体CCR7依存性のT細胞走化性を制御している（図2B）とも報告された[10]．FTY720-pの標的が，S1P受容体なのか，S1P輸送体であるのか，またそれ以外の分子であるのかに関しては今後の検証が必要であるが，FTY720の作用機構にS1Pとその関連分子が深く関わっていることは明らかであり，今後の研究の発展が期待される．

＊fMLP（formyl-Met-Leu-Phe, formyl-peptide）
最初のメチオニン残基がフォルミル化されたペプチドの代表である．フォルミル化ペプチドは一部の細菌で合成されるが，哺乳動物ではこの修飾は生じないとされている．不思議なことに，哺乳動物の好中球は，fMLPに結合するGPCRを大量に発現しており，細菌に対して走化性を示す．このシステムは侵入した細菌への防御機構として機能しており，哺乳動物の進化的過程で得られたものと考えられている．

＃メモ：インターナリゼーション
リガンドによって強く活性化されたGPCRが細胞膜表面から細胞内に引き込まれる現象をいう．GPCRのC末端に存在するセリン・スレオニン残基がGRK（GPCR kinase）によってリン酸化されるとβ-arrestinが結合し，クラスリンに富む顆粒内に組込まれてエンドサイトーシスする系が有名であるが，必ずしもこの系だけではない．細胞内に取り込まれた受容体は，再度細胞膜に運ばれ再利用されることもあれば，タンパク質分解によって消化されることもある．いずれにしても，受容体からの過剰なシグナル伝達をシャットダウンする系として機能していると考えられている．

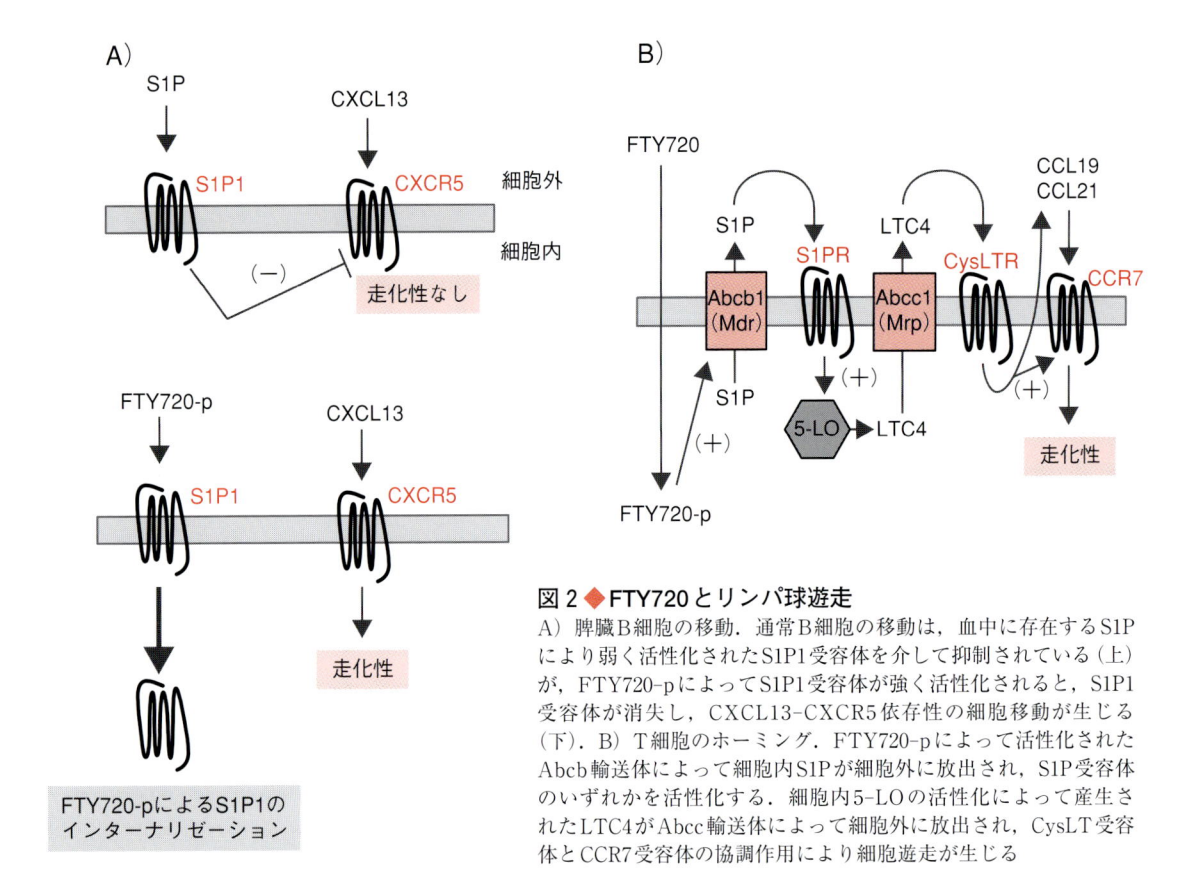

図2 ◆ FTY720とリンパ球遊走
A) 脾臓B細胞の移動．通常B細胞の移動は，血中に存在するS1Pにより弱く活性化されたS1P1受容体を介して抑制されている（上）が，FTY720-pによってS1P1受容体が強く活性化されると，S1P1受容体が消失し，CXCL13-CXCR5依存性の細胞移動が生じる（下）．B) T細胞のホーミング．FTY720-pによって活性化されたAbcb輸送体によって細胞内S1Pが細胞外に放出され，S1P受容体のいずれかを活性化する．細胞内5-LOの活性化によって産生されたLTC4がAbcc輸送体によって細胞外に放出され，CysLT受容体とCCR7受容体の協調作用により細胞遊走が生じる

6 血小板活性化因子（PAF）と免疫・炎症反応

　最初に細胞膜受容体が同定された脂質メディエーターは血小板活性化因子（PAF）（概略図）である．その名前とは異なり，現在では多彩な炎症反応に関与している強力な脂質メディエーターとして認識されている．比較的早い時期に受容体欠損マウスが作製され，さまざまな病態モデルを用いて解析が行われた．PAF受容体欠損マウスでは，感染させた寄生虫の排除が遅れたことから，PAFが感染防御の一役を担っていることが示された．しかしながら，PAF受容体欠損マウスは多くの疾患モデルにおいて軽減した症状を示し，PAFは生体内でいわゆる「悪玉」として機能していると考えられている．リポポリサッカライド投与による急性アナフィラキシーモデル，オブアルブミン感作による気管支喘息モデル，卵巣摘除による骨粗鬆症モデルのいずれにおいても，PAF受容体欠損マウスは野性型マウスに比べて病態が軽減していた．ここでは卵巣摘除による骨粗鬆症モデルでの解析結果をご紹介する[11]．骨の代謝には，骨をつくる骨芽細胞と，骨を破壊する破骨細胞の2つの細胞が重要であるが，PAF受容体は後者にのみ発現していた．PAFは破骨細胞刺激によって産生され，オートクラインのメカニズムで破骨細胞を活性化し，破骨細胞の寿命の延長，サイトカインやPGE2産生の亢進を介して骨吸収を促進し，骨粗鬆症の発症と増悪に関与していることが示された．PAF受容体がTh1/Th2型免疫反応に関与していることを直接示した研究はないが，免疫反応に随伴して発生する炎症反応には大きな役割を果たしていると考えられる[12]．

今後の研究の展開

　脂質メディエーターは生体内での産生量が少なく半減期も短いため，脂質メディエーターの生理機能は，その産生酵素や受容体の欠損マウスを用いた解析を行うことで明らかになってきた．その過程で，産生酵素の精製や，受容体のクローニングに生化学・分子生物学的な手法が用いられたことは言うまでもないが，その対象は脂質そのものではなく，脂質と相互作用するタンパク質であった．近年では質量分析機を中心とした脂質の微量解析技術がめざましい進展をみせており，今後はより直接的に脂質メディエーターを解析することが可能になるものと期待している．また，産生酵素や受容体の欠損マウスを用いた解析は今後も行われていくと思われるが，病態モデルの重篤度の変化を記載するだけではなく，その責任細胞の同定やメカニズムの解明までを含めた研究が要求されており，広い領域の研究者と共同で，総合的に遺伝子改変マウスを解析していくことが必要となろう．脂質メディエーターは分子量が小さく，コンピュータを用いた分子モデリングが可能である．このモデリングをもとに，多数の代謝酵素阻害薬，受容体拮抗薬が開発されている．さまざまな脂質メディエーターの疾患における役割を解明し，産生酵素や受容体の阻害薬・拮抗薬・アゴニストを開発することで，新たな治療への道が開かれることが期待される．

参考文献

1) Sugimoto, Y. et al. : Distribution and function of prostanoid receptors : studies from knockout mice. Prog. Lipid Res., 39 : 289-314, 2000
2) Brink, C. et al. : International Union of Pharmacology XXXVII. Nomenclature for leukotriene and lipoxin receptors. Pharmacol. Rev., 55 : 195-227, 2003
3) Kabashima, K. et al. : Prostaglandin E2-EP4 signaling initiates skin immune responses by promoting migration and maturation of Langerhans cells. Nature Med., 9 : 744-749, 2003
4) Kabashima, K. et al. : The prostaglandin receptor EP4 suppresses colitis, mucosal damage and CD4 cell activation in the gut. J. Clin. Invest., 109 : 883-893, 2002
5) Tager, A. M. et al. : Leukotriene B4 receptor BLT1 mediates early effector T cell recruitment. Nature Immunol., 4 : 982-990, 2003
6) Goodarzi, K. et al. : Leukotriene B4 and BLT1 control cytotoxic effector T cell recruitment to inflamed tissues. Nature Immunol., 4 : 965-973, 2003
7) Ott, V. L. et al. : Mast cell-dependent migration of effector CD8+ T cells through production of leukotriene B4. Nature Immunol., 4 : 974-981, 2003
8) Mandala, S. et al. : Alteration of lymphocyte trafficking by sphingosine-1-phosphate receptor agonists. Science, 296 : 346-349, 2002
9) Cinamon, G. et al. : Sphingosine 1-phosphate receptor 1 promotes B cell localization in the splenic marginal zone. Nature Immunol., 5 : 713-720, 2004
10) Honig, S. M. et al. : FTY720 stimulates multidrug transporter- and cysteinyl leukotriene-dependent T cell chemotaxis to lymph nodes. J. Clin. Invest., 111 : 627-637, 2003
11) Hikiji, H. et al. : Absence of platelet-activating factor receptor protects mice from osteoporosis following ovariectomy. J. Clin. Invest., 114 : 85-93, 2004
12) Ishii, S. & Shimizu, T. : Platelet-activating factor (PAF) receptor and genetically engineered PAF receptor mutant mice. Prog. Lipid Res., 39 : 41-82, 2000

参考図書　　　　　　　　　　　　　　　　　　　　　　　もう少し詳しく知りたい人に

- 「脂質メディエーター」（横溝岳彦），『分子環境予防医学』（分子環境予防医学研究会／編）：pp46-53，本の泉社，2003　≫≫受容体を中心に脂質メディエーターの基本を解説した教科書．
- 『7回膜貫通型受容体研究の新展開』（佐藤公道，赤池昭紀／編），別冊 医学のあゆみ，医歯薬出版，2001
　≫≫GPCR研究を総括した総説論文集．脂質メディエーター受容体の解説も豊富である．

基 本 編

第8章

コレステロールホメオスタシス

酒井 寿郎

細胞内のコレステロールホメオスタシスはコレステロール合成とLDL受容体を介した細胞内への取り込み，そして，細胞外へのコレステロール排出のバランスのうちに厳密に制御されている．コレステロール合成摂取はコレステロールによるフィードバック調節（end product feed back regulation）を担う転写因子SREBPによって制御される．SREBPの活性化には，ステロールセンシングドメインを有する多重膜貫通タンパクSCAPそしてゴルジ体に局在する2つのプロテアーゼが必要である．一方，細胞外へのコレステロール排出には，種々のABCトランスポーターが関与し，それらの発現はLXRやFXRをはじめとした核内受容体によって担われる．核内受容体のリガンドはコレステロールの中間代謝産物や胆汁酸などをリガンドとして転写活性化を担う．

【キーワード&略語】
SREBP, PPAR, LDLレセプター, ベシクルトラフィッキング, ステロールセンシングドメイン
SREBP：sterol regulatory element binding protein
Rip：regulated intramembrane proteolysis
LXR α：liver X receptor α
OPPG：osteoporosis pseudoglioma syndrome

■ はじめに

　コレステロールは細胞膜の構成成分および胆汁酸やステロイドホルモン，脂溶性ビタミンの前駆体として重要な化合物である．ある種の脂質はさらにシグナル伝達物質として機能し，生体内の重要な役割を担っている．しかしながら，水に不溶・難溶のコレステロールは細胞内に過剰蓄積すると細胞へ重篤な機能障害を招く．これはシグナル機能を有する脂質，例えば脂溶性ビタミンもまた同様である．脂質のホメオスタシスが破綻すると生活習慣病をはじめとした種々の重篤な代謝系疾患を引き起こす．それゆえ脂質のホメオスタシスのメカニズムを理解し，健康な体を維持することは現代のわれわれにとってきわめて重要な課題である．本稿ではコレステロールを中心に脂質ホメオスタシスのメカニズムについて概観する．

1　LDL受容体とコレステロール合成系酵素の発現を制御する転写因子 sterol regulatory element binding protein （SREBP）

　細胞はLDL受容体を介して細胞外からコレステロールを摂取し，一方では小胞体でコレステロールを合成し細胞膜を含めたオルガネラへと輸送する（図1）．LDL受容体そしてコレステロール合成系酵素であるHMG-CoA合成酵素という2つの完全に独立した経路の発現が細胞内のコレステロールにより制御されるということから，2つのプロモーターが解析されステロール結合領域（SRE）が同定され，そこに結合する68 kDのタンパクの精製がなされた．し

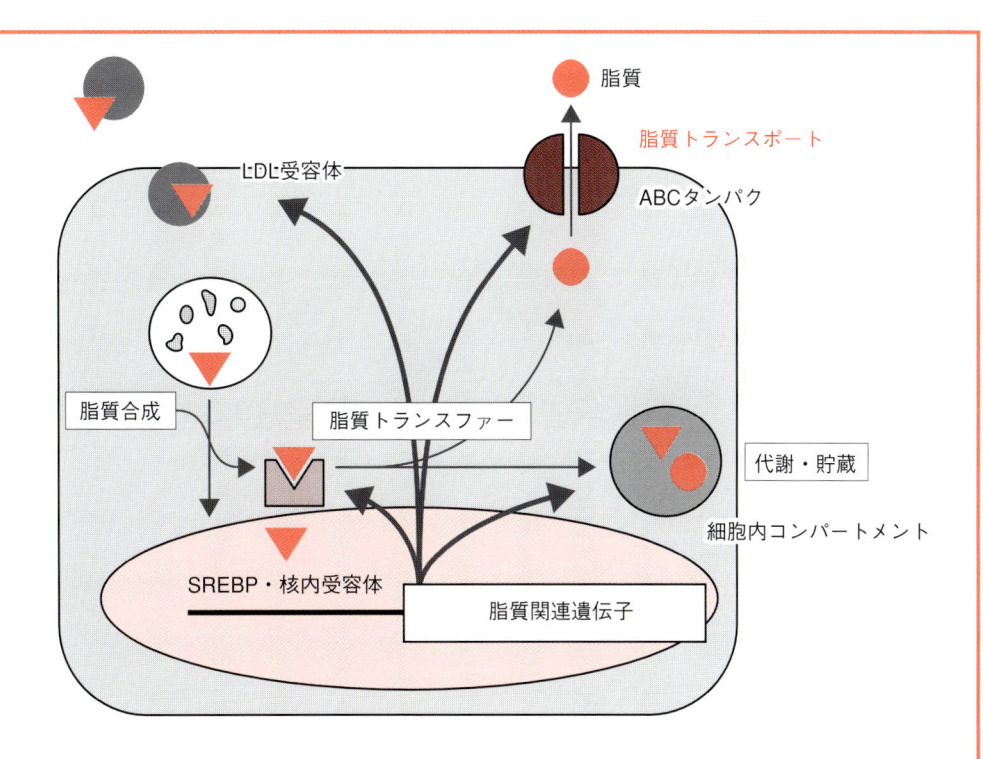

■ 概略図 ■　コレステロールトラフィッキング

コレステロールホメオスタシスは細胞内への脂質取り込み，合成，細胞内トラフィッキング，細胞外への輸送など多くの要素が複雑に絡み合っている．細胞内コレステロールレベルはステロールセンシングドメインを有するタンパクや核内受容体に感知され，転写レベルで制御される

かしながら精製されたタンパクをコードするcDNAは約120kDをコードするものであった．cDNAクローニングから予想される構造は転写活性化ドメインを有するNH₂末端そしてCOOH末端を細胞質側に向け2個の膜貫通ドメインで膜に結合し，その間のループが小胞体内腔に突出する3つのドメインから構成されていた（図2）．細胞内のコレステロール含量が減少すると核に移行することから，何らかのプロセシングを経ることが推定された．

詳細な解析により，SREBPは小胞体膜上に局在し，膜上のコレステロールが減少すると2段階のプロセシングを経て核内へ移行することが明らかにされた（図2）．第1段階目は小胞体内腔のループ領域で起こる．この切断で二分断されたのちNH₂末端のまだ膜に結合した中間体SREBPは第2回目の切断を受け最終的に核内へと移行する．第2回目の切断は膜貫通領域の内側で起こる．この2段階の切断はregulated intramembrane proteolysis（**Rip**＊）#メモと呼ばれ，βアミロイド前駆体タンパクの切断機構，Notch切断，ATF6切断様式の雛形となった[1]．

＊Rip
不活性型の前駆体として小胞体膜に結合し，細胞が必要とするとき小胞体から2段階のプロセシングを受けて核内に移行し，そこで標的遺伝子を活性化するという機構である．

#メモ：その他のRip
細胞の分化に関与する膜結合型転写因子（Notch）や小胞体ストレスに関与する膜結合型転写因子（ATF6），アルツハイマー病に関与するアミロイド前駆体タンパク（APP）などにも認められている．

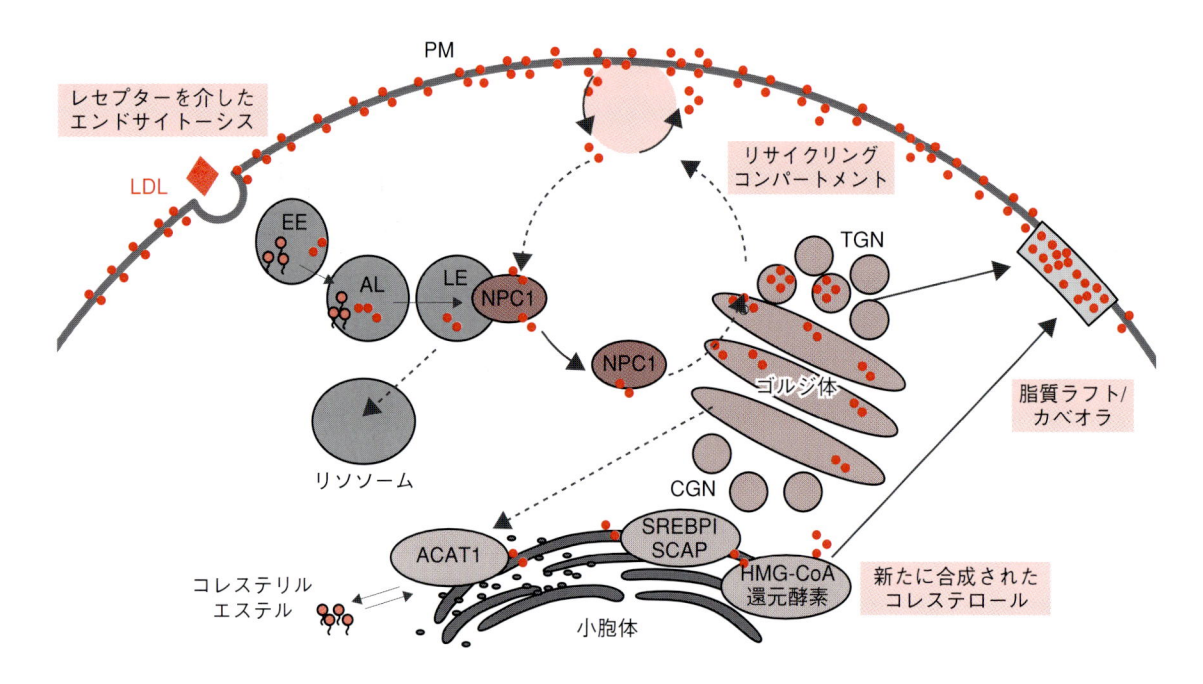

図1 ◆ 細胞内コレステロール輸送

コレステロールはLDL受容体によって取り込まれた後,エンドサイトーシスによって細胞内に取り込まれる.ステロールセンシングドメインを有するタンパクNPC1はレイトエンドソーム上の脂質を細胞内小器官に再分配するのに働き,コレステロール合成律速酵素HMG-CoA還元酵素のステロールセンシングドメインはInsigと結合することでコレステロール依存性にHMG-CoA還元酵素タンパクが分解されるのに寄与する.SCAPは小胞体膜上のコレステロールを感知し,SREBPを活性化の場であるゴルジ体に輸送する.TGN:トランスゴルジネットワーク,CGN:シスゴルジネットワーク,LE:late endosome,AL:acid lipase,EE:early endosome

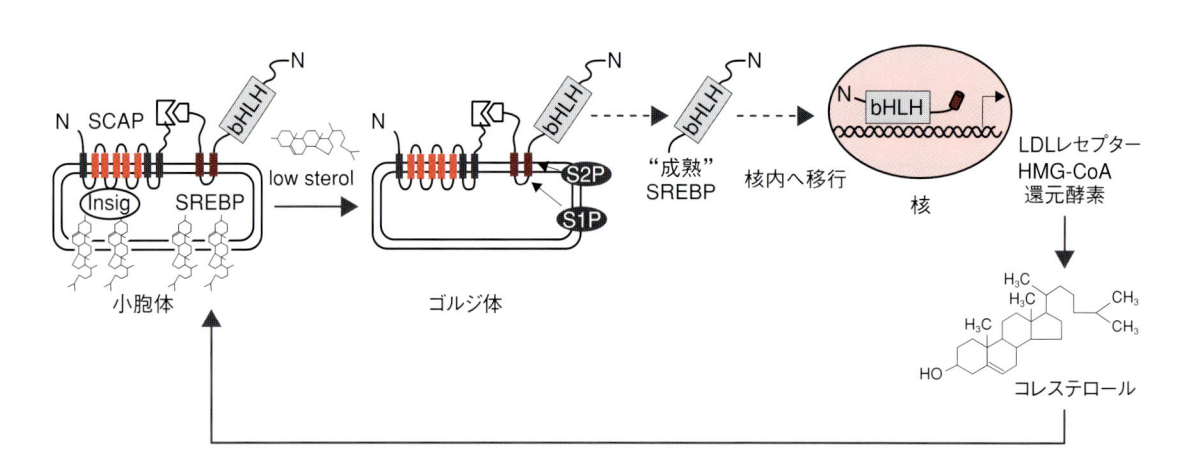

図2 ◆ SREBPはステロール依存性に活性化され脂質合成系遺伝子の転写を活性化する

SREBPは小胞体膜上にヘアピン構造をとり局在する.コレステロールが小胞体膜上で欠如するとSCAPは小胞体からゴルジ体へと移行する.その際SREBPはSCAPとともに移動する.S1Pはステロール欠乏時にSCAPがSREBPをゴルジ体に運搬してくるのを待ち受け,SREBPをSite-1にて切断し,引き続きS2Pによって膜の内側で切断され核内へ移行する.ステロールが負荷された環境ではSCAP・SREBP複合体は小胞体にとどまりS1Pと出会うことがないため切断を受けない

さて，SREBPはどのようにしてコレステロール量を感知するか？ SREBPはステロールセンシングドメインを膜貫通領域に有するSCAPという8回膜貫通タンパクとC末端同士で結合し，複合体を小胞体上で形成する[2]．膜上のステロールが欠乏するとSCAP・SREBP複合体はCOP II *ベジクルに乗ってゴルジ体へと輸送される．ゴルジ体では第1回目の切断を行うSite-1プロテアーゼ（**S1P***）（サブチリシン様セリンプロテアーゼ）[3] そして第2回目の切断を行うSite-2プロテアーゼ（**S2P***）（メタロプロテアーゼ）[4] が存在し，ここで2連続した切断を行い，SREBPを最終的な成熟型SREBPへと変換する．

SCAPはSREBPの「ステロールセンサー」と位置づけられている（図3）[5]．これまでこのステロールセンシングドメインを有するタンパクとして，コレステロール生合成経路の律速酵素であるHMG-CoA合成酵素，ヘッジホッグ受容体である**Patched***，Niemann-Pick病の原因遺伝子であるNPC-1などがある[6]．小胞体にアンカーする**Insig***-1というタンパクがSCAPと結合し，SCAP・SREBP複合体を小胞体にとどめているが，ステロール欠乏時にはこの結合がはずれ，SCAP・SREBP複合体はゴルジ体へ移動し，プロセシングを受ける．他のタンパクに保存されているステロールセンシングドメインの機能に関しては後述する．

2 核内受容体とコレステロール排出

SREBPがコレステロール摂取に関与するLDL受容体や合成系酵素の転写制御を行うのに対し，別の転写因子・リガンド依存性転写因子である核内受容体は，細胞内で異化することのできないコレステロールを排出する種々のABCタンパクの制御を行うことで細胞内コレステロールホメオスタシスの維持に関与することが近年明らかにされている（図4）．

ABCタンパクは，低HDLコレステロール血症を引き起こすタンジール病の原因遺伝子であることが明らかになり，コレステロール排出機能を有するABCタンパクがコレステロールホメオスタシスに重要な役割を演ずることが明らかにされた．その後の研究で細胞外へのコレステロール排出にはABCA1以外にもABCG5/G8をはじめとする，種々のABCタンパクが関与することが明らかにされつつある．

脂質は細胞内で結合する脂質トランスファタンパクで輸送され，目的の細胞内小器官に達する．核へ輸送されるとその脂質をリガンドとする核内受容体のリガンドとなり脂質関連標的遺伝子を誘導する．ABCタンパクなどへと輸送されれば細胞外や細胞内コンパートメントへの脂質排出を介して脂質ホメオスタシスを維持すると考えられる．このように，脂質生合成のみなら

---

* COP II
細胞内小胞形成に必要なタンパク複合体である．

* S1P
サブチリシン様セリンプロテアーゼファミリーに属する1,052のアミノ酸から構築される膜タンパクで，他のサブチリシンスーパーファミリーの多くのプロテアーゼ同様，小胞体で不活性型の前駆体として合成され，自己切断によりN末端のプロペプチドが切り離され活性化されて，ゴルジ体に局在する．

* S2P
亜鉛型メタロプロテアーゼに認められる亜鉛結合部位を有する519個のアミノ酸で構成された疎水性の高い膜タンパクである．S2Pは疎水性の高い膜貫通ドメインの内側という非生理的環境下で中間型SREBPを切断するのに適した構造をとっていると考えられた．

* Patched
コレステロールで修飾されたヘッジホッグを介したシグナル伝達系における腫瘍抑制因子である．

* Insig
SCAPのステロールセンシングドメインと相互作用し，小胞体内でSCAP・SREBP複合体を維持する膜タンパクである．

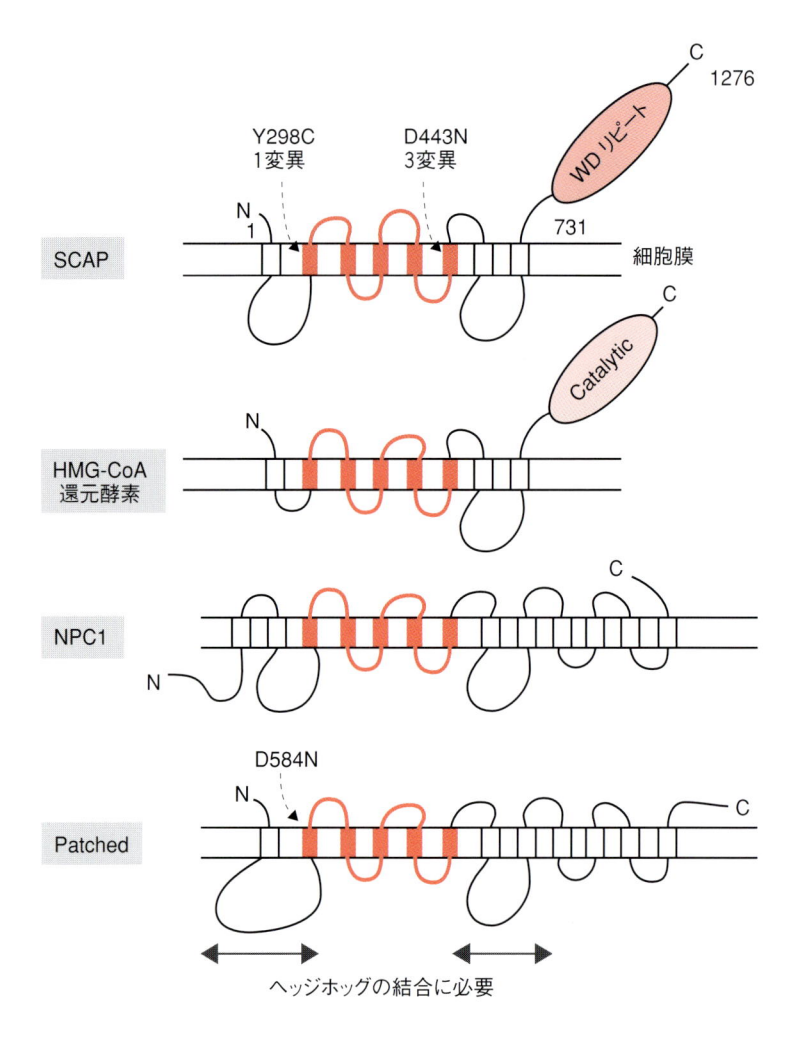

図3 ◆ ステロールセンシングドメインを有するタンパク群

ステロールセンシングドメインをもつタンパク．SCAPの443番目のアスパラギン酸がアスパラギン，もしくは298番目のチロシンがシステインに変異するとステロールの存在下でもERからゴルジ体へと移動しSREBPを持続的に活性化する．SCAPの第2から第6膜貫通ドメインはHMG-CoA還元酵素，Nieman-Pick C1タンパク（NPC1），分化誘導シグナル物質であるヘッジホッグの受容体Patchedの膜貫通ドメインにも高いホモロジーで保存されている．PatchedのD584N変異はヘッジホッグとの結合は保ち，ヘッジホッグシグナル伝達をドミナントネガティブに抑制する．■の膜貫通ドメインは想定されるステロールセンシングドメインを示す

ず，脂質の細胞内での輸送というものが実際遺伝病として明らかにされており，この脂質トポロジーの変化による脂質ホメオスタシスという新たな見方も今後一層強化されると考えられる．

3 転写因子間ネットワークと脂質ホメオスタシス －SREBP-1cによる同化作用と，PPARδによる異化作用

　　核内受容体・転写因子は互いにネットワークを形成し，生体内でのホメオスタシスを維持する機構が働く．こと個体レベルでは臓器ごとにその機能が決まっているため，臓器間での転写

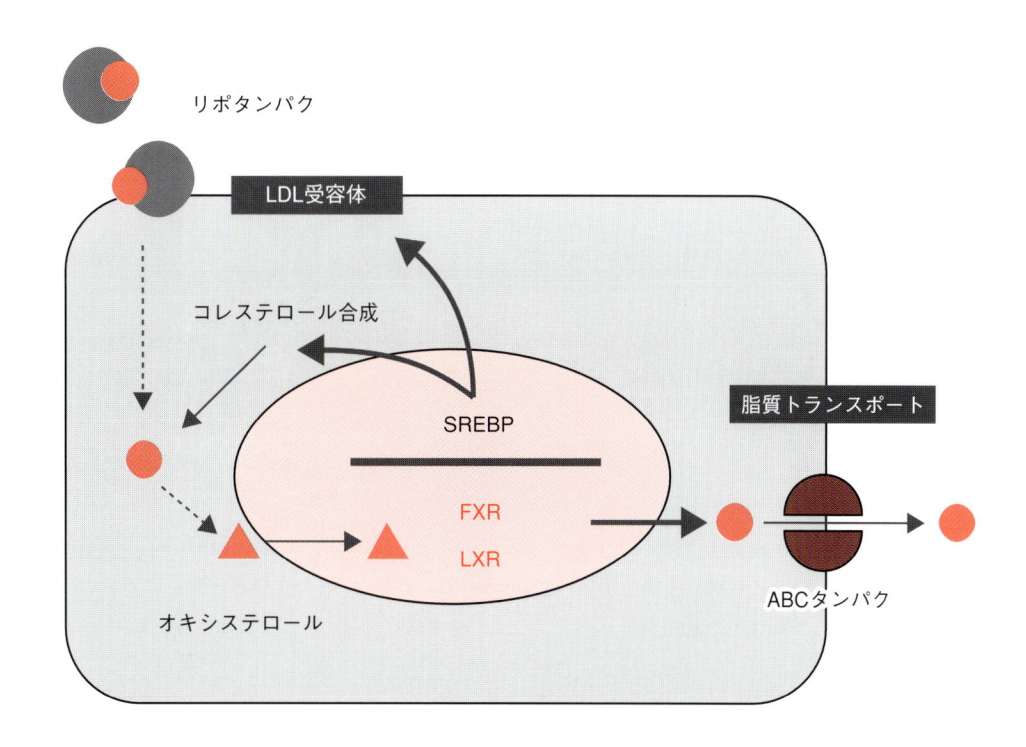

図4 ◆ 核内受容体は脂質をリガンドとし，リガンド依存性にABCタンパク質の転写を制御し，コレステロールホメオスタシスを行う
SREBPはコレステロール合成や取り込みを制御する転写因子であるのに対して，別の核内受容体であるLXRやFXRは細胞内では異化できないコレステロールを細胞外に排出するさまざまなABCタンパクの発現を制御することにより，細胞内脂質ホメオスタシスを維持する重要な役割を担っている

因子・核内受容体のネットワークはとりわけ重要である．

　SREBPサブタイプの1つSREBP-1cはコレステロール合成系より中性脂肪合成系の転写制御により深く関与する．SREBP-1cの転写はコレステロールの中間代謝産物であるオキシステロールをリガンドとする核内受容体liver X receptor α（LXRα）により転写・活性が誘導される．中性脂肪合成により重要なSREBP-1cは糖・インスリンに反応し，転写レベルで自らの発現が上昇する．この機構は食餌成分を脂肪として蓄積する機構として重要である[7]．しかし，SREBP-1cはSREBP-2活性がコレステロールによるend product feedback regulation（最終産物によるフィードバックループ形成）の支配下にあるのに対して，SREBP-1cの調節はフィードバックループを形成せず，シグナルの増強は脂肪蓄積を促進させる．したがって，現代のように栄養過剰状態ではSREBP-1cの発現が高まり，脂肪蓄積が亢進し，生活習慣病（メタボリックシンドローム）の原因となる[8]．筆者はこれとは反対に絶食時や持久運動時に誘導される転写因子は異化作用に働き，蓄積された脂肪の分解に機能するという仮説のもとに転写因子・核内受容体を探索した．われわれは，持久運動や絶食時に骨格筋で誘導される転写因子群を網羅的に解析し，核内受容体PPARファミリーの1つであるPPARδが生体内での脂肪燃焼に重要な位置を占めることを発見した．ユビキタスにPPARδは存在するが，アゴニストGW5010516は主に骨格筋で機能し，脂肪を燃焼させる一連の酵素，ATPを脱共役化するタンパク（UCP），さらにはコレステロールを排出させるABCA1を誘導する．PPARδ活性化が細胞内コレステ

ロールを排出して血中HDLコレステロールを上昇させること，蓄積された脂肪を燃焼することで，肥満改善をはじめとした生活習慣病に対する新たな治療薬への可能性を提示した[9]．

4 ステロールセンシングドメイン（SSD）

ステロールセンシングドメインを有するタンパク質としてSCAPや**HMG-CoA**＊還元酵素の他にもヘッジホッグ受容体の1つであるPatched，Niemann-Pick病の原因遺伝子であるNPC-1などがある（図3）[10]．これらは，細胞内小器官間でのベジクル輸送やコレステロール濃度に応じてそれらの活性を制御する共通の役割を担っている．

小胞体に存在しているHMG-CoA還元酵素は，小胞体膜上のコレステロール量が上昇すると，酵素タンパクの分解が亢進し合成が低下する．Insig-1はHMG-CoA還元酵素のステロール体ドメインにも結合する．コレステロール負荷時にInsig-1に結合したHMG-CoA還元酵素はプロテアソームで分解を受けタンパク分解が進む．Insig-1はコレステロール負荷時にはSCAPと相互作用し小胞体上にSREBP・SCAP複合体をとどまらせることによってSREBPがゴルジ体に輸送され活性化されるのを抑制し，結果としてコレステロール合成は減少する．このようにSCAP，HMG-CoA還元酵素はともにInsig-1と相互作用することで，異なる機序でありながらも結果としてコレステロール合成を抑制するという同じ方向に働く．NPC1は構造的にもPatchedと類似し，主にlate endosomeに局在した脂質の輸送に必要である．したがって，NPC1が欠損した細胞では，LDL由来のコレステロールがリソソームやゴルジ体に蓄積され，形質膜や小胞体への輸送が障害されている．Patchedはsonic hedgehog（SHH）の受容体で，この情報伝達はコレステロールに制御されている．dynaminによって形質膜とエンドソームとの間を往復しておりSHHのエンドサイトーシスに関わっている．SHHの活性化にはコレステロールの共有結合による自己切断が必要であり，Dispatchedはコレステロール修飾されたSHHを細胞質膜外へ放出し，さまざまなシグナル伝達に寄与している．ヘッジホッグシグナルの阻害剤シクロパミンの化学構造はコレステロール骨格を有し，ヘッジホッグの受容体Patchedはステロールセンシングドメインを有することから，シクロパミンがこのステロールセンシングドメインに機能することが予測された．しかし，現在ではヘッジホッグと協調して機能するsmoothened（Smo）のアンタゴニストとしてヘッジホッグシグナルを阻害するとされている．ステロールセンシングドメイン中にある584番目のアスパラギン酸がアスパラギンに置換するとヘッジホッグが結合してもシグナルが伝わらないドミナントネガティブフォームとなる[10]．

5 LDL受容体ファミリーとLDL受容体類似タンパク5型

コレステロールホメオスタシス機構の解明，SREBP発見の基盤となったLDL受容体はファミリーを形成し，少なくとも9つのLDL受容体類似タンパクが存在することがこれまで明らかにされている（VLDL受容体，ApoER2，MEGF7，LRP1，LRP1B，Megalin，LRP5＆6，

＊**HMG-CoA**
メバロン酸，コレステロール前駆体およびイソプレノイド化合物を合成するために還元される活性種である．

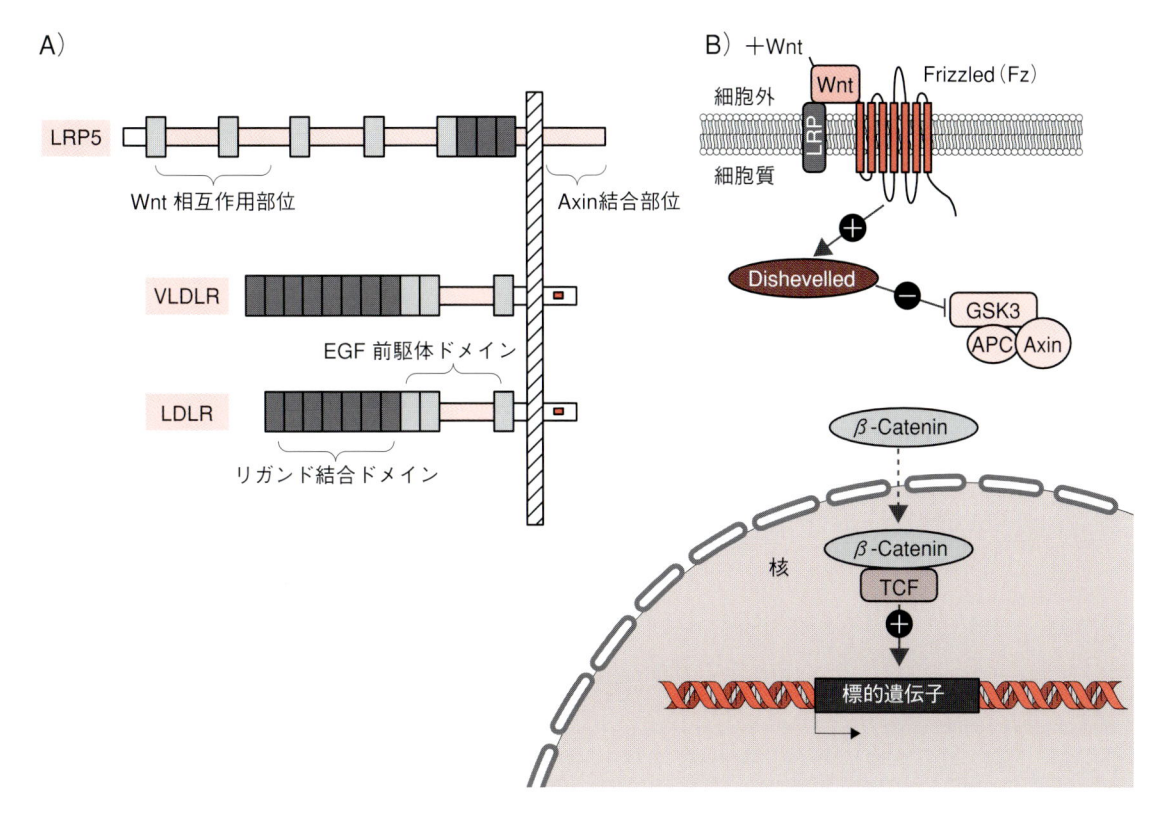

図5 ◆ LDLレセプターファミリー遺伝子
LDLレセプター遺伝子はファミリーを形成する．これまで脂質以外にもさまざまな機能が示されてきている（A）．その中でもLRP5およびLRP6は似た構造をとり，7回膜貫通型タンパクのFrizzledと共受容体を形成し，細胞内へWntシグナルを伝達する（B）．胎生期のみならず，生後も重要な役割を演ずる

LR11）．その中の1つLRP5は，Wntの受容体として7回膜貫通型受容体Frizzledと共受容体として機能する（図5）．Wntとは胎生期における発生において，細胞の極性，分化など重要な役割をもつ細胞外分泌タンパクであり，ヘッジホッグシグナルと協調し体節の形成に関わる．ヒトゲノムには20個のWnt遺伝子群と8個のFrizzled受容体遺伝子群が知られている．発生段階では種々の転写因子が秩序正しく発現し，ダイナミックに個体形成を行っていくが，Wntシグナルに加えてヘッジホッグシグナルはこれら転写因子群を統合的に制御し，高次調節系として働く．このように発生に重要なこれらのシグナルも，成熟個体での機能はあまり知られていなかったが，これらのシグナルは成長成熟期にも存在し重要であることが明らかにされつつある．われわれの作製したLRP5遺伝子欠損マウスは，骨密度の低下，インスリン分泌機能低下，食後高脂血症，易動脈硬化性[11)12)]などのフェノタイプを示す．ヒトではLPR5遺伝子異常症は生後骨形成不全で容易に骨折を起こすosteoporosis pseudoglioma syndrome（OPPG）として報告された[13)]．また，逆に機能が亢進する遺伝子変異家系も報告され，この変異型では骨密度が過度に亢進する．Wntはさらに骨髄幹細胞の自己複製や骨格筋細胞の再生にも必要であることが明らかにされてきている．

おわりに

本稿では，コレステロールホメオスタシス機構について概説した．ゲノム解読とともにヒト遺伝子には48個の核内受容体をはじめとし，転写因子も数多く存在することが明らかにされた．しかしながら個々の転写因子が生体内でどのようなネットワークを形成しているかまだまだ不明の点は多い．細胞内でのシグナル分子として重要な役割を担う脂質もまた，細胞内ではホメオスタシス維持のため適量に保たれなくてはならない．脂質や脂質に修飾されたシグナル分子を中心としたダイナミックな動きが細胞内で繰り広げられる脂質ホメオスタシスが保たれる機構は，今後さらに解明されねばならない．

参考文献

1) Sakai, J. et al.：Sterol-regulated release of SREBP-2 from cell, membranes requires two sequential cleavages, one within a transmembrane segment. Cell, 85：1037-1046, 1996
2) Sakai, J. et al.：Cleavage of sterol regulatory element-binding proteins (SREBPs) at site-1 requires interaction with SREBP cleavage-activating protein. Evidence from in vivo competition studies. J. Biol. Chem., 273：5785-5793, 1998
3) Sakai, J. et al.：Molecular identification of the sterol-regulated luminal protease that cleaves SREBPs and controls lipid composition of animal cells. Mol. Cell, 2：505-514, 1998
4) Rawson, R. B. et al.：Complementation cloning of S2P, a gene encoding a putative metalloprotease required for intramembrane cleavage of SREBPs. Mol. Cell, 1：47-57, 1997
5) Hua, X. et al.：Sterol resistance in CHO cells traced to point mutation in SREBP cleavage-activating protein. Cell, 87：415-426, 1996
6) Yang, T. et al.：Crucial step in cholesterol homeostasis：sterols promote binding of SCAP to INSIG-1, a membrane protein that facilitates retention of SREBPs in ER. Cell, 110：489-500, 2002
7) Shimomura, I. et al.：Insulin selectively increases SREBP-1c mRNA in the livers of rats with streptozotocin-induced diabetes. Proc. Natl. Acad. Sci. USA, 96：13656-13661, 1999
8) Shimomura, I. et al.：Decreased IRS-2 and increased SREBP-1c lead to mixed insulin resistance and sensitivity in livers of lipodystrophic and ob/ob mice. Mol. Cell, 6：77-86, 2000
9) Tanaka, T. et al.：Activation of peroxisome proliferator-activated receptor delta induces fatty acid beta-oxidation in skeletal muscle and attenuates metabolic syndrome. Proc. Natl. Acad. Sci. USA, 100：15924-15929, 2003
10) Kuwabara, E. P. & Labouesse, M.：The sterol-sensing domain：multiple families, a unique role? Trends Genet., 18：193-201, 2002
11) Fujino, T. et al.：Low-density lipoprotein receptor-related protein 5 (LRP5) is essential for normal cholesterol metabolism and glucose-induced insulin secretion. Proc. Natl. Acad. Sci. USA, 100：229-234, 2003
12) Magoori, K. et al.：Severe hypercholesterolemia, impaired fat tolerance, and advanced atherosclerosis in mice lacking both low density lipoprotein receptor-related protein 5 and apolipoprotein E. J. Biol. Chem., 278：11331-11336, 2003
13) Gong, Y. et al.：LDL receptor-related protein 5 (LRP5) affects bone accrual and eye development. Cell, 107：513-523, 2001

参考図書 ……もう少し詳しく知りたい人に……

- 「"膜結合型転写因子"SREBPとプロテアーゼによるプロセッシングによる細胞内コレステロール制御機構」（酒井寿郎），生化学，72：437-450，日本生化学会，2000　≫≫SREBPに関する詳細な分子メカニズムが述べられている．
- 『高脂血症（上）』，日本臨床増刊：251-287，日本臨床社，2001　≫≫基礎的な脂質代謝の基本についてその構造，機能，そして代謝およびそれに関する酵素の調節，そして代謝を調節する因子，ホルモンなどについて述べられている．
- 「序 リポネットワーク」（植田和光，他），生化学，76：501-502，日本生化学会，2004　≫≫新たな観点による脂質ホメオスタシスの維持機構の，脂質トランスポート，トランスファー，核内受容体の重層的ネットワーク機構からの解明が述べられている．

トピックス編

1. アディポネクチンと脂質代謝 …………… 108
2. シクロオキシゲナーゼ-2と発癌 …………… 115
3. 脂質メディエーターの神経機能 …………… 122
4. 脂質メタボローム …………… 127
5. セラミドの細胞内選別輸送 …………… 132

トピックス編

■1■ アディポネクチンと脂質代謝

山内 敏正　門脇 孝

肥満ではアディポネクチンが低下し，糖尿病・高脂血症の原因となっており，その補充がこれらの効果的な治療手段となる．アディポネクチンはアディポネクチン受容体 AdipoR1・R2 に結合し，急性には AMP キナーゼ活性化を介して骨格筋で脂肪酸燃焼，糖取り込みを促進し，肝臓で糖新生を抑制し，脂肪酸燃焼を促進する．慢性には PPARα を活性化して脂肪酸燃焼を促進する．また，アディポネクチンは脂質蓄積の低減と抗炎症作用などにより，動脈硬化巣の形成を抑制する．さらに肥満では，骨格筋・脂肪組織において，アディポネクチン受容体の発現量が低下し，アディポネクチン感受性の低下が存在する．アディポネクチン受容体の作動薬やアディポネクチン抵抗性改善薬の開発は，糖尿病・高脂血症の根本的な治療法開発の道を切り開くものと強く期待される．

1 肥満によるインスリン抵抗性・脂質代謝異常惹起メカニズム

肥満がインスリン抵抗性を基盤として糖尿病，高脂血症，高血圧といった生活習慣病を惹起することはよく知られているが，肥満がインスリン抵抗性を惹起するメカニズムは不明であった．生活習慣病の原因となる肥満はもっぱら脂肪細胞肥大によって生じると考えられる．脂肪組織は余剰のエネルギーを中性脂肪の形で貯蔵するという従来から知られている機能に加えて，レプチンを筆頭にTNFα*やレジスチン，FFA[1]やPAI-1など種々のシグナル分子"アディポサイトカイン"を分泌する内分泌器官としての機能を有することが知られるようになり，非常に注目を集めている．肥大した脂肪細胞からはTNFα，レジスチン，FFAが多量に産生・分泌され，骨格筋や肝臓でインスリンの情報伝達を障害しインスリン抵抗性・脂質代謝異常を惹起することが明らかとなってきた（図1）．

2 インスリン感受性・脂質代謝制御に関わる因子

1）レプチン

脂肪萎縮性糖尿病マウスのインスリン抵抗性・脂質代謝異常は正常な脂肪組織の移植により完全に改善することから，脂肪組織の存在がインスリン感受性・脂質代謝の制御に重要であり，正常な脂肪組織はインスリン感受性ホルモンを分泌しているという可能性も成り立つ．脂肪萎縮の状態と脂肪細胞が肥大した状態が

【キーワード&略語】
肥満，インスリン抵抗性，アディポサイトカイン，AMPキナーゼ，PPAR
TNFα：tumor necrosis factor α（腫瘍壊死因子）
SNP：single nucleotide polymorphism（1塩基変異多型）

* TNFα
肥大した脂肪細胞に多く発現し分泌されるTNFαはインスリン抵抗性を惹起するアディポサイトカインであることがいち早く明らかにされた分子である．JNKを活性化し，IRSのセリンリン酸化を引き起こして，インスリン抵抗性を惹起することが，JNKのノックアウトマウスを用いた研究により報告されている．

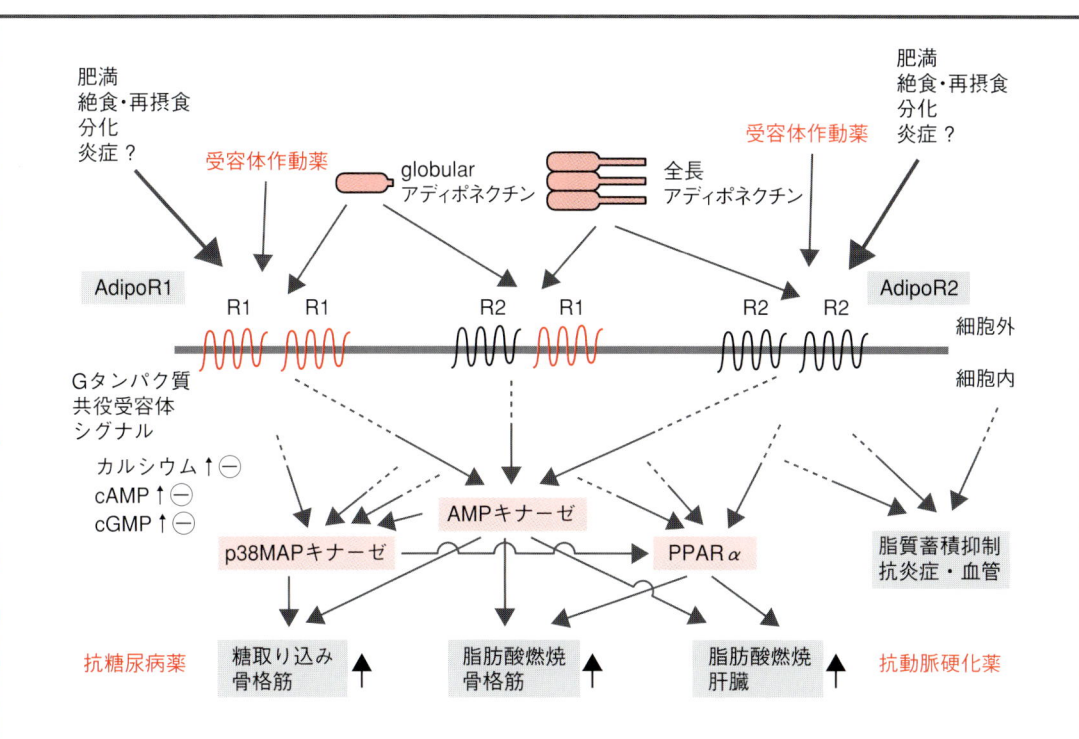

■**概略図** アディポネクチンの作用メカニズム（文献18参照）

発現クローニングの結果，2種の受容体を同定し，AdipoR1，AdipiR2と名づけた．R1は骨格筋，R2は肝臓に多く発現し，N末が細胞内に存在するユニークな7回膜貫通型タンパクであることがわかった．globularアディポネクチンは主にAdipoR1に，全長型アディポネクチンは，主にAdipoR2に結合することによって，運動により活性化することが知られているAMPキナーゼや，他にもp38MAPキナーゼ，PPARαを活性化し，糖の取込みや脂肪酸の燃焼を亢進する

ともにインスリン抵抗性・脂質代謝異常を惹起するメカニズムとして，脂肪細胞から分泌されるインスリン感受性ホルモンの発現が肥大した脂肪細胞では減少しているという仮説が立てられた（図1）．まずレプチンにインスリン抵抗性・脂質代謝異常改善作用があることが，Goldstein & Brown研に留学されていた下村らによって報告された[2]．しかしながら生理的な濃度のレプチンの補充では脂肪萎縮性糖尿病のインスリン抵抗性・脂質代謝異常が部分的にしか改善しなかったことより，レプチン以外の脂肪組織由来インスリン感受性ホルモンの存在の可能性も想定された．

2）アディポネクチン

そこで，高脂肪食下の野生型マウスの白色脂肪組織と，高脂肪食下でも脂肪細胞肥大化が抑制されインスリン感受性が良好なPPARγヘテロ欠損マウスの白色脂肪組織における遺伝子の発現パターンの違いをDNAチップを用いて比較検討し，脂肪組織由来のインスリン感受性ホルモンを系統的・網羅的に探索した．高脂肪食下でもインスリン感受性が良好なPPARγヘテロ欠損マウスの小型脂肪細胞では，レプチンに加えて，アディポネクチンが野生型と比較して，多く発現しているのが認められた（図1）．アディポネクチンは大阪大学の松澤ら4つのグループがほぼ同時に独立に同定した脂肪細胞特異的に発現している分泌タンパクである[3)～6)]．これらの結果から，アディポネクチンはレプチンとともに，脂肪組織由来のインスリン感受性因子の有力な候補と考えられた．

3）日本人2型糖尿病

これとは独立に当研究室の森，小田辺，安田らはフランスパスツール研究所のFroguelとの共同研究で，

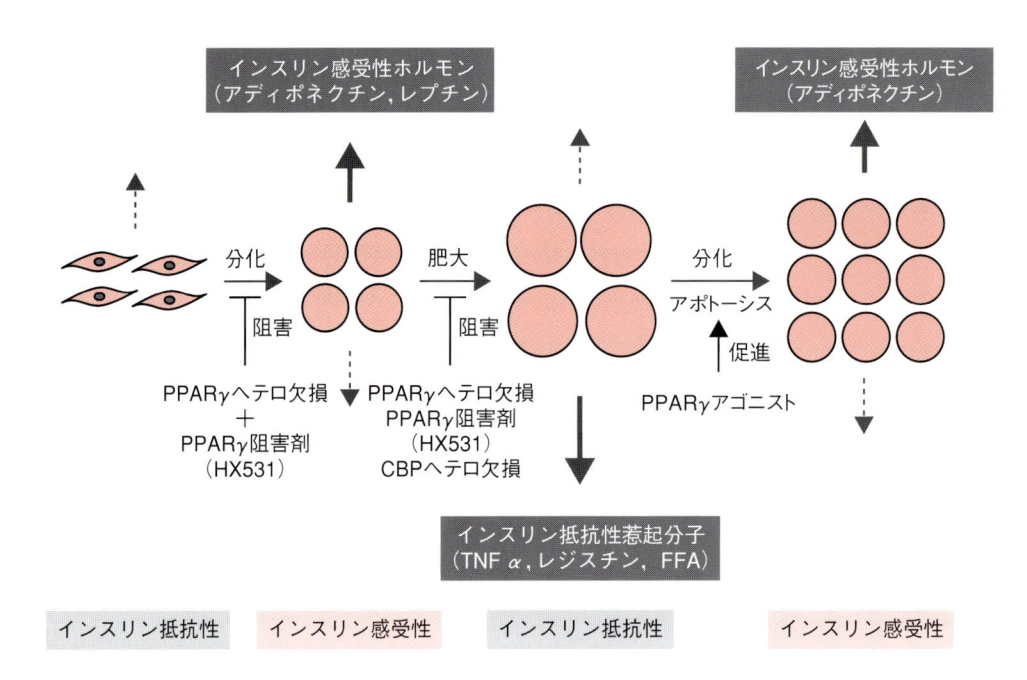

図1 ◆ 脂肪細胞のPPARγ活性とインスリン抵抗性・生活習慣病のメカニズム
図はPPARγ活性と脂肪細胞のサイズ，インスリン抵抗性との関連について模式化したものである．PPARγのヘテロ欠損により，脂肪細胞の肥大化が抑制され，インスリン感受性が亢進する．また，PPARγアゴニストによって，肥大化した脂肪細胞が小型化するとともに，インスリン感受性ホルモンであるアディポネクチンの発現・分泌レベルが増加する

日本人2型糖尿病の原因遺伝子を同定するために，224組の罹患同胞について全ゲノムスキャンを行った．その結果，9カ所の染色体領域で日本人2型糖尿病との連鎖が示唆された[7]．これらの領域で3q26-q28領域には大変興味深いことにアディポネクチン遺伝子が存在する．そこで当研究室の原らはアディポネクチン遺伝子のSNP（single nucleotide polymorphism）を検索し，患者対照相関解析によってインスリン抵抗性・2型糖尿病原因遺伝子としての意義を検討した．アディポネクチン遺伝子を含む16kbの染色体領域についてSNPを検索したところ，比較的頻度の高いSNPを計10個同定した[8]．

その中の1つのSNPの遺伝子型保持者は血中アディポネクチンが低値であった．興味深いことに，その血中アディポネクチンが低値となる遺伝子型保持者はBMIに差を認めないものの，インスリン抵抗性指標が有意に高値で，2型糖尿病発症リスクも有意に高いことが示された[8]．つまり，血中アディポネクチンが低値のためにインスリン抵抗性が惹起され，糖尿病発症リスクが高いことが明らかとなった．

3 アディポネクチンの機能解析

1）脂肪萎縮性糖尿病との関わり

次にアディポネクチンの機能を直接解析するために，レプチン欠乏とともにアディポネクチン欠乏を有する脂肪萎縮性糖尿病マウス[9]に対して遺伝子組換えで作製した全長のアディポネクチンを生理的な濃度で補充したところ，インスリン抵抗性，高FFA血症，高中性脂肪血症の改善が認められた[10]．脂肪萎縮性糖尿病のインスリン抵抗性・脂質代謝異常は，生理的な濃度のレプチン投与によっても部分的に改善したが，生理的な濃度のアディポネクチンとレプチンの同時投

与によって，ほぼ完全に改善した[10]．これらの成績から，アディポネクチンが脂肪細胞由来のインスリン感受性ホルモンであること，レプチンとアディポネクチンにより脂肪組織由来のインスリン感受性ホルモンの主要部分を説明できることが初めて明らかとなった[10]．

われわれは次に，このインスリン抵抗性・脂質代謝異常改善のメカニズムを明らかにする目的で脂肪萎縮性マウスの骨格筋に対するアディポネクチンの効果を検討した．脂肪組織の消失は，インスリン抵抗性の原因となる組織内中性脂肪含量を増加させた[1]．アディポネクチンの補充により，組織内中性脂肪含量は低下した[10]．アディポネクチンの補充により，脂肪酸の燃焼の増加が認められ，これらが組織内中性脂肪含量低下の原因と考えられた．

2）肥満との関わり

われわれは次に肥満・インスリン抵抗性・脂質代謝異常を有するモデルであるKKA^{y}マウスにおけるアディポネクチンの病態生理学的意義，およびその治療戦略としての可能性を検討した[10]．KKA^{y}マウスでは，高脂肪食の負荷により，アディポネクチンの血中レベルは低下し，これに伴い，インスリン抵抗性，高FFA血症，高中性脂肪血症が惹起された．

これに対して生理的な濃度のアディポネクチンの補充を行うと，インスリン抵抗性，高FFA血症，高中性脂肪血症が改善した[10]．これらの成績から，肥満ではアディポネクチンの分泌が低下し，インスリン抵抗性や脂質代謝異常の原因となっていること，アディポネクチン補充は肥満に伴うインスリン抵抗性や脂質代謝異常の効果的な治療手段となることが明らかとなった．

これとは独立にLodishらのグループにより，globularのアディポネクチンが骨格筋で脂肪酸燃焼を促進すること[11]，およびSchererらのグループによりアディポネクチンが肝臓においてインスリン感受性を増加させ，糖新生を抑制して血糖を低下させることが報告された[12]．

以上のデータより，脂肪萎縮でも，脂肪細胞肥大を伴う肥満でも血中アディポネクチンレベルは低下し，脂肪組織量との関係でみると逆U字型を呈する．これとは対照的にインスリン抵抗性・高血糖・高脂血症といった代謝異常はU字型を呈する．

3）アディポネクチンホモ欠損マウス

次に当研究室の窪田らを中心に癌研究会研究所細胞生物部の野田らとの共同研究で，アディポネクチン欠損マウスを作製しその表現型を解析した[13]．アディポネクチン欠損マウスでは，インスリン抵抗性が存在することが示唆された．また，アディポネクチン欠損マウスでは，耐糖能障害が存在することが示唆された．これとは独立に，下村・松澤らのグループにより，アディポネクチンのホモ欠損によって高脂肪・高ショ糖食下で著明なインスリン抵抗性・糖尿病が惹起されることが報告され[14]，われわれの報告とよく合致するものと考えられた．

4 アディポネクチンによる脂肪酸燃焼促進メカニズム

アディポネクチンの投与実験[10]，あるいはアディポネクチン過剰発現トランスジェニックマウス[15]によって，アディポネクチンは脂肪酸燃焼に関わるACOやエネルギー消費に関わるUCPの発現を増加させることが明らかとなった．これらの遺伝子はPPARαの標的遺伝子であるが，アディポネクチンは，PPARαの発現量[10]，さらにPPARαの内因性リガンド活性も増加させるのが認められた[15]（図2）．

AMPキナーゼ*はもともと運動によって活性化されることが知られていた分子であり，インスリン非依存性の糖の取り込みや脂肪酸の燃焼を促進して，運動に必要なエネルギーの供給を司る分子と考えられている．興味深いことに，アディポネクチンがAMPキナーゼを活性化するのが認められた．ドミナントネガティブAMPキナーゼを用いた検討により，アディポネク

＊AMPキナーゼ

AMPキナーゼはもともと運動によって活性化されることが知られていた分子であり，インスリン非依存性の糖の取り込みや脂肪酸の燃焼を促進して，運動に必要なエネルギーの供給を司る分子と考えられている．AMPキナーゼはACCをリン酸化してACCの活性を抑制し，CPT-1の活性を抑制するマロニルCoAの量を低下させる．ミトコンドリアへの脂肪酸の流入を促進し，脂肪酸を燃焼させるCPT-1の活性の抑制の解除が脂肪酸の燃焼を促進するものと考えられている．最近AMPキナーゼはインスリン感受性ホルモンであるレプチンや，抗糖尿病薬であるメトフォルミンによって活性化されることが報告され，非常に注目を集めている．

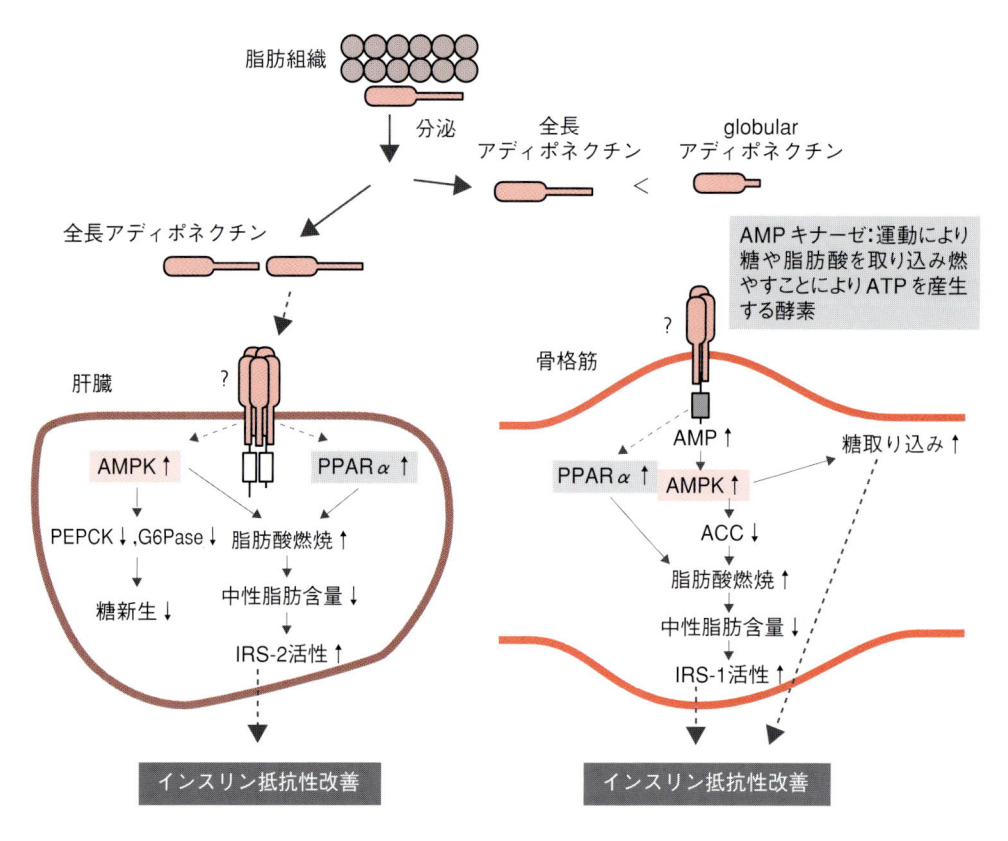

図2 ◆ アディポネクチンの骨格筋と肝臓におけるインスリン抵抗性改善機構（文献16参照）
アディポネクチンは肝臓において，AMPKやPPAR αを活性化することによって，脂肪酸燃焼を亢進し，また，糖新生を抑制することにより，インスリン抵抗性を改善する．筋肉においては，globularドメインのみからなるglobularアディポネクチンが全長型と比べてより低い濃度でAMPKやPPAR αを活性化し，同様にインスリン抵抗性を改善する

チンによる骨格筋での脂肪酸燃焼，糖取込み，糖利用の促進，肝臓での糖新生の抑制，in vivoでのアディポネクチンの急性の投与で認められる血糖値の低下は，少なくとも一部AMPキナーゼの活性化を介したものである可能性が示された[16]（図2）．

5 アディポネクチンによる血管壁に対する直接的抗動脈硬化作用

アディポネクチンホモ欠損マウスでは野生型マウスと比較してカフ障害に対して，内膜肥厚，いわゆる内膜（I）/中膜（M）比は約2倍程度に有意に増加しており，アディポネクチンが生理的にin vivoで抗動脈硬化因子として作用していることが示された[13]．

さらに，apoE欠損マウスにアディポネクチンをトランスジーンとして発現させることにより，血中の糖・脂質のパラメーターに有意差を認めない量で，アディポネクチンが動脈硬化巣に対して直接的にもin vivoにおいて抗動脈硬化作用を有することを示した．その作用機構として，スカベンジャー受容体の発現抑制を介する脂質蓄積の低減とTNF（tumor necrosis factor）αなどの炎症に関わる分子の発現抑制などの作用を有することを示した[15]．アディポネクチンがin vivoにおいて抗動脈硬化作用を有することは，大阪大学のグループによっても独立に示されている[17]．

6 アディポネクチン受容体の同定とその機能解析

これらの結果より，肥満ではアディポネクチンの分泌が低下し，糖尿病・高脂血症などのリスクファクターを増大させる作用と血管壁に対する直接作用の両

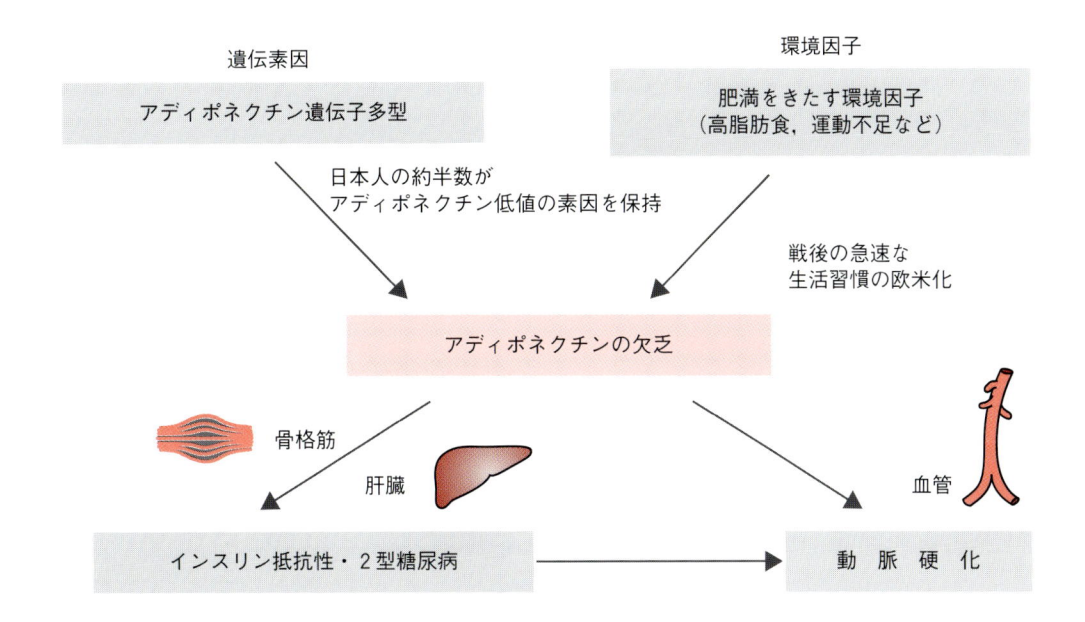

図3 ◆ アディポネクチンの遺伝的・後天的欠乏は日本人における生活習慣病の主要な原因である
ヒトにおける遺伝子多型の解析により，日本人の約半数が血中アディポネクチンが低くなる素因をもつことが報告されており，肥満に伴うアディポネクチン血中レベルの低下とあいまって，生活習慣病を原因となりうることが考えられる

者によって糖尿病・脂質代謝異常とそれに伴う大血管障害の原因となっており，アディポネクチンの作用を増加させる治療は糖尿病・脂質代謝異常・大血管症の根本的な治療法となることが示唆された（図3）．しかしながらこれまで，アディポネクチン受容体同定の報告はなかったので，試みた[18]．

発現クローニング法により，骨格筋に多く発現するアディポネクチン受容体（AdipoR）1と肝臓に多く発現するAdipoR2を同定し，それぞれ，骨格筋に強く作用するC末側のglobular領域のアディポネクチンおよび肝臓に強く作用する全長アディポネクチンの受容体であり，AMPK，p38MAPKおよびPPARαの活性化を介し，脂肪酸燃焼や糖取込み促進作用を伝達していることを示した[18]（概略図）．さらにob/obマウスの骨格筋・脂肪組織においては，AdipoR1・R2の発現量が低下し，それとともにアディポネクチンの膜分画への結合，AMPキナーゼ活性化が低下するのが認められ，アディポネクチン抵抗性が存在することを示した．

アディポネクチン受容体の作動薬やアディポネクチン抵抗性改善薬の開発は，糖尿病・脂質代謝異常の根本的な治療法開発の道を切り開くものと強く期待される．

参考文献

1) Shulman, G. I. : Cellular mechanisms of insulin resistance. J. Clin. Invest., 106 : 171-176, 2000
2) Shimomura, I. et al. : Leptin reverses insulin resistance and diabetes mellitus in mice with congenital lipodystrophy. Nature, 401 : 73-76, 1999
3) Maeda, K. et al. : cDNA cloning and expression of a novel adipose specific collagen-like factor, apM1 (AdiPose Most abundant Gene transcript 1). Biochem. Biophys. Res. Commun., 221 : 286-296, 1996
4) Scherer, P. E. et al. : A novel serum protein similar to C1q, produced exclusively in adipocytes. J. Biol. Chem., 270 : 26746-26749, 1995
5) Hu, E. et al. : AdipoQ is a novel adipose-specific gene dysregulated in obesity. J. Biol. Chem., 271 : 10697-10703, 1996
6) Nakano, Y. et al. : Isolation and characterization of GBP28, a novel gelatin-binding protein purified from human plasma. J. Biochem., 120 : 802-812, 1996
7) Mori, Y. et al. : Genome-wide search for type 2 diabetes in Japanese affected sib-pairs confirms susceptibility genes on 3q, 15q, and 20q and identifies two new candidate Loci on 7p and 11p. Diabetes, 51 : 1247-1255, 2002
8) Hara, K. et al. : Genetic variation in the gene encoding adiponectin is associated with increased risk of type 2 diabetes in the Japanese population. Diabetes, 51 : 536-540, 2002

9) Yamauchi, T. et al. : Inhibition of RXR and PPAR γ ameliorates diet-inducedobesity and type 2 diabetes. J. Clin. Invest., 108 : 1001-1013, 2001
10) Yamauchi, T. et al. : The fat-derived hormone adiponectin reverses insulin resistance associated with both lipoatrophy and obesity. Nature Med., 7 : 941-946, 2001
11) Fruebis, J. et al. : Proteolytic cleavage product of 30-kDa adipocyte complement-related protein increases fatty acid oxidation in muscle and causes weight loss in mice. Proc. Natl. Acad. Sci. USA, 98 : 2005-2010, 2001
12) Berg, A. H. et al. : The adipocyte-secreted protein Acrp30 enhances hepatic insulin action. Nature Med., 7 : 947-953, 2001
13) Kubota, N. et al. : Disruption of adiponectin causes insulin resistance and neointimal formation. J. Biol. Chem., 277 : 25863-25866, 2002
14) Maeda, N. et al. : Diet-induced insulin resistance in mice lacking adiponectin/ACRP30. Nature Med., 8 : 731-737, 2002
15) Yamauchi, T. et al. : Globular adiponectin protected ob/ob mice from diabetes and ApoE-deficient mice from atherosclerosis. J. Biol. Chem., 278 : 2461-2468, 2003
16) Yamauchi, T. et al. : Adiponectin stimulates glucose utilization and fatty-acid oxidation by activating AMP-activated protein kinase. Nature Med., 8 : 1288-1295, 2002
17) Okamoto, Y. et al. : Adiponectin reduces atherosclerosis in apolipoprotein E-deficient mice. Circulation, 106 : 2767-2770, 2002
18) Yamauchi, T. et al. : Cloning of adiponectin receptors that mediate antidiabetic metabolic effects. Nature, 423 : 762-769, 2003

参考図書

- 「内臓脂肪症候群の分子機構」最新医学，57（1），2002：142-165　≫≫メタボリック症候群の基盤としての内臓脂肪症候群の総説．
- 「脂肪細胞と生活習慣病の分子メカニズム」，最新医学，57（2），2002：138-172
　≫≫生活習慣病の分子メカニズムとしての脂肪細胞肥大化・アディポカイン分泌異常の総説．

トピックス編

■2■

シクロオキシゲナーゼ-2と発癌

大島 正伸　武藤 誠

非ステロイド抗炎症薬（NSAIDs）には消炎鎮痛作用だけでなく，癌発生の予防効果があると考えられている．NSAIDsはプロスタグランジン合成を制御するシクロオキシゲナーゼ（COX）-1およびCOX-2の活性を阻害する．特にCOX-2は大腸癌や胃癌などの腫瘍組織で発現が上昇しており，COX-2の遺伝子欠損や活性阻害により腸管ポリープ発生が抑制される．COX-2による腫瘍亢進機序は明らかにされてないが，トランスジェニックマウスの解析から，下流で産生されるPGE_2がマクロファージ浸潤を亢進して炎症を起こさせることが重要な鍵になっていると考えられる．

1 腸管ポリープ発生に関わる遺伝子変異

　正常腸上皮からポリープが発生し，大腸癌へと進行する過程では複数の遺伝子変異が関わっており，**多段階発癌**＊として知られている．なかでも*APC*遺伝子の変異は，ポリープ発生に関与する最初の変異である．Wntシグナルに重要なβ-カテニンは，APC分子依存的にリン酸化され，リン酸化されたβ-カテニンはユビキチン経路により分解される．*APC*が欠損するとβ-カテニンは安定化して細胞内に蓄積し，核へ移行して転写因子として働くことでWntシグナルが亢進する．また，β-カテニンのリン酸化部位の変異だけでもWntシグナルは亢進し，どちらの遺伝子変異によっても腸ポリープが発生する．

　これらの遺伝子変異とポリープ発生との因果関係は，マウスモデルの解析により遺伝学的に証明された．*Apc*遺伝子変異マウスはノックアウト技術や変異原性物質を用いた手法により作出されている（それぞれ*Apc*$^{\Delta 716}$マウスと*Apc*^{Min}マウス）#メモ1．対立遺伝子双方の*Apc*遺伝子に変異が入ったホモの個体では胎性致死となるが，ヘテロマウスは正常に生まれて腸管全域にポリープを自然発生する[1]．腸上皮細胞の分裂

＊多段階発癌
腸管上皮では*APC*，*K-ras*，*Smad4*，*p53*などの癌抑制遺伝子および癌遺伝子に段階的に変異が蓄積することで，正常粘膜からポリープが発生し，そして腺癌へと進行するとされている．

#メモ1
Apc$^{\Delta 716}$マウスはジーンターゲティング法により作出された．2,845個のアミノ酸からなるAPC分子の716番コドン直後にタンパク翻訳終止変異が挿入されている．一方，*Apc*^{Min}マウスは，変異原性物質の作用により850番コドンにタンパク翻訳終止型の変異がある．*Apc*$^{\Delta 716}$マウスは200〜500個，*Apc*^{Min}マウスは50個前後の腸ポリープを自然発生する．

【キーワード＆略語】

COX-2，mPGES-1，PGE_2，Wnt，腸ポリープ，胃癌
APC：adenomatous polyposis coli
　　　（遺伝子名　ヒト：*APC*，マウス：*Apc*）
BrdU：Bromodeoxy Uridine（ブロモデオキシウリジン）
COX：cyclooxygenase（シクロオキシゲナーゼ）
FAP：familial adenomatous polyposis
　　　（家族性大腸腺腫症）
K19-C2mE：keratin19-COX-2/mPGES-1 transgenic mice（トランスジェニックマウス系統の名前）
LPS：lipopolysaccharide（リポポリサッカライド）
mPGES：microsomal prostaglandin E synthase
　　　（ミクロソーム型プロスタグランジンE合成酵素）
NSAIDs：non-steroidal anti inflammatory drugs
　　　（非ステロイド抗炎症薬）

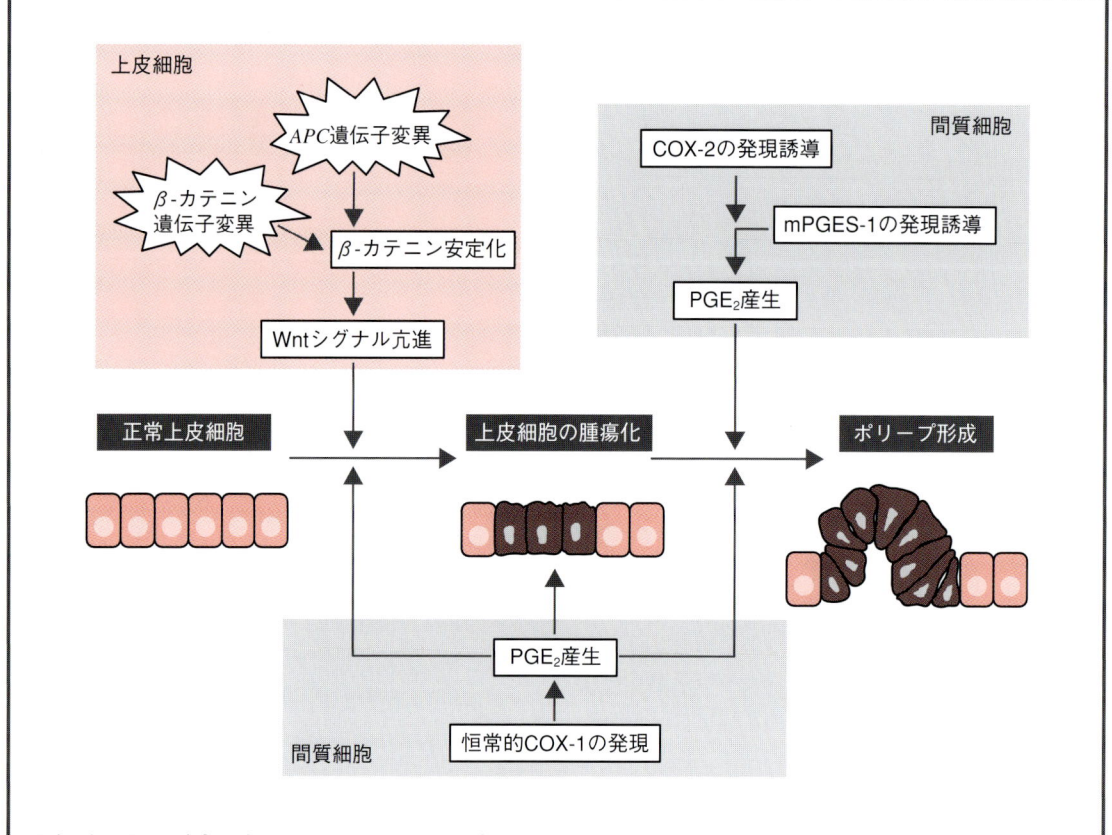

■**概略図**■　腫瘍発生におけるCOX-1/2の協調作用

腸管上皮細胞内では，*APC*遺伝子あるいはβ-カテニン遺伝子の変異によりβ-カテニンが安定化すると，Wntシグナルが亢進し，上皮細胞が腫瘍化する．間質ではCOX-1が恒常的に発現しており，一定量のPGE$_2$が供給されているが，腫瘍組織が成長する過程で，新たにCOX-2とmPGES-1の発現が誘導されるとPGE$_2$の産生量が増加する．COX-2発現を抑制すると腫瘍細胞の増殖が抑制されるので，間質で産生されるPGE$_2$は，上皮細胞内でのWntシグナル亢進と同様に，ポリープ発生に重要な役割を果たしている．また，COX-1も腫瘍発生に重要な役割を果たしている

過程における，正常*Apc*遺伝子の欠損がポリープ発生原因である．*Apc*遺伝子が正常のマウスでも，β-カテニンのユビキチン化に必要なリン酸化部位を欠損させると，同様の腸管ポリープが発生する[2]．これらの結果は，Wntシグナル亢進が腸上皮細胞腫瘍化の原因であることを示している（**概略図**）．

2　腸ポリープ発生とCOX-2の関係

癌細胞は適当な栄養補給があれば培養用ディッシュの中で分裂を繰り返し，生存できる．しかし，ポリープなどの良性腫瘍細胞の増殖は，周囲のさまざまな環境に依存しているために継代培養は困難である．必要な環境として，血管新生，基底膜形成，分化抑制，増殖維持などがあげられる#メモ2．COX-2および下流の

#メモ2

ポリープとは良性の腺腫であり，腺癌などの悪性腫瘍と性質を異にする．腺癌細胞は足場がなくても増殖することが可能で，株化することができる．それに対して良性の腺腫細胞は，増殖抑制因子に感受性があるだけでなく，基底膜や上皮細胞同士の接着が重要であり，さらに血管新生による栄養供給が必要である．EP2を介したPGE$_2$シグナルはこの環境づくりに貢献していると考えられる．

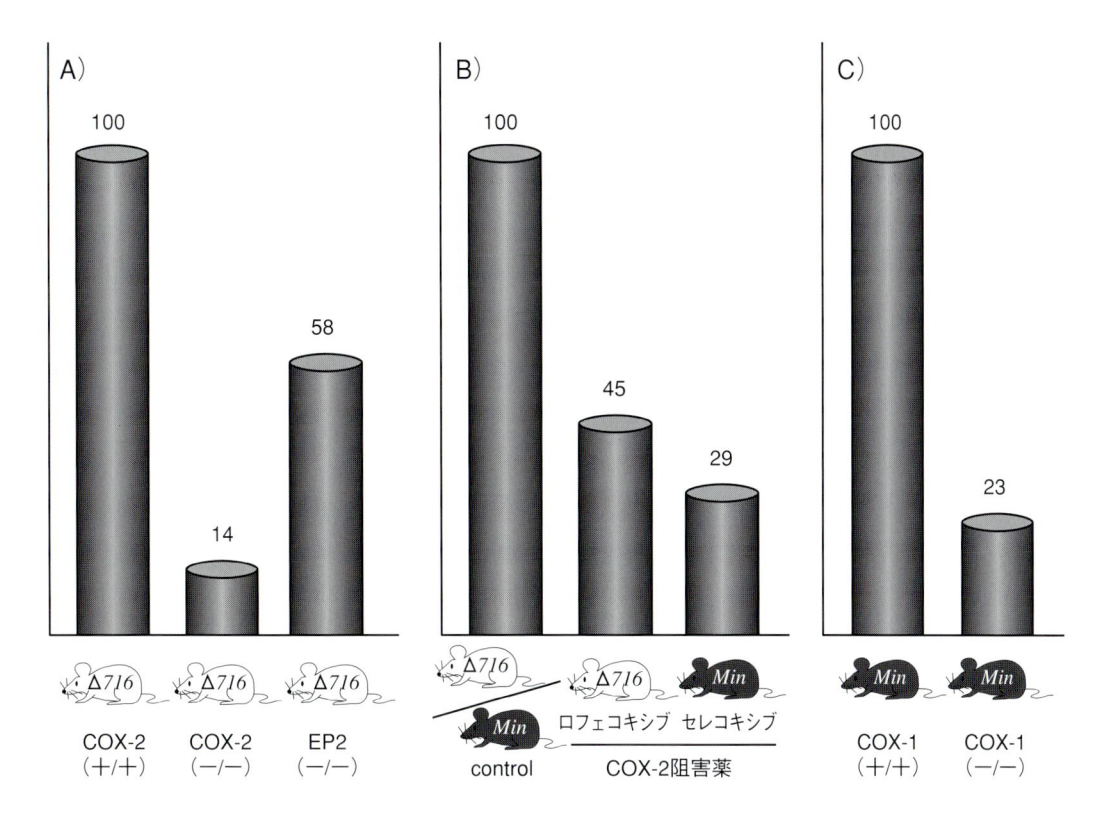

図1 ◆ COX阻害による腸管ポリープ抑制効果
Apc変異マウスを用いた各種交配実験・薬物投与実験でのポリープ数の減少を割合で示す（対照群を100とする）．白マウスはApc$^{\Delta716}$マウス，黒マウスはApc^{Min}マウスを用いた実験を示す．A) COX-2遺伝子あるいはPGE$_2$受容体であるEP2遺伝子ノックアウトマウスとの交配実験結果．B) COX-2選択的阻害薬であるロフェコキシブおよびセレコキシブの投与実験結果．C) COX-1遺伝子ノックアウトマウスとの交配実験結果．いずれも有意なポリープ減少が認められるが，COX-1およびCOX-2遺伝子欠損による影響が最も強い

プロスタグランジンは，この良性腫瘍の増殖環境に重要な因子と考えられる．

　鎮痛作用を目的にNSAIDsを服用した**FAP***患者では，大腸ポリープ数が減少することが報告され，これは臨床試験によっても確認された[3]．NSAIDsの標的酵素であるシクロオキシゲナーゼには，COX-1とCOX-2のアイソザイムが存在する（**基本編-第3章**，参照）．COX-1は多くの組織で恒常的に発現しているのに対して，COX-2は炎症や腫瘍の局所で発現が誘導されており，腫瘍発生に重要と考えられた[3]．実際にApc$^{\Delta716}$マウスとCOX-2遺伝子ノックアウトマウスを交配して，COX-2の発現を抑制するとポリープ数が80％以上減少した[4]（**図1 A**）．さらに，COX-2選択的阻害薬をApc^{Min}マウスやApc$^{\Delta716}$マウスに投与することでもポリープ発生が抑制された[5][6]（**図1 B**）．興味あることに，ポリープ組織でのCOX-2発現は腫瘍細胞ではなく線維芽細胞を中心とした間質の細胞だけで認められる．したがって，Apcやβ-カテニンの遺伝子変異により上皮細胞が腫瘍化しても，間質細胞でのCOX-2発現が誘導されないと，増殖環境が整わないために腫瘍細胞は増殖できない（**概略図**）．ここから，COX-2阻害により癌発生を予防しようという戦略が生まれる．

* **FAP**
APC遺伝子変異に起因した遺伝性の大腸腺腫症．正常APC遺伝子の変異により数百～数千個のポリープを発症する．

3 COX-1, COX-2そしてmPGES-1

　COX-1は組織の恒常性維持に重要なプロスタグランジン合成を担っており，腫瘍発生との関係はあまり考えられていなかった．しかし，Apc^{Min}マウスとCOX-1ノックアウトマウスの交配実験の結果，驚くことにCOX-2遺伝子欠損の場合と同程度のポリープ数減少が認められた[7]（図1C）．$Apc^{\Delta716}$マウスの腸管では，COX-1は正常組織とポリープの双方の間質細胞で発現が認められた．これに対して，COX-2の発現は正常組織では認められず，ポリープ組織が直径約1mmに達した頃から間質で誘導される．また，COX-2が発現する細胞のほとんどは，すでにCOX-1を発現している[8]．したがって，COX-1とCOX-2双方の経路が同時に働いてプロスタグランジン供給量を増加することがポリープ形成に重要なのかもしれない（概略図）．あるいは，直径1mm以下の微小腫瘍組織でのプロスタグランジン合成はCOX-1に依存しているので，この段階でのCOX-1阻害が効果的に腫瘍発生を抑制している可能性も考えられる．

　ポリープや大腸癌で最も産生量が多いプロスタグランジンはPGE_2である．COX-2の下流では，誘導型酵素である**mPGES-1**＊がPGE_2を合成している（**基本編-第3章**，参照）．mPGES-1も，COX-2と同様に癌組織での発現誘導が認められており，$Apc^{\Delta716}$マウスのポリープの間質でもmPGES-1が発現上昇している[8]．さらに，$Apc^{\Delta716}$マウスでPGE_2の受容体の1つであるEP2の遺伝子を欠損させると，ポリープ発生が抑制されるので[9]（図1A），COX-2とmPGES-1の連携により産生されるPGE_2は腫瘍発生に重要な役割を果たすと考えられる．

4 PGE_2による胃粘膜上皮の分化増殖への影響

　これまでのマウスモデルを用いた解析では，PGE_2シグナルがCOX-2の発現維持，腫瘍組織内血管新生，基底膜形成などに重要であることが明らかになっ

た[9] #メモ2（→116ページ）．しかし，PGE_2が直接あるいは間接的に上皮細胞の分化増殖に及ぼす影響については，いまだ不明な点が多い．そこで，消化管粘膜上皮でCOX-2とmPGES-1の双方の遺伝子を同時に発現するトランスジェニックマウス（K19-C2mEマウス）を作出して，上皮細胞の分化増殖への影響を解析した[10]．このマウスでは，消化管全域で転写活性のある遺伝子のプロモーターを用いたが，特に胃粘膜上皮で強い発現が認められた．正常では，胃粘膜上皮の増殖体は腺管の頸部にあり，表層粘液細胞，壁細胞，主細胞，内分泌細胞などに分化しながら上方および下方に移動する．しかし，K19-C2mEマウスの胃粘膜上皮では，粘液細胞が異常に増殖しており，表層粘液細胞や壁細胞への分化が抑制されている（図2A，B）．また，野生型マウスに比較して粘膜が著しく肥厚しており，**BrdU標識**＊で測定される細胞増殖率も野生型マウスの約2倍程度に亢進した（図2C）．このような増殖性病変は加齢とともに成長し，48週齢では大きな腫瘍塊として認められた（図2D）．以上の結果から，PGE_2には胃粘膜上皮の分化抑制と増殖亢進の作用があることが明らかとなった．

5 PGE_2とマクロファージそして炎症

　K19-C2mEマウスの胃粘膜では激しい炎症細胞の浸潤が認められる．K19-C2mEマウスの胃内細菌数は正常マウスと同様の範囲（$10^3 \sim 10^4$）だが，抗生物質投与により除菌を行うと炎症反応は消失し，胃粘膜上皮も正常に戻った．したがって，このモデルでは感染に対する感受性が高くなっており，胃粘膜上皮の増殖性病変は炎症反応を介した間接的作用により発症することが明らかとなった．PGE_2シグナルはマクロファージの遊走を亢進しており，K19-C2mEマウスの胃粘膜上皮では間質にマクロファージが激しく浸潤している．これらのマクロファージは活性化しており，炎症性サイトカインを発現しているが，それも抗生物質の投与により抑制される．細菌壁成分のLPSで胃粘

＊ **mPGES-1**
PGE_2合成酵素には，恒常的に発現する細胞質型のcPGESとミクロソームに局在する誘導型のmPGES-1がある．前者はCOX-1と，後者はCOX-2と機能的に共役している．

＊ **BrdU標識**
BrdUをマウスに投与するとDNA合成期の細胞の核に取り込まれる．一定時間後に採取した組織を免疫染色することでBrdUを取り込んだ細胞が検出される．

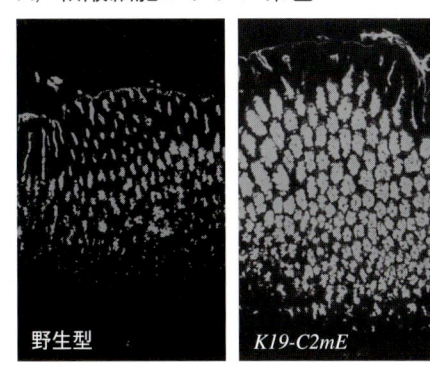

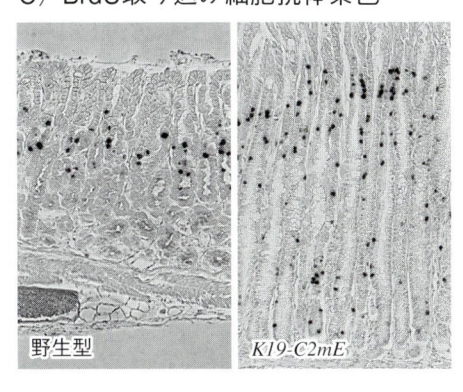

A) 粘液細胞レクチン染色　　　　B) H⁺K⁺ATPase 抗体染色

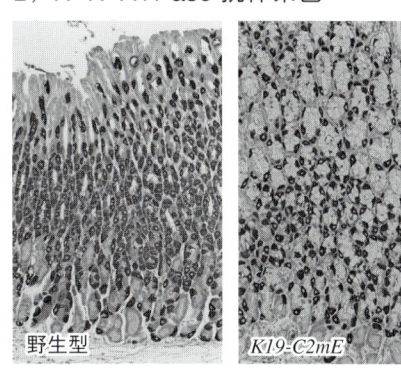

C) BrdU取り込み細胞抗体染色　　D) 48週齢K19-C2mEマウスの胃病変

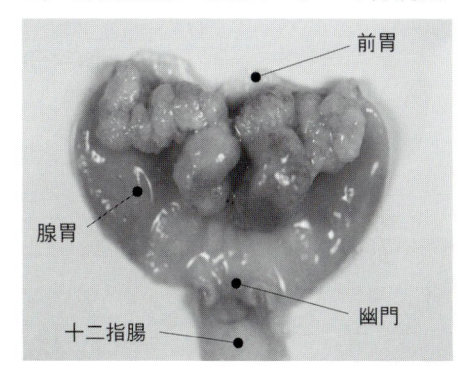

図2 ◆ PGE₂産生亢進による胃粘膜上皮の分化増殖異常（巻頭カラー❶参照）
K19-C2mEトランスジェニックマウスの胃粘膜病変と野生型マウスとの比較．A) 頸部粘液細胞の粘液に特異的なレクチンによる染色．K19-C2mEマウスは野生型に比較して粘液細胞（灰色）が著しく増加している．B) H⁺K⁺ATPase（プロトンポンプ）特異的抗体による免疫染色．野生型に比較してK19-C2mEでは壁細胞（黒色）への分化が抑制されている．C) BrdUで標識される分裂期の細胞（黒色）はK19-C2mEで有意に多く，過形成になっていることを示す．D) 増殖性病変が成長し，48週齢では大きな腫瘍として認められる（文献10より転載）

膜上皮を刺激するとToll-likeレセプター*を介してTNF-αを産生するので，この上皮細胞由来の因子が粘膜に集簇したマクロファージを活性化しているものと思われる．さらにK19-C2mEマウスに**炎症性サイトカイン***の阻害薬を投与すると増殖性病変の症状が軽減されるので，これらのサイトカインが細胞の分化増殖異常に関わっている可能性が考えられた．

6 胃癌発生とCOX-2，そして今後の展望

K19-C2mEマウスの解析結果から，COX-2とmPGES-1の発現が誘導されてPGE₂産生が亢進すると，①粘膜へのマクロファージ浸潤が亢進し，②細菌感染によりマクロファージが活性化し，③産生されるサイトカインの直接あるいは間接的作用により，細胞の分化が抑制されて増殖が亢進すると考えられる（図3）．

＊Toll-likeレセプター
自然免疫反応に重要な受容体．複数のファミリーからなり，細菌由来のペプチドグリカンやLPSなどを認識して，NFκB経路の活性化などのシグナルを伝達する．

＊炎症性サイトカイン
TNF-α，IL-1β，IL-6など．これらを産生する細胞や作用は多岐におよぶが，炎症病変では主に活性化したマクロファージから産生される．

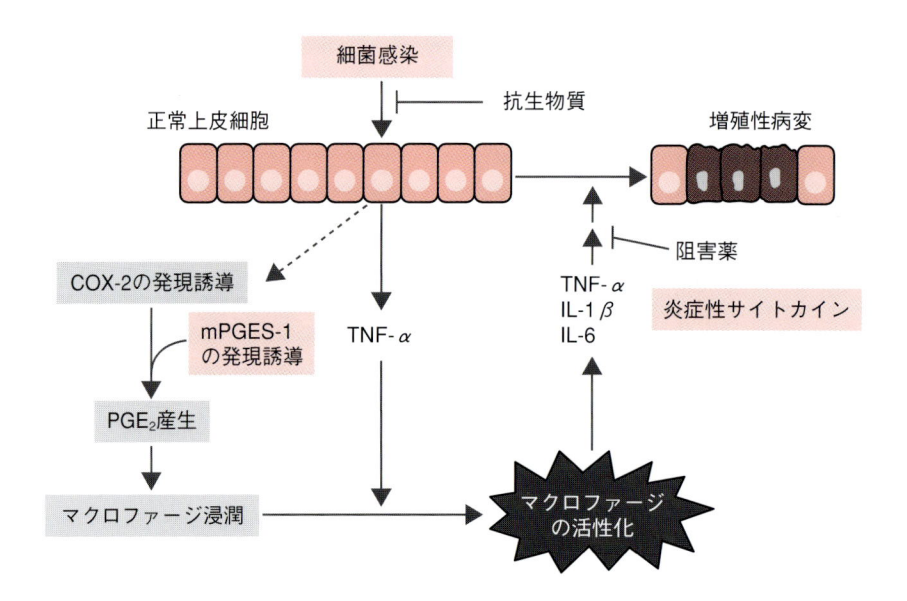

図3 ◆ COX-2誘導による上皮細胞増殖作用の模式図

*K19-C2mE*マウスの胃粘膜上皮における増殖性腫瘍発生機序．COX-2とmPGES-1により産生されるPGE_2はマクロファージの遊走を亢進する．胃内の細菌感染の刺激により上皮細胞からTNF-αなどのサイトカインが分泌され，粘膜に異常に集簇したマクロファージを活性化する．活性化したマクロファージから産生される炎症性サイトカインが上皮に作用して増殖性病変を形成している．*K19-C2mE*における増殖性病変は抗生物質や炎症性サイトカイン阻害薬の投与で抑制される．ヘリコバクター感染の場合は，上皮からの刺激によりCOX-2が誘導される

胃癌発生の重要なリスクファクターである**ヘリコバクター・ピロリ***感染によってもCOX-2発現が誘導されるので，類似した機序によりマクロファージが集簇し，さらに活性化していることが想像できる#メモ3．炎症起点により分化抑制と増殖亢進を受けた上皮細胞は増殖性病変を形成し，さらにAPCやβ-カテニンなどの癌関連遺伝子の変異が導入されることで胃癌へ進行すると考えている．

腫瘍組織内に浸潤したマクロファージが，腫瘍細胞増殖に重要なことが明らかになりつつある[11]．このマクロファージ浸潤にはケモカインの作用が知られているが，胃以外の臓器での腫瘍組織でもPGE_2がマクロファージ浸潤に関わっている可能性がある．新たなCOX-2の癌発生における作用として，今後の研究課題である．

参考文献

1) Oshima, M. et al.: Loss of *Apc* heterozygosity and abnormal tissue building in nascent intestinal polyps in mice carrying a truncated *Apc* gene. Proc. Natl. Acad. Sci. USA, 92 : 4482-4486, 1995
2) Harada, N. et al.: Intestinal polyposis in mice with a dominant stable mutation of the β-catenin gene. EMBO J., 18 : 5931-5942, 1999
3) Gupta, R. A. & DuBois, R. N.: Colorectal cancer prevention and treatment by inhibition of cyclooxygenase-2. Nature Rev. Cancer, 1 : 11-21, 2001

---

*ヘリコバクター・ピロリ
胃酸存在下の胃粘膜で生存・増殖する細菌．1994年にWHOによりクラスⅠの胃癌発生危険因子に指定されている．

#メモ3
ヘリコバクター・ピロリ感染をともなう胃炎や胃癌では，有意にCOX-2発現が誘導されており，除菌により発現量は減少する．さらにマウスの胃にヘリコバクターを感染させると胃粘膜が肥厚するが，COX-2阻害薬により症状が軽減される．これらの結果は，ヘリコバクター感染と胃癌の間にCOX-2が関与していることを示している．

4) Oshima, M. et al. : Suppression of intestinal polyposis in $Apc^{\Delta 716}$ knockout mice by inhibition of cyclooxygenase 2 (COX-2). Cell, 87 : 803-809, 1996
5) Jacobby, R. F. et al. : The cyclooxygenase-2 inhibitor celecoxib is a potent preventive and therapeutic agent in the Min mouse model of adenomatous polyposis. Cancer Res., 60 : 5040-5044, 2000
6) Oshima, M. et al. : Chemoprevention of intestinal polyposis in the $Apc^{\Delta 716}$ mouse by rofecoxib, a specific cyclooxygenase-2 inhibitor. Cancer Res., 61 : 1733-1740, 2001
7) Chulada, P. C. et al. : Genetic disruption of Ptgs-1, as well as Ptgs-2, reduces intestinal tumorigenesis in Min mice. Cancer Res., 60 : 4705-4708, 2000
8) Takeda, H. et al. : Cooperation of cyclooxygenase 1 and cyclooxygenase 2 in intestinal polyposis. Cancer Res., 63 : 4872-4877, 2003
9) Sonoshita, M. et al. : Acceleration of intestinal polyposis through prostaglandin receptor EP2 in $Apc^{\Delta 716}$ knockout mice. Nature Med., 7 : 1048-1051, 2001
10) Oshima, H. et al. : Hyperplastic gastric tumors induced by activated macrophages in COX-2/mPGES-1 transgenic mice. EMBO J., 23 : 1669-1678, 2004
11) Coussens, L. M. & Werb, Z. : Inflammation and cancer. Nature, 420 : 860-867, 2002

参考図書

- 「大腸癌の発生・プログレッションモデル」（大島正伸，武藤 誠），『ヒト疾患モデル』：72-79，文光堂，2004　≫≫ジーンターゲティング法により作出した消化管腫瘍発生モデルマウスについての解説．
- 「癌の発生とCOX-2の関与」（大島正伸），癌治療と宿主，16：11-15，メディカルレビュー社，2004　≫≫COX-2，PGE_2の腫瘍形成における作用と，PGE_2トランスジェニックマウスについての解説．
- 「COX-2阻害による大腸癌および胃癌発生の予防」（大島正伸，武藤 誠），『最先端の癌研究と治療の新展開』，実験医学増刊，22 (14)，羊土社，2004　≫≫COX-2阻害による大腸癌化学予防と，PGE_2産生トランスジェニックマウスの胃増殖性病変についての解説．

トピックス編

■3■ 脂質メディエーターの神経機能

伊藤 誠二

多くの神経機能と同じように，記憶・学習と痛覚はグルタミン酸を介して神経伝達が行われるが，反復刺激によりシナプス強度に変化がみられることから，神経の可塑性モデルとして記憶・学習は海馬・小脳，痛覚は脊髄を中心にさかんに研究が行われてきた．カンナビノイド，プロスタノイドをはじめとする脂質メディエーターは①細胞膜のリン脂質に由来すること，②神経活動の活性化に伴って要時産生されること，③paracrineあるいはjuxtacrineに作用すること，という特徴をもつことから，シナプスを介して情報伝達を行う神経系において神経機能の修飾物質として作用するのに相応しい性質を備えている．最近，記憶・学習と痛覚でみられる神経の可塑性変化には驚くほど共通性があると考えられるようになってきた．

1 痛覚や記憶にみられる神経可塑性

アスピリンをはじめとする非ステロイド性消炎鎮痛薬の作用がプロスタノイドの産生抑制によることはよく知られている．一方，マリファナを吸引すると陶酔感，幸福感をはじめとして多彩な精神神経作用や鎮痛作用を示すことから，古代からギリシャ，ローマ，インド，中国で薬として嗜好品として用いられてきた．その作用はΔ^9-テトラヒドロカンナビノールに代表されるカンナビノイドが中枢神経系に多く発現するカンナビノイド受容体-1（CB1）に作用することによるが，内因性カンナビノイドとしてアナンダミド（AEA）と2-arachidonoylglycerol（2-AG）が知られている．同じ脂質メディエーターでも，カンナビノイドが鎮痛に作用するのに対し，プロスタノイドは痛覚#メモを誘発する．例えば，海水浴後にお風呂に入るとそれまでの快適な温度が痛く感じられて湯舟の中でじっとしているという体験を誰もがしている．この痛覚過敏反応は日焼けによる炎症で皮下の侵害受容器が活性化され，末梢からの持続的な入力信号で脊髄の神経細胞の感受性が亢進（**中枢性感作**＊）することで引き起こされる．同様に，反復行動や関連づけにより記憶が形成・増強されることも経験的に知っている．このことは，シナプス強度は固定されたものでなく，シナプス終末からの神経伝達物質の遊離やシナプス後細胞での

【キーワード＆略語】

神経可塑性，痛覚，プロスタノイド，カンナビノイド，逆行性メッセンジャー

CB1 ： cannabinoid receptor 1 （カンナビノイド受容体-1）
AEA ： anandamide （アナンダミド）
2-AG ： 2-arachidonoylglycerol
PG ： prostaglandin （プロスタグランジン）
LTP ： long-term potentiation （長期増強）
LTD ： long-term depression （長期抑圧）
PAF ： platelet-activating factor （血小板活性化因子）
LPA ： lysophosphatidic acid （リゾホスファチジン酸）
COX ： cyclooxygenase （シクロオキシゲナーゼ）
NMDA ： N-methyl-D-aspartate
PLA$_2$ ： phospholipase A$_2$ （ホスホリパーゼ A$_2$）

#メモ：感覚受容

視覚や聴覚などの感覚細胞は外界の刺激を検出する受容器をもち，温・冷・圧・触覚の受容器は皮下に広く分布している．感覚受容器はGタンパク会合型受容体かイオンチャネルで電気信号に変換して中枢神経に伝達する．

＊中枢性感作

炎症や神経損傷部位で化学メディエーターにより侵害受容器が活性化された状態を末梢性感作，その結果痛覚伝達の最初の中継地である脊髄の神経細胞の感受性が増大した状態を中枢性感作と呼び，持続的な疼痛に関与する．

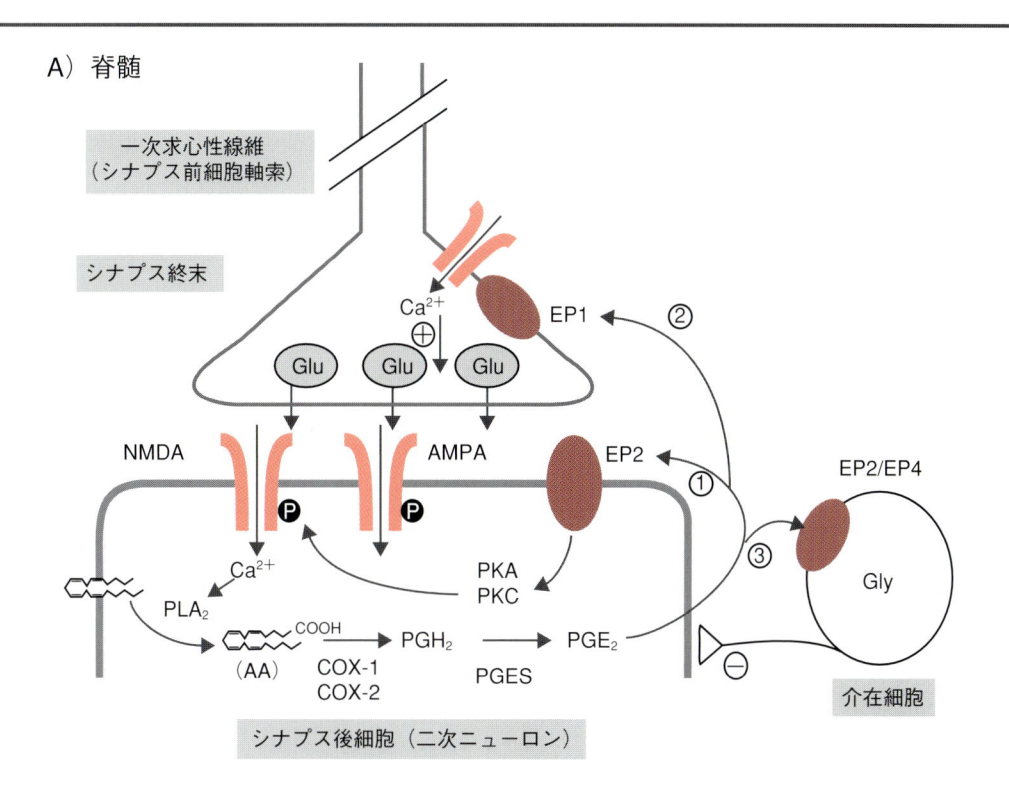

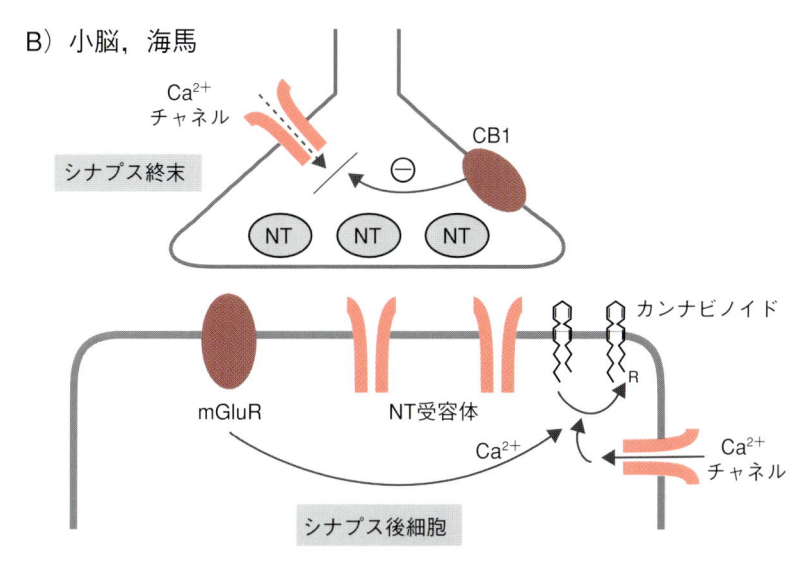

■**概略図**■　脂質メディエーターによるシナプス可塑性

A）脊髄におけるPGE_2の作用機構．細胞内Ca^{2+}濃度の上昇により切り出されたアラキドン酸（AA）からCOX，PGE合成酵素（PGES）によりPGE_2が合成される．PGE_2は①シナプス後細胞上のEP2受容体に結合してPKA，PKCを介して興奮性を高める，②逆行性にシナプス終末のEP1受容体に結合してグルタミン酸の遊離を促進する，③EP2/EP4受容体を介してグリシンによる抑制性修飾を低下させる．B）逆行性メッセンジャーとしてのカンナビノイド．脱分極あるいはmGluRの活性化で産生される内因性カンナビノイドはシナプス終末のCB1受容体に結合してCa^{2+}チャネルを阻害してGluやGABA（γ-アミノ酪酸）などの神経伝達物質（NT）の遊離を抑制する．Glu：グルタミン酸，GABA：γ-aminobutyric acid，AA：アラキドン酸，Gly：グリシン，PKA：プロテインキナーゼA，PKC：プロテインキナーゼC，PLA_2：ホスホリパーゼA_2，COX：シクロオキシゲナーゼ，PGES：PGE合成酵素，AMPA・NMDA：イオンチャネル型グルタミン酸受容体，mGluR：代謝型グルタミン酸受容体

反応性の変化により常に変化することを示している．シナプスにより，また刺激の強度，頻度，持続時間によりシナプス機能が増強する場合もあれば減弱する場合もあり，**長期増強**＊（LTP）や**長期抑圧**＊（LTD）として電気生理的に捉えられる．ミリセカンドのシナプス機能の修飾から年のオーダーまでさまざまな神経機能の変化がみられる．痛みの場合には急性痛と慢性痛，記憶の場合には短期記憶と長期記憶に大別され，そこには興奮性伝達を担う**グルタミン酸受容体**＊をはじめ多くの分子が関与していることがノックアウトマウスで証明されている．概略図に示すように，シナプスでの伝達はシナプス前細胞の軸索から興奮性神経伝達物質が遊離され，シナプス後細胞に順行性に情報が伝達される．活性化されたシナプス後細胞で産生される脂質メディエーターがシナプス伝達効率を変化させるには，①シナプス後細胞の興奮性を修飾する，②逆行性にシナプス終末に作用して神経伝達物質の遊離を修飾する，③介在ニューロンからの興奮性あるいは抑制性神経伝達物質の遊離を修飾する機構が考えられる．われわれは以前から脊髄における痛覚過敏反応の際みられる中枢性感作が，海馬でみられるLTPと類似の機構で行われていると提唱してきたが，最近，このような考え方が受け入れられつつある[1]．ここでは神経機能の中で痛覚に焦点をあて，シナプスを介して情報伝達を行う神経系において脂質メディエーターがどのように神経伝達の修飾物質として作用するのかを説明する．

2 神経機能に関与する脂質メディエーター

リン脂質は脂質二重層を形成するだけでなく脂質メディエーターの基質を貯蔵する役割もあり，シナプスにおける神経活動に応じて要時産生され神経伝達の修飾を行っている．リン脂質はさまざまな脂肪酸のエステル体の総称であり，常に合成分解が行われており，脂質がそれ自体で細胞膜の流動性に影響することから，神経機能を考えるうえで，脂質メディエーターの作用点である受容体の局在が重要になる．現在知られている脂質メディエーターの産生経路と神経系に発現する主な受容体を図1に示す（詳細は**基本編-第3，4章**）．

AEAや2-AGが結合するカンナビノイド受容体CB1はGi/Goと共役する7回膜貫通型受容体で，大脳皮質，海馬，大脳基底核，小脳および脊髄など神経系に広く発現している．脊髄でもCB1の局在が詳細に検討され，シナプス終末とシナプス後細胞の両方に発現している[2]．痛みを感じる侵害受容器が皮下にあり，一次求心性線維を介して脊髄後角にあるシナプス後細胞（二次ニューロン）に情報が伝達される．一次求心性線維の神経細胞（一次ニューロン）が後根神経節に局在することから，受容体の発現が後根神経節で検出できると，その受容体は少なくともシナプス終末（シナプス前細胞）に発現しているといえる．CB2受容体は末梢組織や免疫系の細胞に発現している．AEAは熱の侵害受容器**TRPV1**＊のリガンドでも知られている[3]．プロスタノイドはプロスタグランジン（PG）D_2，PGE_2，$PGF_{2\alpha}$，PGI_2とトロンボキサンA_2の5種類の総称でそれぞれに特異的な受容体が存在し，PGE_2の受容体EPはさらにEP1-EP4のサブタイプが存在する．EP3受容体は脳全体に広く分布しているが，DP，EP1，EP4の局在は限られている[4]．FP受容体の発現は脊髄で機能的に証明された[5]．痛みに関係する後根神経節にはIP受容体が最も多く発現し，EP1，EP3，EP4も発現している．最近，アラキドン酸のかわりに

＊**長期増強（LTP）と長期抑圧（LTD）**
海馬などでシナプスが激しく活動した後，シナプスの伝達効率が高まった状態が長時間持続する現象をLTP，反対に小脳などで一定の連合入力後に減弱した状態が持続する現象をLTDといい，記憶・学習に関与する．

＊**グルタミン酸受容体**
速いシナプス伝達を担うイオンチャネル型受容体とGタンパクと共役してシグナルを伝える代謝型受容体があり，前者に属するNMDA受容体はNa^+，K^+，Ca^{2+}に高い透過性を示し，神経可塑性に関与する．

＊**TRPV1**
ショウジョウバエのTRP（transient receptor potential）チャネルは6回膜貫通型のカチオンチャネルで，哺乳動物のホモログは20種類以上ある．熱の侵害受容器TRPV1以外にもTRPV2，TRPV4，TRPM8は温度に感受性がある．

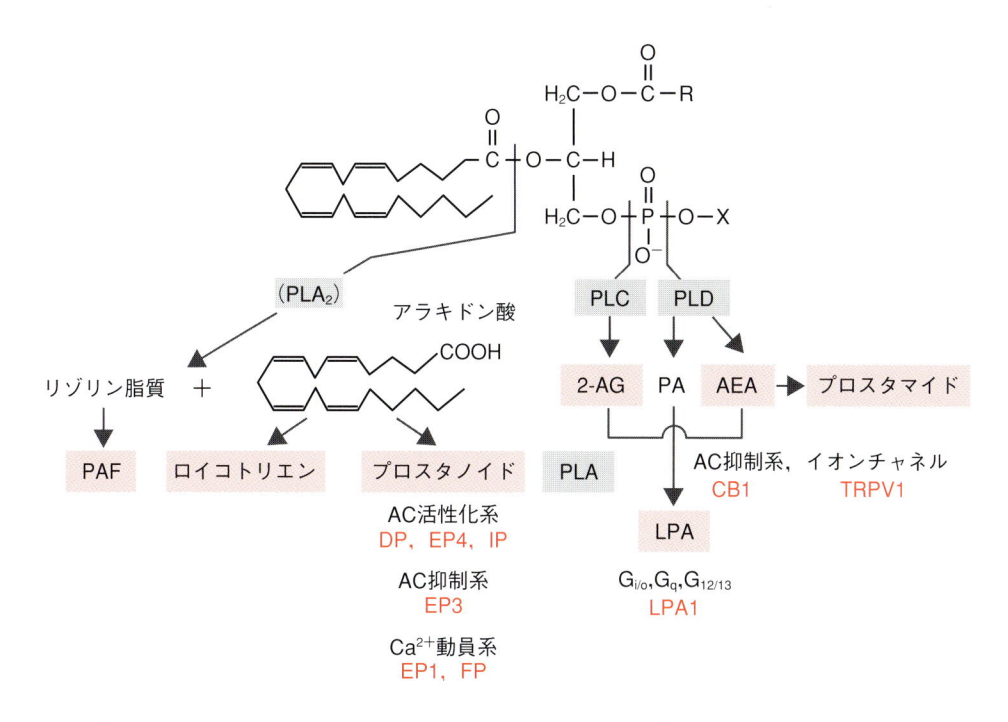

図1 ◆ 脂質メディエーターと神経系に発現する主な受容体（赤字）
　■：ホスホリパーゼ（PL），■：脂質メディエーター，TRPV1以外の受容体はGタンパク会合型受容体である．AC：アデニル酸シクラーゼ，R：飽和脂肪酸，X：N-arachidonoyl-ethanolamide

　AEAを基質としてシクロオキシゲナーゼ（COX）-2から合成されるプロスタマイドに特異的な受容体の存在が示唆されているが同定されていない．リゾホスファチジン酸（LPA）のLPA1受容体はneurogenesisに関与し，成体動物ではSchwann細胞やオリゴデンドログリアに発現している[6]．脂質メディエーターとしては他にロイコトリエン，血小板活性化因子（PAF）があげられるが，神経機能に関する報告は少ない．

3 痛覚伝達における脂質メディエーターの役割

　炎症や組織損傷で末梢組織から持続的な侵害情報が脊髄後角に伝達されると脊髄の神経細胞のシナプスの伝達効率が上昇し，中枢性感作が生じ，痛覚閾値が低下して痛覚過敏反応を引き起こす．脊髄で炎症や神経損傷に伴う疼痛に関与する主なプロスタノイドはPGE$_2$であるが，①疼痛により脳脊髄液中のPGE$_2$が増加すること，②プロスタノイド合成阻害薬で鎮痛作用がみられること，③脊髄腔内にPGE$_2$を投与すると疼痛が誘発されること，④PGE合成酵素やプロスタノイド受容体ノックアウトマウスである種の疼痛反応が消失することから，プロスタノイドが疼痛に関与することが示される．また，カンナビノイドが鎮痛作用に関与することも，同様にして証明されている[7]．ある種の疼痛反応と記載したのは，炎症や神経損傷で疼痛反応が遷延化した場合には，遺伝子発現の変化や神経回路網の再構築などさまざまな変化が生じ，多くの因子が関与する疼痛の発生と維持を区別する必要があるからである．プロスタノイド合成初発酵素のCOX-2や膜型PGE合成酵素-1が炎症により誘導されることはよく知られたことであるが，プロスタノイドやカンナビノイド受容体も慢性痛に伴ってその発現レベルが変化することが報告されている．AEAは熱の侵害受容器TRPV1受容体のリガンドでもあるので，痛覚伝達への関与はさらに複雑になる．

4 順行性メディエーターと逆行性メディエーター

　侵害性刺激によりシナプス終末から遊離されたグルタミン酸はシナプス後細胞のα-amino-3-hydroxy-5-

methyl-4-isoxazolepropionic acid（AMPA）受容体，ついで N-methyl-D-aspartate（NMDA）受容体を活性化する．NMDA受容体の活性化に伴いシナプス後細胞で上昇した細胞内Ca^{2+}濃度がホスホリパーゼA_2（PLA_2）を活性化し細胞膜からアラキドン酸を遊離させる．健康時には構成型酵素COX-1を介して，炎症時には誘導型COX-2を介してアラキドン酸がPGH_2に変換され，さらにPGESによりPGE_2が産生される（**概略図A**）．PGE_2は炎症部位だけでなく脊髄後角においても①EP2受容体を活性化してシナプス後細胞を脱分極[8]させ，プロテインキナーゼAやCを介してイオンチャネルをリン酸化して興奮性を増大させる，②神経伝達と逆行して前シナプス終末のEP1受容体を活性化してCa^{2+}動員によりグルタミン酸の遊離を促進する，③EP2/EP4受容体/プロテインキナーゼAを介してグリシンによる抑制系修飾を低下させシナプス後細胞の興奮性を高める[9]，といった機構でシナプス強度を増大させて痛覚過敏を引き起こす．一方，シナプス後細胞の脱分極による細胞内Ca^{2+}濃度の上昇あるいはmGluR1受容体の活性化により産生された内因性カンナビノイドが逆行性メディエーターとしてシナプス終末のGi/Goとカップルするcb1受容体に結合してCa^{2+}チャネルを抑制したり，K^+チャネルを活性化してグルタミン酸やGABA（γ-アミノ酪酸）などの神経伝達物質の放出を抑制することが小脳や海馬で報告されている[10]（**概略図B**）．このようなカンナビノイドの作用は短期で一過性であるが，シナプスの可塑性LTPにも関与することが示唆されている．痛覚過敏時に脊髄でみられる中枢性感作と海馬でみられるLTPが類似の機構で行われていることが示唆されているが[1]，脊髄で内在性カンナビノイドがどのような機構で鎮痛作用を発揮するのかは不明である．このように，脂質メディエーターは神経活動に応じて産生され神経調節物質として順行性，逆行性に神経機能を修飾してシナプス可塑性に深く関わっている．

参考文献

1) Ji, R. R. et al. : Central sensitization and LTP : do pain and memory share similar mechanisms ? Trends Neurosci., 26 : 696-705, 2003
2) Salio, C. et al. : Pre- and postsynaptic localizations of the CB1 cannabinoid receptor in the dorsal horn of the rat spinal cord. Neuroscience, 110 : 755-764, 2002
3) Ross, R. A. : Anandamide and vanilloid TRPV1 receptors. Br. J. Pharmacol., 140 : 790-801, 2003
4) Narumiya, S. et al. : Prostanoid receptors: structures, properties, and functions. Physiol. Rev., 79 : 1193-1226, 1999
5) Muratani, T. et al. : Functional characterization of prostaglandin F2alpha receptor in the spinal cord for tactile pain(allodynia). J. Neurochem., 86 : 374-382, 2003
6) Yang, A. H. et al. : In vivo roles of lydophospholipid receptors revealed by gene targeting studies in mice. Biochim. Biophys. Acta, 1582 : 197-203, 2002
7) Walker, J. M. & Huang, S. M. : Endocannabinoids in pain modulation. Prostaglandins Leukot. Essent. Fatty Acids, 66 : 235-242, 2002
8) Baba, H. et al. : Direct activation of rat spinal dorsal horn neurons by prostaglandin E2. J. Neurosci., 21 : 1750-1756, 2001
9) Ahmadi, S. et al. : PGE_2 selectively blocks inhibitory glycinergic neurotransmission onto rat superficial dorsal horn neurons. Nature Neurosci., 5 : 34-40, 2001
10) Wilson, R. I. & Nicoll, R. A. : Endocannabinoid signaling in the brain. Science, 296 : 678-682, 2002

参考図書

● 『痛みの基礎と臨床』（緒方宣邦，柿木隆介／編）
真興交易医書出版部　≫≫最新の疼痛機序の基礎から臨床アプローチまで幅広い領域を網羅しているだけでなく，神経科学一般の用語集．DVD-ROMがついた入門書で2003年11月に発刊された．

トピックス編 ■4■

脂質メタボローム

田口 良

脂質メタボローム解析は近年，リピドーム lipidome，リピドミクス lipidomics などの言葉で呼ばれている．脂質はエレクトロスプレーイオン化*質量分析法を用いた網羅的な解析の対象として非常に適している．この分析は脂肪酸や極性基などの構造特性が解析できるという点で，脂質には最適の手法である．また，ソフトイオン化法の出現とともに，メタボローム研究手法に一種のパラダイム変換が起ころうとしている．つまり，MSによる分析手法が特定の生理的現象の背後に関与する生体分子を推定する目的で用いられるようになってきている．

1 脂質メタボローム解析の特徴

メタボローム解析はポストゲノム研究の重要な課題であるタンパク質の機能解析において，欠かすことができないものと考えられはじめている．この解析の特徴はある遺伝子，または生理的，病理的環境などの特定要因の異なった複数の系における，多数の構成分子を網羅的に分析し，そのプロファイルを比較することにより，最も可能性の高い因子を探り出すという考え方に立っている．

生体のホメオスタシスにより代謝物の変動は絶えず減少化させる方向に制御される．したがって，差異を見出すためには，現象内における個別因子の寄与を際立たせるような条件を見出すことが重要である．それには，タンパク質の欠損，もしくは高発現がより大きく影響するように，システムに対して特定の条件を付与するといった工夫が重要である（概略図）．これは従来における，科学的実験の検証においても多用されている手法であるが，多因子解析を行う網羅的解析手法においても，非常に重要である．多因子解析においては系に与えるどのような揺らぎのファクターがどのような代謝因子の変動を引き起こし，その結果として変動する因子間の差異や関連，クラスタリングなどの重要な情報が得られることになる．

メタボローム解析をはじめとする，多量の解析データが得られる，いわゆる網羅的解析手法における共通する特徴は，得られたデータからどのような相関やクラスター情報を得てそれをシステム全体の理解にどのように活用してゆくかにある．従来型のトップダウンによるシミュレーションとの最も大きな違いは，莫大

【 キーワード&略語 】
メタボローム，リピドーム，質量分析
MS：mass spectrometry（質量分析）
LC：liquid chromatography

*エレクトロスプレーイオン化
質量分析におけるソフトイオン化法の1つであり，噴霧した液滴から溶媒が揮発されることにより裸のイオンが生じる．

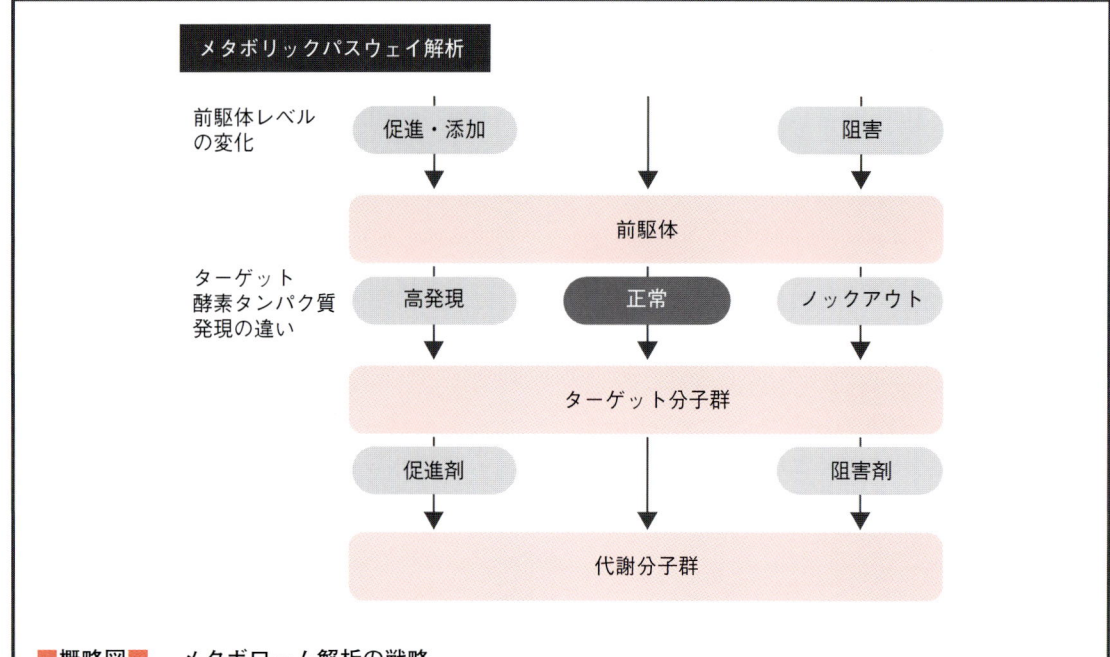

```
          メタボリックパスウェイ解析
前駆体レベル    促進・添加              阻害
の変化             ↓         ↓          ↓
                      前駆体
ターゲット      高発現     正常      ノックアウト
酵素タンパク質    ↓         ↓          ↓
発現の違い
                    ターゲット分子群
              促進剤                   阻害剤
                ↓         ↓           ↓
                     代謝分子群
```

■概略図■　メタボローム解析の戦略

遺伝的な変異のある細胞を利用したり，生体のホメオスタシスに揺らぎを与えてメタボローム解析を行うことにより，現象に関与する代謝因子を顕在化させる

な解析データを処理する過程で，新たな因子の発見や，相互関係の発見を可能にするかということが最も重要であるという点である．このために非常に重要なファクターは解析データの集積の際の，どのような分析対象をとるか，またそのサンプルの同一グループ内での誤差をいかに小さくし，グループ間の有意な差異をいかに検出するかにかかっている．また測定対象を非常に広くとることは予期しない新たな発見のチャンスを増大させるが，一方で非常に重要であるが，対象の広さゆえに，質量分析計のダイナミックレンジの測定限界を下回る非常に微量かつ微細な変化を見逃す可能性が増大するという欠点もある．このように網羅的な解析に共通する問題点として，本当に知りたいマイナーな成分をいかに漏らすことなく拾いあげるかについての困難が生じていることから，場合によっては特定の分子群にフォーカスするといった，一見網羅的という概念からは相反する作業が非常に重要になってきている．

2 脂質メタボローム解析の手法

メタボローム解析の一斉同定のシステムにはいくつかのアプローチがあり[1)～4)]，それらの測定法の原理とそのために最も適している質量分析計の特徴も異なっている．以下に質量分析法による脂質代謝分子の分離同定のしくみについて概略を説明する．

同定法の原理は主として大きく3種類の基本的な点に要約できる．

1つ目は各脂質分子のイオン化効率の違いを利用する点である．イオン化効率は主に極性基の違いによる．測定時に添加する酸や塩基の種類，イオン強度，pHにより各脂質成分のイオン化の違いを効果的に利用することができる．われわれの場合はギ酸アンモニウムを用いてポジティブ，ネガティブの測定をそれぞれ行うことにより異なる脂質の各クラスを効率良く測定する手法を用いている．他のグループからはナトリウム，リチウムや，酢酸を用いる手法も報告されている．

2つ目は，順相，逆相などの液体クロマトグラフィーによる分離と連動させて分子イオンを同定するLC-MSである．順相ではシリカゲルTLCのような極性基に

よる分離が[3]，逆相の場合は主に鎖長や不飽和度の違いによる分離が得られる．

3つ目はMS/MSを利用する手法で，分子内の構造に依存する情報が利用できる．主に極性基に由来する**フラグメントイオン***と脂肪酸に由来するフラグメントイオンから個別脂質分子の厳密な分離同定が可能である．この手法では各個別分子イオンについてフラグメントイオンを得る手法と，特定のフラグメントイオンを生じるすべての前駆体を同定する**プリカーサーイオンスキャン***[4]，また特定の質量数のニュートラルロスを生じるすべての分子イオンを一斉に同定する**ニュートラルロススキャン***という手法がある．

この3つの手法はいずれも組合せて使用することが可能である．このうちプリカーサーイオンスキャンとニュートラルロススキャンは特に有力な手法であり，今後，脂質分子の網羅的手法として最も基礎的な解析法になると考えている．また，ある特定グループの解析対象に絞ってその網羅性を追求するフォーカスドメタボロームの最も重要な解析法でもある．

定性的目的以外に定量的目的にこれらをどのように使用するかについては現在いくつかの異なった考え方が存在しており，種々の検討が重ねられている最中である．これらの手法の詳細については文献2および4を参照されたい．

われわれの研究室においてもこれらの手法の自動化についてようやくめどがつき，1台の質量分析計あたり，一昼夜で約40〜50種類のサンプルの測定により，約2万〜5万の分子種の分離同定が可能になった．今後，解析の迅速化における一番の課題は測定データからいかに効率的に個別分子を同定し，また定量的なプロファイリングデータを得るかにかかっている．現在，われわれの研究室においても，これらについていくつかのグループと共同で解析ツールの開発を進めている．

ここ1年の間に，われわれを含め，ヨーロッパやアメリカでも脂質解析ツールの開発が続いており，おおよそ1年以内にはこれらの解析ツールが一斉に利用可能になると考えられる．現在は測定の10倍以上の時間をその後の解析に必要としているが，これらの解析ツールの開発により，従来であれば約1カ月以上の期間を必要とする解析がほぼ1，2日で可能になると考えられる．

3 MSデータからのリン脂質の同定について

脂質メタボローム解析において，MSデータからいかに分子を同定するかは非常に重要な課題である．われわれの研究室ではリピドーム解析の効率化に向けて，脂質を対象としたMSによる測定法，データベース構築，検索同定ツールの確立に向けて研究を重ね，最近，脂質を対象としたメタボローム解析のための検索同定ツール"Lipid Search"を公開した（図1）(http://metabo.umin.jp)．Lipid Searchでは，同定・解析における用途に応じて，脂質の同定プロトコルを大きく3つに分けている．1つ目は，**分子量関連イオン***のm/z値のみの情報，またはあらかじめ何らかの方法でクラスを特定した情報およびm/z値により分子種を同定する方法．2つ目は特定の脂肪酸をもつリン脂質のスペクトルを得て，そのm/z値により分子種を同定する方法．3つ目は，MS/MSフラグメント情報を用いて，クラスおよび脂肪酸の情報をもって分子種を同定する方法である．

4 脂質メタボローム解析の実験例

サンプルとしてNS-1細胞の全細胞からの抽出リン脂質を用いた．測定はアプライドバイオシステムズ社製のQ TRAP®を用い，ニュートラルロススキャンモードで測定した．リン脂質を直接液クロポンプによりLCによる分離なしで導入し，87マスユニットの

＊**フラグメントイオン**
分子量関連イオンが会裂して生じる部分構造からなるイオン．

＊**プリカーサーイオンスキャン**
フラグメントイオンを生成する分子量関連イオンを特異的に検出するモード．

＊**ニュートラルロススキャン**
分子量関連イオンとフラグメントイオンの差が特異的であることを用いて検出するモード．

＊**分子量関連イオン**
分子にプロトンなどの塩が付加したイオンや，分子からプロトンが脱離して生じたイオン．

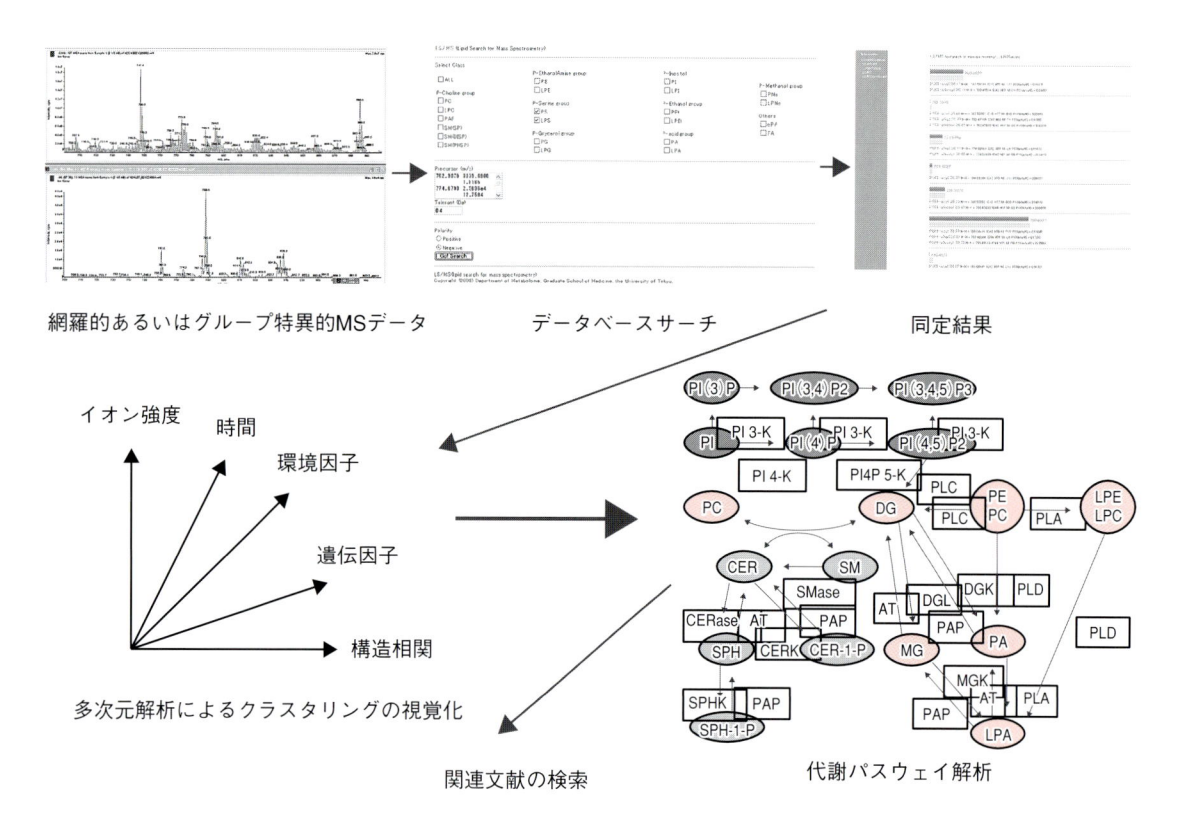

図1 ◆ "Lipid Search" によるリン脂質の同定 (巻頭カラー❷参照)
われわれのホームページから利用可能なリン脂質検索ツールLipid Searchの中の検索画面の一例．ここでは3種類の理論的データベースと，3種類の異なる検索ウィンドウが用意されている

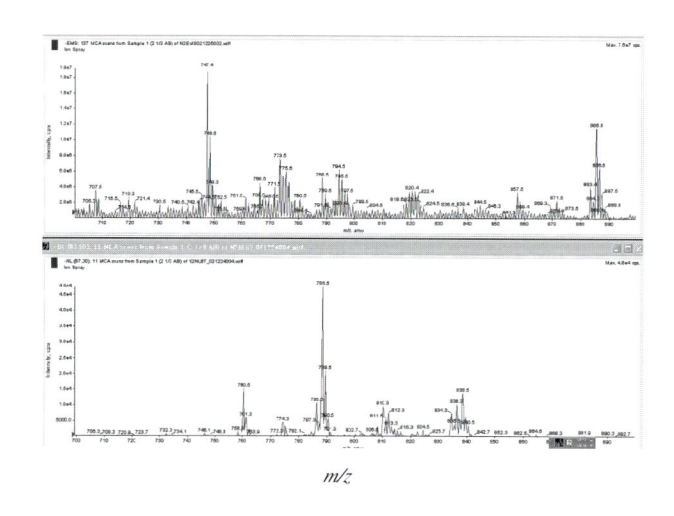

図2 ◆ ニュートラルロススキャンによるホスファチジルセリンの選択的同定 (巻頭カラー❸参照)
リン脂質の特異的同定法の1つであるニュートラルロススキャンにより，87ユニットの質量数の特異的ロスをもつ分子イオンからホスファチジルセリンを特異的に同定したもの．上は全リン脂質のネガティブでの分子イオンを，下はニュートラルロスにより検出されたホスファチジルセリンのマススペクトルを示す

ニュートラルロススキャンモードを用いて，セリン（m/z 87）をニュートラルロスしたフラグメントを検出することで，脂質混合物からホスファチジルセリン（PS）クラスに属するものだけのスペクトルを得ることができた（図2）．m/z 値とイオン強度のリストを得，同定用のプログラムに入力して分子種の同定と同位体補正した結果を得ることができた．

今後の課題として，脂質のメタボローム解析の結果を統合し，脂質代謝パスウェイ解析に展開できることが重要である．そのためには質量分析データからのプロファイリングや多変量解析，そしてその結果を脂質代謝マップ上に視覚化できるような解析ツールの開発が必要である．

参考文献

1) Pulfer, M. & Murphy, R. C. : Electrospray mass spectrometry of phospholipids. Mass Spectrom. Rev., 22 : 332-364, 2003
2) Han, X. & Gross, R. W. : Global analyses of cellular lipidomes directly from crude extracts of biological samples by ESI mass spectrometry : a bridge to lipidomics. J. Lipid Res., 44 : 1071-1079, 2003
3) Taguchi, R. et al. : Two-dimensional analysis of phospholipids by capillary liquid chromatography/electrospray ionization mass spectrometry. J. Mass Spectrum., 35 : 953-966, 2000
4) Ekroos, K. et al. : Quantitative profiling of phospholipids by multiple precursor ion scanning on a hybrid quadrupole time-of-flight mass spectrometer. Anal. Chem., 74 : 941-949, 2002

参考図書

- 『生命科学のための最新マススペクトロメトリー』（原田健一，田口 良，橋本 豊／編）：214-230，講談社サイエンティフィク，2002　≫≫生命科学分野におけるソフトイオン化質量分析法の解説書．
- 「生命科学研究のための新しいLC／エレクトロスプレーイオン化質量分析」（田口 良，北条俊章），ぶんせき，3：130-136，2003　≫≫液体クロマトグラフィーとソフトイオン化質量分析法の1つであるESIMSを直結したLC/MSの解説．
- 「メタボローム研究の可能性に迫る」（田口 良），実験医学，21（18）：2560-2566，羊土社，2003　≫≫メタボローム研究という新しい分野の現状と可能性を述べたもの．
- 『メタボローム研究の最前線』（冨田 勝，西岡孝明／編），シュプリンガー・フェアラーク東京，2003　≫≫メタボローム全般に関する解説書．

トピックス編
■5■ セラミドの細胞内選別輸送

花田 賢太郎

生体膜は，タンパク質と脂質とをその主要構成因子としている．膜脂質の代謝には細胞内の異なる部位で起こる複数のステップを経ることがしばしば必要であり，そのためには，脂質分子が目的の部位に的確に移動しなければならない．また，脂質メディエーターを介する情報伝達においても細胞内の脂質の移動が起こっている可能性がある．ところが，膜タンパク質の細胞内選別輸送メカニズムが詳細に解明されてきているのに対して，膜脂質の選別輸送メカニズムはどのタイプの脂質分子に関してもほとんど未知のままであった．しかし，脂質セラミドを小胞体からゴルジ体へと特異的に輸送する分子装置が発見され，どのようにして膜脂質がオルガネラ間を選別輸送されているのかがやっと分子レベルで解明されはじめている．

1 タンパク質だけでなく膜脂質もオルガネラ間輸送されている

膜タンパク質の細胞内輸送に関わる分子群はすでに数多く同定されており，粗面小胞体で合成された膜タンパク質が他のオルガネラ膜へと選別輸送されるのは輸送小胞（transport vesicles）#メモを介した機構によることが明らかになっている．

一方，いろいろな脂質輸送経路が細胞内に存在することは，代謝標識脂質の各種オルガネラ画分への分配および蛍光性脂質の細胞内挙動の解析などによって，1980年代から示唆されていたが，それぞれの脂質選別輸送経路に関わる特異的分子装置を同定することは，脂質選別輸送のアッセイ法や特異的欠損変異細胞が極めて乏しいことに起因する実験的困難さのためになかなかアプローチできずにいた．

2 セラミド輸送が欠損した動物培養細胞変異株

主要膜リン脂質の1つであるスフィンゴミエリン（SM）の生合成においては，小胞体で合成された前駆体のセラミドがゴルジ体に移動して，そこに存在するSM合成酵素によってSMへと変換される．われわれは，チャイニーズハムスター卵巣由来の株化細胞であるCHO-K1細胞を親株として，セラミドの小

【キーワード＆略語】
セラミド，スフィンゴミエリン，オルガネラ，選別輸送，CERT
SM：sphingomyelin（スフィンゴミエリン）
PH：pleckstrin homology（プレクストリン相同）
PtdIns4P：phosphatidylinositol-4-phosphate
　　　（ホスファチジルイノシトール-4-リン酸）
START：StAR-related lipid transfer（StAR関連脂質転移）

#メモ

輸送小胞（transport vesicles）と小胞体（endoplasmic reticulum）は，日本語の字面は似ているが全く別なものである．endoplasmic reticulumは，直訳すれば"細胞質内の網状構造体"であり，このオルガネラの形を素直に表した術語なのだが，そのイメージが"小胞体"という訳語からは伝わりにくい．transport vesiclesは，（タンパク質の）輸送に利用される小さな膜胞ということであり，小胞体に由来する膜などというような意味合いはない．

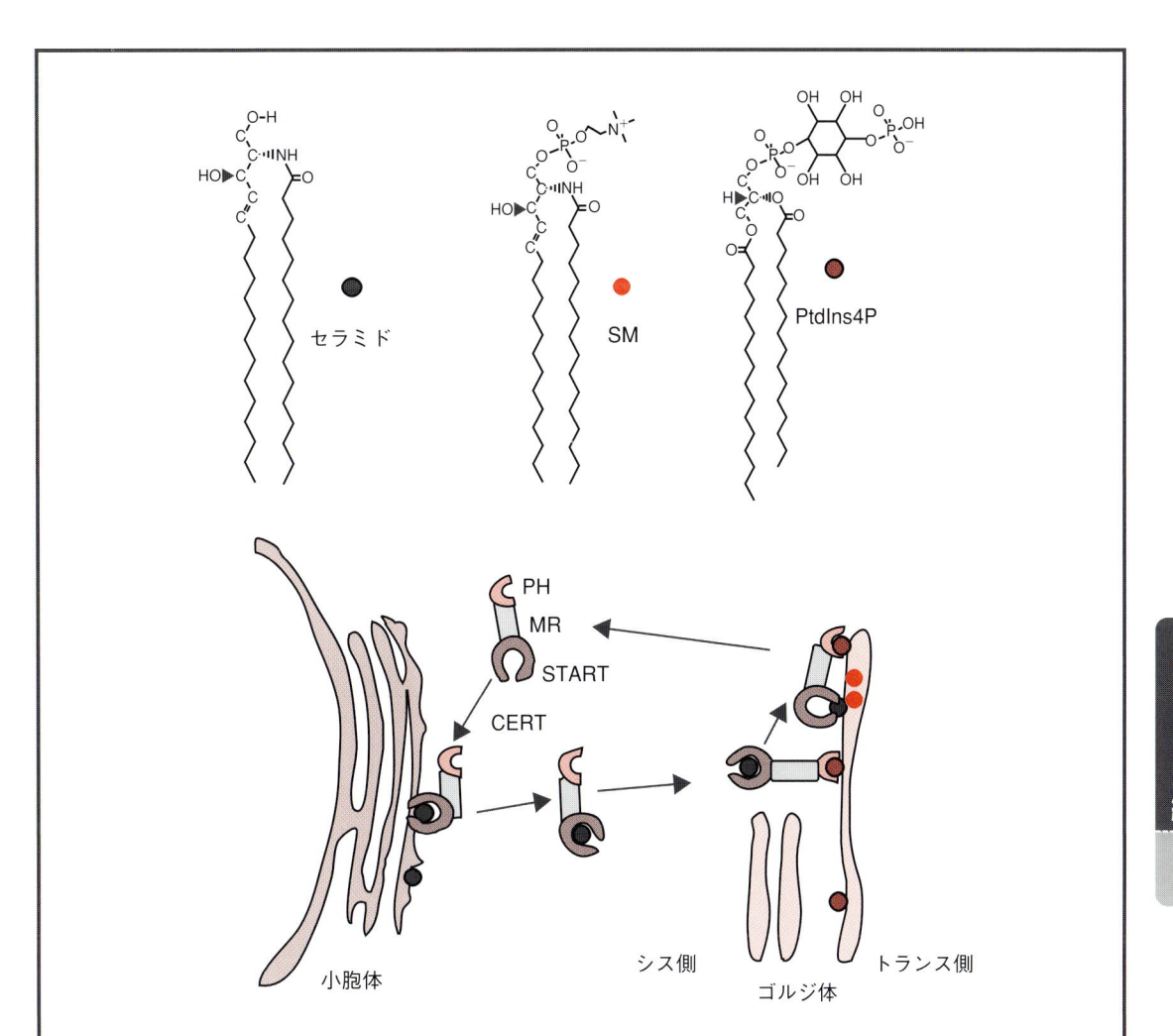

■**概略図**■　**CERTが仲介するセラミド選別輸送モデル**

CERTは，小胞体からセラミド分子を引き抜き，PtdIns4Pが濃縮しているトランス側のゴルジ領域にPHドメインを介して結合し，セラミドを放出する．放出されたセラミドはその領域に局在するSM合成酵素によってSMへと変換される．ゴルジ膜から離れたCERTは次のセラミド輸送サイクルに使われる

胞体からゴルジ体への移行に欠損があるためにSM生合成が低下している突然変異株（LY-A株）を分離した[1)2)]．小胞体からSM合成の場へのセラミド輸送には，ATP依存性の主経路と非依存性の従経路の少なくとも2つの経路があり，LY-A株では前者が欠損している[2)3)]．そして，LY-A細胞で欠損している遺伝子を機能回復クローニングによって同定し，この遺伝子がコードする68kDタンパク質をceramide transportにちなみCERTと命名した[4)]（図1 A）．

3 小胞体−ゴルジ体セラミド選別輸送を司る分子装置CERT

CERTは，親水性タンパク質であり，そのほとんどは細胞質に分布するが，一部ゴルジ体にも会合している．CERTは，セラミド選別輸送を行うために重要な複数のドメインを有するタンパク質である（図1 B）．

CERTのアミノ末端領域の約120アミノ酸残基は，リン酸化イノシトール脂質を結合する**プレクストリン相同（pleckstrin homology：PH）ドメイン***を形成している．このPHドメインは各種リン酸化イノシトー

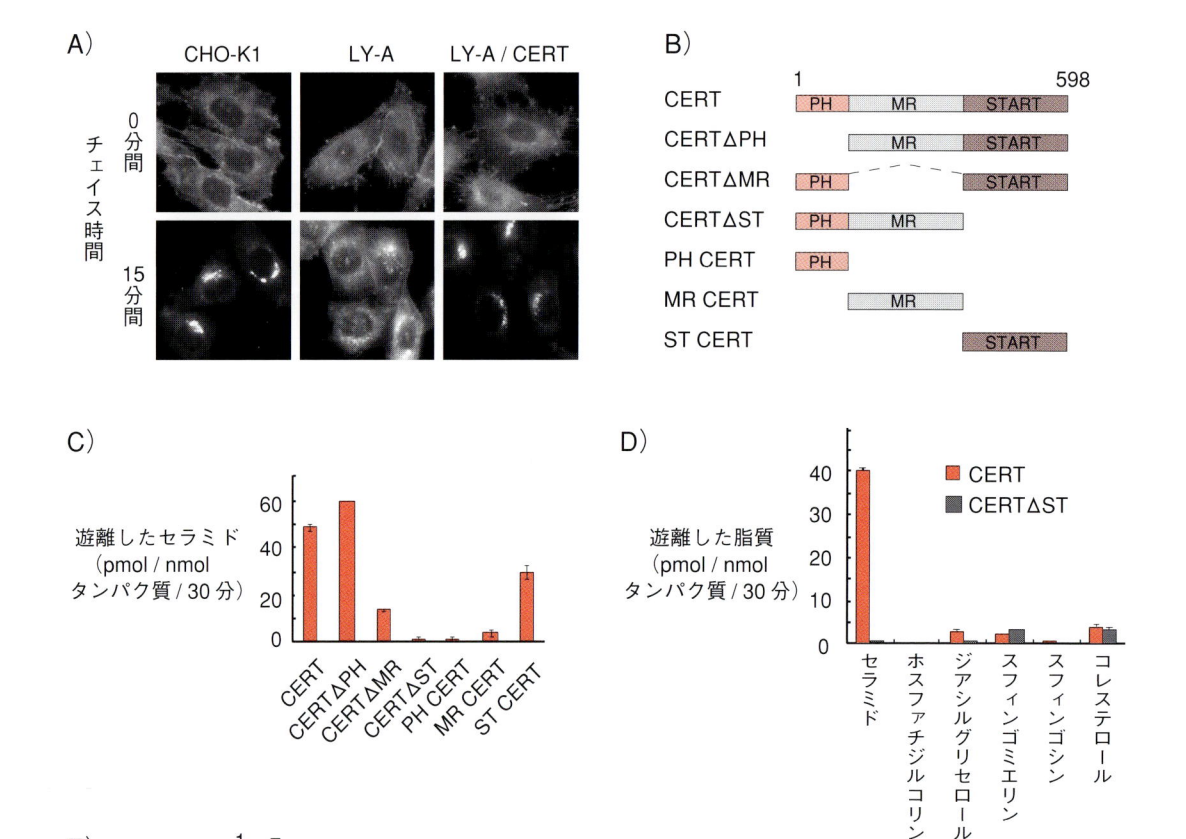

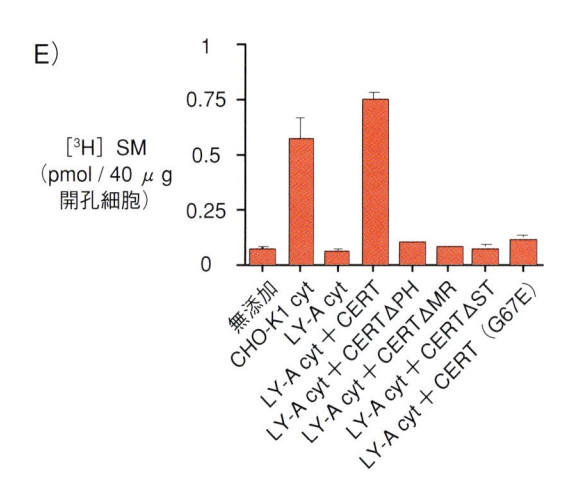

図1 ◆ セラミドの小胞体−ゴルジ体間輸送を仲介する分子：CERT

A）蛍光性C_5-DMB-セラミドの細胞内挙動．4℃でC_5-DMB-セラミド標識した細胞を33℃でチェイスしたときの蛍光像．親株CHO-K1細胞では，はじめに小胞体に分布していた蛍光性セラミドがゴルジ体へと移動するが，変異株LY-A細胞ではこの移動が欠損している．そして，LY-A細胞の欠損はCERT cDNAの導入で回復する．B）CERTのドメイン構造とその欠失変異体．C）CERTおよびその欠失変異体のリン脂質小胞からのセラミド遊離活性．D）CERTのもつ脂質遊離活性の基質特異性．E）LY-A細胞由来の開孔細胞を用いた再構成系におけるセラミド→SM変換の添加因子依存性．CHO-K1細胞またはLY-A細胞由来の細胞質（100μg），および，さらに精製組換えCERTもしくはその変異体（10ng）を添加してアッセイした．Cyt：細胞質．変異体の構造は（B）を参照

＊プレクストリン相同（pleckstrin homology：PH）ドメイン

プレクストリンという47kDタンパク質に存在する約120アミノ酸配列と弱い相同性のある構造は，情報伝達に関するいくつかのタンパク質にも存在しており，プレクストリン相同（PH）ドメインと呼ばれている．PHドメインは，主に電荷的な相互作用によってリン酸化イノシトールを結合する．よって，PHドメイン含有タンパク質は，リン酸化イノシトール脂質の極性頭部に結合することで膜に会合することができる．ただし，どのタイプのリン酸化イノシトール脂質を認識するのかはそれぞれのPHドメインの微細構造に依存する．

ル脂質の中でホスファチジルイノシトール-4-リン酸（PtdIns4P）を特異的に認識した．PtdIns4Pは細胞内では主にゴルジ体に分布しており，PtdIns4Pを特異的に認識するPHドメインはゴルジ体へのターゲットシグナルとして機能しうる[5)6)]．

CERTのカルボキシル末端領域の約230アミノ酸残基は，脂質転移に関与すると推測される**スター関連脂質転移（StAR-related lipid transfer：START）ドメイン***を形成している．人工脂質膜を用いた実験から，CERTのSTARTドメインは，膜からセラミドを特異的に引き抜き（図1C,D），別の膜に転移させる活性のあることが明らかとなった．

上述した2つのドメインの間の約260アミノ酸残基からなる中間領域（middle region：MR）は，既知の球状ドメインには該当せず，それがもつ機能もまだ判然としていない．

野生型CHO細胞も含めた各種動物細胞CERTホモログで保存されているPHドメイン内のグリシン残基が，LY-A株由来CERTではグルタミン酸に置換（G67E変異）している．この置換のため，LY-A株由来のCERTはPtdIns4P結合能を失い，それゆえゴルジ体到達能も欠損している[4)]．

細胞膜に小孔をあけた細胞において，セラミドの小胞体-ゴルジ体間輸送を再現することが可能である[3)]．この再構成系において，LY-A株由来の細胞質に野生型の精製CERTを添加すると輸送活性が正常レベルに回復する（図1E）．なお，人工脂質膜を用いたアッセイの場合，PHドメイン欠失CERTやG67E変異CERTも野生型CERTと同様のセラミド遊離活性や膜間転移活性を示すのだが，この再構成系を用いた場合，これら変異体では回復がみられない（図1E）．細胞の中のようにさまざまな膜が混在している状態においてCERTがゴルジ体へ効率よく到達するには，PtdIns4P認識PHドメインの存在が重要なのだろう．一方，Sar1タンパク質（小胞体からゴルジ体への小胞輸送に必須の因子の1つ）の優性欠損型を添加してもCERT依存性セラミド輸送は全く阻害されない[4)]．

上述したような結果から，CERTはATP依存性のセラミド小胞体-ゴルジ体輸送を仲介する分子であることが明らかとなり，また，脂質セラミドの輸送は輸送小胞性ではなく，CERTが特異的にセラミドを小胞体膜から引き抜いた後，ゴルジ体膜に選択的に到達して受け渡しているというモデルが提唱されている（概略図参照）[4)]．

■ おわりに

CERTの発見は，膜リン脂質生合成に関わる特異的な脂質選別輸送装置を分子レベルで同定した（筆者の知る限り）最初の例であり，そこから得られた知見は，さまざまな脂質の選別輸送を研究する場合の土台になると期待される．

生物界には脂質結合または脂質転移に関わる可能性のあるドメインをもったタンパク質が数多く存在しているが，その多くは，認識している脂質種もわかっておらず，生理的機能も未知のままであり[7)]，脂質輸送の研究には，今後とも生化学的および遺伝学的手法を中心とした地道な解析が必要不可欠であろう．

脂質の代謝や機能を制御することは，さまざまな医薬に応用されているので，今後さらに研究が進めば，従来は研究対象としてあまり認識されていなかった脂質輸送という細胞機能も新規医薬品の重要な分子標的となるに違いない．

***スター関連脂質転移（StAR-related lipid transfer：START）ドメイン**

ステロイドホルモンの生合成においてコレステロールがミトコンドリアの内膜に移動して代謝される際，ステロイドジェニック急性制御タンパク質（steroidogenic acute regulatory protein：StAR）がこのコレステロール輸送を仲介している．StARの脂質転移触媒領域である約210アミノ酸配列に相同性がある構造は，STARTドメインと呼ばれ，主に水素結合と疎水性相互作用によって脂質基質を認識し，特異的脂質を膜から引き抜き別の膜に移す活性をもつと予想されている．ヒトでは現在までに15種類のSTARTファミリーメンバーが見つかっているが，その脂質リガンドおよび生理的機能が判明しているのはまだわずかである．

参考文献

1) Hanada, K. et al.: Mammalian cell mutants resistant to a sphingomyelin-directed cytolysin. J. Biol. Chem., 273：33787-33794, 1998
2) Fukasawa, M. et al.: Genetic evidence for ATP-dependent endoplasmic reticulum-to-Golgi apparatus trafficking of ceramide for sphingomyelin synthesis in Chinese hamster ovary cells. J. Cell Biol., 144：673-685, 1999
3) Funakoshi, T. et al.: Reconstitution of ATP- and

cytosol-dependent transport of *de novo* synthesized ceramide to the site of sphingomyelin synthesis in semi-intact cells. J. Biol. Chem., 275 : 29938-29945, 2000

4) Hanada, K. et al. : Molecular machinery for non-vesicular trafficking of ceramide. Nature, 426 : 803-809, 2003

5) Levine, T. P. & Munro, S. : Targeting of Golgi-specific pleckstrin homology domains involves both PtdIns 4-kinase-dependent and -independent components. Curr. Biol., 12 : 695-704, 2002

6) Wang, Y. J. et al. : Phosphatidylinositol 4 phosphate regulates targeting of clathrin adaptor AP-1 complexes to the Golgi. Cell, 114 : 299-310, 2003

7) 井上貴雄，新井洋由：細胞内脂質輸送タンパク質．生化学，76：553-561，2004

参考図書

- ●「セラミドの細胞内選別輸送を担う分子装置・CERT」(花田賢太郎)，生化学，76：562-570，日本生化学会，2004　≫≫CERTの発見とそれに至る研究経緯についての詳しい解説．
- ●『タンパク質の一生』(中野明彦，遠藤斗志也／編)，共立出版，2000　≫≫タンパク質の合成から分解に至る幅広い領域についての高度な内容を読みやすく解説している．タンパク質輸送の話題も充実しているが脂質輸送は取り扱われていない．

INDEX

色文字は用語解説あり

和文

あ

アイソザイム **88**
アシル転移酵素 21
アシルCoA合成酵素 17
アディポサイトカイン　17, **108**
アディポネクチン 22
アディポネクチン受容体　112
アナンダミド 60
アミノアシル転移酵素 21
アラキドン酸 47
アラキドン酸代謝物 **41**
イソプレニル基 32, 33
遺伝子スーパーファミリー　70
イノシトールリン脂質 78
インスリン抵抗性 108
エイコサノイド 47, **61**
エレクトロスプレーイオン化
 127
炎症 112
炎症性サイトカイン **119**
エンドサイトーシス 87
エンドソーム **86**
オーファン受容体 24
オーファンGPCR 59

か

核内レセプター 68
ガスクロマトグラフィー
 .... 37, **43**
活性化脂肪酸 21
カラムクロマトグラフィー法
 35
カンナビノイド 60
カンナビノイド受容体-1　122
γ-カルボキシグルタミン酸
 77
逆行性メディエーター ... 126
グリコシルホスファチジル
 イノシトール 31, **33**
グリセロ糖脂質 29
グリセロリン脂質 29
グルタチオン 75
グルタミン酸受容体 **124**
クロマトグラフィー法 ... 35
ケイ酸カラムクロマト
 グラフィー法 35
形質膜 19
血液凝固 68, 77
血管内皮細胞 **83**
血小板活性化因子 .. 49, **61**, 96
血清リポプロテイン **29**
ケモカイン 90, **94**
コアクチベーター 72

こ

抗血液凝固剤 76
抗酸化作用 75
高速液体クロマトグラフィー
 .... 36, 42
コリプレッサー 73
コレステロールホメオスタシス
 98

さ

サイコシン 66
サイトカイン 90
細胞運動 **84**
細胞骨格制御 84
細胞質結合タンパク 71
細胞質PLA$_2$ 49
細胞内小胞輸送 84
細胞内メッセンジャー ... 23
細胞内輸送 132
サポニン **29**
シクロオキシゲナーゼ ... 47
シクロオキシゲナーゼ-2　24
脂質 28
脂質センサー 68
脂質選別輸送 132
脂質二重膜 16
脂質の定義 14
脂質メタボローム 21

INDEX 色文字は用語解説あり

脂質メディエーター 23
質量分析 44, 127
シナプスの可塑性 126
脂肪萎縮性糖尿病 110
脂肪酸 28
脂肪酸エステル 15
脂肪酸活性化酵素 17
脂肪酸燃焼 111
脂溶性ステロイドホルモン 68
脂溶性ビタミン 68
小胞体膜 19
試料の採取 40
神経伝達物質 122
水溶性頭部 15
スター関連脂質転移 (StAR-related lipid transfer: START) ドメイン 135
スフィンゴイド塩基 30
スフィンゴ脂質 30
スフィンゴシルホスホリル
　コリン 61
スフィンゴシン1リン酸
　.............. 61, 62, 95
スフィンゴ糖脂質 29
スフィンゴミエリン 132
スフィンゴリン脂質 29
生理活性脂質 78, 79
セカンドメッセンジャー
　.................. 78, 79
脊髄 124
セラミド 30, 132
セラミドの非小胞輸送 17
セレン 75

全ゲノムスキャン 110
走化性 84
組織内中性脂肪含量 111
ソフトイオン化 21, 127

た

多段階発癌 115
単純脂質 28
抽出法 41
中枢性感作 122
長期増強 124
長期抑圧 124
定量 39
転写共役因子 72
糖脂質 29
疼痛 125
同定 39
動脈硬化 112
突然変異 133
トロンボキサン 62
貪食 87

な

日本脂質生化学会 17
ニュートラルロススキャン
　................... 129
ヌクレオソーム配列 73

は

バイオアッセイ 44

バイオモジュレーター . 78, 86
薄層クロマトグラフィー 35, 42
破骨細胞 96
ヒストンアセチル化酵素 .. 72
肥満 108
ファゴサイトーシス 87
複合脂質 28
不飽和脂肪酸 19
フラグメントイオン 129
プリカーサーイオンスキャン
　................... 129
プレクストリン相同
　（pleckstrin homology：PH）
　ドメイン 133, 134
プロゲスチン受容体 62
プロスタグランジン 47, 60, 90
プロスタノイド 122
プロファイリング 129
分子量関連イオン 129
分泌性PLA$_2$ 49
ヘリコバクター・ピロリ 120
飽和脂肪酸 19
補酵素的 68
ホスファチジルイノシトール
　キナーゼ 81
ホスファチジルイノシトール-4-リン酸 135
ホスホイノシチド
　ホスファターゼ 81
ホスホリパーゼA$_1$ 57
ホスホリパーゼA$_2$ ... 21, 48

ま

メタボリックシンドローム	22
メタボローム	21, 127
メバロチン®	17
免疫測定法	44

や

溶媒分画法	34

ら

ラフト	19
ランゲルハンス細胞	93
リソソーム	86
リゾホスファチジルコリン	61, 66
リゾホスファチジン酸	56, 61, 62
リゾホスホリパーゼD	57
リピドミクス	127
リピドーム	127
リピドA	32, 33
リポキシゲナーゼ	55
リポキシン	56, 61, 94, 95
リモデリング経路	19
両親媒性	15
リン脂質	29
レプチン	22
ロイコトリエン	47, 61, 90
ロータリーエバポレーター	34

欧 文

数字

2-アラキドノイルグリセロール	61
2-AG	61
5-LOX	55
5-LOX活性化タンパク	56

A

acyl-CoA	21
acyl-CoA ligase	17
acyl-CoA synthetase	17
AMPキナーゼ	111
amphipathic	15
amphiphilic	15
amphiphobic	15
APC	115

B~C

Bligh & Dyer法	34
BrdU標識	118
CB1	122
CERT	133
COPⅡ	101
COX	47
COX-1	52
COX-2	24, 52, 116

D

DEAE-セルロースカラムクロマトグラフィー法	35
deorphanプロジェクト	60
DNA結合性転写制御因子	70

E~F

EDG	62
endothelial differentiation gene	62
FAP	117
fMLP	95
formyl-Met-Leu-Phe	95
formyl-peptide	95
FTY720	95

G

Gタンパク質共役型受容体	59
GC	43
gene cluster	62
Gla	77
GPCR	59
G-protein coupled receptor	59

H~I

HAT	72
HB-EGF	22
heparin-binding EGF-like growth factor	22

INDEX 色文字は用語解説あり

HMG-CoA 104
HPLC 42
Insig 101

L

LDL 98
lipid bilayer 16
lipidome 127
lipidomics 127
LOX 55
LPA 56, 61, 62
LPA受容体 62
LPC 61, 66
LTD 124
LTP 124
LTs 61
LX 56

M〜N

MAPキナーゼ 49
MAPEGファミリー 56
mPGES-1 .... 53, 118
NSAID 47

P

PAF 49, 61, 96
PAI-1 22
Patched 101
peroxisome proliferator
　activator receptor ... 23
PGE合成酵素 53
PGE$_2$ 91, 118
PGES 53
PIキナーゼ 81
PI3キナーゼ 83
plasminogen-activator
　inhibitor 1 22
platelet-activating factor .. 61
PLC 81
polar head group 15
PPAR 23, 109
PtdIns4P 135

R

regulated intramembrane
　proteolysis 99
Rip 99

S

S1P 61, 62, 95, 101
S2P 101
SCAP 98
Site-1プロテアーゼ .. 101
Site-2プロテアーゼ .. 101
SPC 61
sPLA$_2$ 49
SREBP 98
STARTドメイン 135

T

Th1 93
Th2 94
TLC 42
TNF-α 22, 108
Toll-likeレセプター .. 119
TRPV1 124
tumor necrosis factor-α .. 22

羊土社ホームページ

「実験医学」「レジデントノート」「Bioベンチャー」の各雑誌のページでは，過去の連載が一目でわかるほか，最新情報やホームページ連載などをどんどん提供していきます．ぜひご活用下さい！

ACCESS！ http://www.yodosha.co.jp/

書籍情報充実
書籍の詳細情報に加えて，内容見本，関連書籍もご覧いただけます．検索機能も充実しており，欲しい本がすぐ見つかります．お近くの書店で見当たらなくても，ホームページで簡単にご購入できます．

各雑誌のページも充実
「実験医学」「レジデントノート」「Bioベンチャー」の様々な情報がご覧いただけます．ホームページだけでご覧いただける連載もあります！！

わかる実験医学シリーズ　基本&トピックス

脂質生物学がわかる
脂質メディエーターの機能からシグナル伝達まで

2004年10月30日　第1刷発行

編　集	清水　孝雄
発行人	葛西　文明
発行所	株式会社　羊　土　社
	〒101-0052
	東京都千代田区神田小川町2-5-1
	神田三和ビル
	TEL　03(5282)1211（営業部）
	FAX　03(5282)1212
	E-mail　eigyo@yodosha.co.jp
	URL　http://www.yodosha.co.jp/
印刷所	株式会社　平河工業社

©YODOSHA, 2004. Printed in Japan
ISBN4-89706-965-3

本書の複写権・複製権・転載権・翻訳権・データベースへの取り込みおよび送信（送信可能化権を含む）・上映権・譲渡権は，(株)羊土社が保有します．

JCLS　＜(株)日本著作出版管理システム委託出版物＞　本書の無断複写は著作権法上での例外を除き禁じられています．複写される場合は，そのつど事前に(株)日本著作出版管理システム（TEL 03-3817-5670, FAX 03-3815-8199）の許諾を得てください．

大好評につき，早くも改訂！

改訂 RNAi 実験プロトコール

より効果的な遺伝子の発現制御を行うための最新テクニック

大好評発売中！

編集／多比良和誠，宮岸 真，川崎広明，明石英雄

定価 4,935 円
（本体 4,700 円＋税 5%）
B5判　240頁　2色刷り
ISBN4-89706-417-1

◆最新の手法を多数追加！ページ数も大幅アップ！

分子・細胞レベルから個体レベルの解析法まで

すべてのバイオ研究に役立つ 免疫学的プロトコール

編集／中内啓光

定価 5,985 円
（本体 5,700 円＋税 5%）
B5判　244頁　2色刷り
ISBN4-89706-885-1

遺伝子導入法，クロマチン免疫沈降法，フローサイトメトリー，抗体作製法など応用性の高い実験法に加え，特徴や入手先が一目でわかるモデルマウス一覧表を添付．あらゆる研究に応用可能な全研究者必読の一冊!!

細胞を扱う人全てにおすすめの本

実験医学別冊 培養細胞実験ハンドブック

細胞培養の基本と解析法のすべて

編集／黒木登志夫，許 南浩

定価7,350円
（本体7,000円＋税5%）
B5判　300頁　2色刷り
ISBN4-89706-884-3

◆培養細胞を用いたあらゆる実験法を網羅！

ついに出た，待望のプロトコール集！

基礎から先端までの クロマチン・染色体 実験プロトコール

編集／押村光雄，平岡 泰

定価5,460円
（本体5,200円＋税5%）
B5判　232頁　2色刷り
ISBN4-89706-416-3

◆注目のゲノム動態，エピジェネティクスの解析法と染色体改変，イメージング技術のすべて

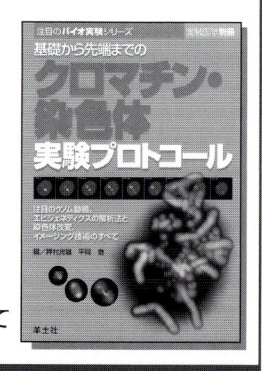

発行　羊土社

〒101-0052
東京都千代田区神田小川町2-5-1　神田三和ビル
TEL 03(5282)1211　（営業）
E-mail：eigyo@yodosha.co.jp

ご注文は最寄りの書店，または小社営業部まで

FAX 03(5282)1212
URL：http://www.yodosha.co.jp/
郵便振替00130-3-38674

「教科書」としても「辞書」としても役立つ1冊！｜東大にはこんな面白い講義があった！

キーワードで理解する シグナル伝達イラストマップ

編集／山本 雅，仙波憲太郎
（東京大学医科学研究所教授/助教授）

定価6,300円
（本体6,000円＋税5%）
B5判　285頁　2色刷り
ISBN4-89706-578-X

❶ 主要なシグナル経路を整理！
❷ 「概論」と「イラストマップ」でシグナル伝達の全体像をつかむ！
❸ 「キーワード解説」で各因子の詳細情報をチェック！

遺伝子が明かす 脳と心のからくり

東京大学 超人気 講義録

著者／石浦章一（東京大学大学院総合文化研究科教授）

定価1,680円
（本体1,600円＋税5%）
四六判　270頁
ISBN4-89706-882-7

● やる気・不安・性格を支配する遺伝子とは？
● 風邪薬で寿命が延びる？
● 記憶力を上げる薬？

知って得する話題がいっぱい！

学生から教授まで幅広い読者に大好評！

著者　井出利憲（広島大学大学院医歯薬学総合研究科長/教授）

分子生物学講義中継 part1

増刷を重ねる話題の書

教科書だけじゃ足りない絶対必要な生物学的背景から最新の分子生物学まで楽しく学べる名物講義

定価 3,990円（本体3,800円＋税5%）　B5判　260頁　2色刷り
ISBN4-89706-280-2

普通の分子生物学の教科書では学べない，医師・研究者に最も大切な生物学的背景から「生物学的ものの見方」も含めた最新の分子生物学までが講義の語り口で楽しくわかる！

分子生物学講義中継 part2

たちまち増刷

細胞の増殖とシグナル伝達の細胞生物学を学ぼう

定価 3,885円（本体3,700円＋税5%）　B5判　164頁　2色刷り
ISBN4-89706-876-2

因子を網羅してカスケードを覚えるだけでは，シグナル伝達の本当の意味はわかりません！細胞増殖を例に，シグナル伝達を学ぶ！

分子生物学講義中継 part3

たちまち増刷

発生・分化や再生のしくみと癌，老化を個体レベルで理解しよう

定価 4,095円（本体3,900円＋税5%）　B5判　212頁　2色刷り
ISBN4-89706-877-0

発生・分化の制御を分子生物学的しくみからみっちり講義．注目のエピジェネティクスや幹細胞も解説！

発行　羊土社

〒101-0052
東京都千代田区神田小川町2-5-1 神田三和ビル
TEL 03(5282)1211（営業）
FAX 03(5282)1212
E-mail: eigyo@yodosha.co.jp
URL: http://www.yodosha.co.jp/

ご注文は最寄りの書店，または小社営業部まで
郵便振替00130-3-38674

わかる実験医学シリーズ（最先端の話題をすらすら読むための入門書）

注目の
エピジェネティクスがわかる

ゲノムの修飾・構造変換と生命の多様性，疾患との関わり

編集／押村光雄
（鳥取大学大学院医学系研究科 教授）

- 定価3,990円（本体3,800円＋税5％）
- WJ22　　■2色刷り
- 131頁　　■B5判
- ISBN4-89706-964-5

同じ塩基配列をもっているのに多種多様な細胞が存在するのはなぜだろう？生命の多様性を解明する一冊です！

基礎から臨床応用までの
血管研究がわかる

発生・形成メカニズムから疾患とのかかわり，治療法開発まで

編集／高倉伸幸
（金沢大学がん研究所細胞分化研究分野 教授）

- 定価3,885円（本体3,700円＋税5％）
- WJ23　　■2色刷り
- 132頁　　■B5判
- ISBN4-89706-966-1

注目の「血管治療」がわかる！その基礎となる血管形成のメカニズムから丁寧に解説．

― 大好評既刊 ―

ユビキチンがわかる （WJ21）　編集／田中啓二
タンパク質分解と多彩な生命機能を制御する修飾因子
- 定価3,990円（本体3,800円＋税5％）　■ISBN4-89706-963-7

細胞骨格・運動がわかる （WJ20）　編集／三木裕明
その制御機構とシグナル伝達ネットワーク
- 定価4,095円（本体3,900円＋税5％）　■ISBN4-89706-962-9

DNA複製・修復がわかる （WJ19）　編集／花岡文雄
- 定価3,990円（本体3,800円＋税5％）　■ISBN4-89706-961-0

ウイルス・細菌と感染症がわかる （WJ18）　編集／吉開泰信
- 定価4,095円（本体3,900円＋税5％）　■ISBN4-89706-960-2

発生生物学がわかる （WJ17）　編集／上野直人・野地澄晴
- 定価4,095円（本体3,900円＋税5％）　■ISBN4-89706-959-9

受容体がわかる （WJ16）　編集／加藤茂明
- 定価4,095円（本体3,900円＋税5％）　■ISBN4-89706-958-0

タンパク質がわかる （WJ15）　編集／竹縄忠臣
- 定価4,095円（本体3,900円＋税5％）　■ISBN4-89706-999-8

バイオインフォマティクスがわかる （WJ14）　編集／菅原秀明
- 定価4,410円（本体4,200円＋税5％）　■ISBN4-89706-998-X

RNAがわかる （WJ13）　編集／中村義一
多彩な生命現象を司るRNAの機能からRNAi，創薬への応用まで
- 定価3,990円（本体3,800円＋税5％）　■ISBN4-89706-997-1

細胞内輸送がわかる （WJ12）　編集／米田悦啓
タンパク質・核酸輸送の基本から最新の分子イメージング技術まで
- 定価4,095円（本体3,900円＋税5％）　■ISBN4-89706-996-3

ポストゲノム時代の糖鎖生物学がわかる （WJ11）　編集／谷口直之
- 定価4,410円（本体4,200円＋税5％）　■ISBN4-89706-995-5

転写がわかる （WJ10）　編集／半田 宏
基本転写から発生，再生，先端医療まで
- 定価4,095円（本体3,900円＋税5％）　■ISBN4-89706-994-7

基礎から最新トピックスまでのサイトカインがわかる （WJ9）　編集／宮島 篤
- 定価4,095円（本体3,900円＋税5％）　■ISBN4-89706-993-9

再生医学がわかる （WJ8）　編集／横田 崇
- 定価4,095円（本体3,900円＋税5％）　■ISBN4-89706-992-0

老化研究がわかる （WJ7）　編集／井出利憲
- 定価3,570円（本体3,400円＋税5％）　■ISBN4-89706-991-2

基本から先端までの遺伝子工学がわかる （WJ6）　編集／山本 雅
- 定価3,990円（本体3,800円＋税5％）　■ISBN4-89706-990-4

ゲノム医科学がわかる （WJ5）　編集／菅野純夫
- 定価3,675円（本体3,500円＋税5％）　■ISBN4-89706-989-0

アポトーシスがわかる （WJ4）　編集／田沼靖一
- 定価3,675円（本体3,500円＋税5％）　■ISBN4-89706-988-2

シグナル伝達がわかる （WJ3）　編集／秋山 徹
- 定価3,465円（本体3,300円＋税5％）　■ISBN4-89706-987-4

細胞周期がわかる （WJ2）　編集／中山敬一
- 定価3,045円（本体2,900円＋税5％）　■ISBN4-89706-986-6

免疫学がわかる （WJ1）　編集／小安重夫
- 定価3,045円（本体2,900円＋税5％）　■ISBN4-89706-985-8

ご注文は最寄りの書店，または小社営業部まで

発行　**羊土社**
〒101-0052 東京都千代田区神田小川町2-5-1 神田三和ビル
TEL 03(5282)1211（営業）　　FAX 03(5282)1212　　郵便振替00130-3-38674
E-mail: eigyo@yodosha.co.jp　URL: http://www.yodosha.co.jp/